René König

Lokale Strukturen nanoskopischer Aluminiumalkoxidfluoride und chemisch verwandter kristalliner Verbindungen

disserta
Verlag

König, René: Lokale Strukturen nanoskopischer Aluminiumalkoxidfluoride und chemisch verwandter kristalliner Verbindungen, Hamburg, disserta Verlag, 2009

ISBN: 978-3-942109-00-0
Druck: disserta Verlag, ein Imprint der Diplomica® Verlag GmbH, Hamburg, 2009

Bibliografische Information der Deutschen Nationalbibliothek
Die Deutsche Nationalbibliothek verzeichnet diese Publikation in der Deutschen Nationalbibliografie; detaillierte bibliografische Daten sind im Internet über http://dnb.d-nb.de abrufbar.

Die digitale Ausgabe (eBook-Ausgabe) dieses Titels trägt die ISBN 978-3-942109-01-7 und kann über den Handel oder den Verlag bezogen werden.

Zugleich: Berlin, Humboldt-Univ., Diss., 2009
Dissertation, Humboldt-Universität zu Berlin

Dieses Werk ist urheberrechtlich geschützt. Die dadurch begründeten Rechte, insbesondere die der Übersetzung, des Nachdrucks, des Vortrags, der Entnahme von Abbildungen und Tabellen, der Funksendung, der Mikroverfilmung oder der Vervielfältigung auf anderen Wegen und der Speicherung in Datenverarbeitungsanlagen, bleiben, auch bei nur auszugsweiser Verwertung, vorbehalten. Eine Vervielfältigung dieses Werkes oder von Teilen dieses Werkes ist auch im Einzelfall nur in den Grenzen der gesetzlichen Bestimmungen des Urheberrechtsgesetzes der Bundesrepublik Deutschland in der jeweils geltenden Fassung zulässig. Sie ist grundsätzlich vergütungspflichtig. Zuwiderhandlungen unterliegen den Strafbestimmungen des Urheberrechtes.

Die Wiedergabe von Gebrauchsnamen, Handelsnamen, Warenbezeichnungen usw. in diesem Werk berechtigt auch ohne besondere Kennzeichnung nicht zu der Annahme, dass solche Namen im Sinne der Warenzeichen- und Markenschutz-Gesetzgebung als frei zu betrachten wären und daher von jedermann benutzt werden dürften.

Die Informationen in diesem Werk wurden mit Sorgfalt erarbeitet. Dennoch können Fehler nicht vollständig ausgeschlossen werden und der Verlag, die Autoren oder Übersetzer übernehmen keine juristische Verantwortung oder irgendeine Haftung für evtl. verbliebene fehlerhafte Angaben und deren Folgen.

© disserta Verlag, ein Imprint der Diplomica Verlag GmbH
http://www.disserta-verlag.de, Hamburg 2009
Hergestellt in Deutschland

Lokale Strukturen nanoskopischer Aluminiumalkoxidfluoride und chemisch verwandter kristalliner Verbindungen

Dissertation

zur Erlangung des akademischen Grades
doctor rerum naturalium
(Dr. rer. nat.)

im Fach Chemie

eingereicht an der

Mathematisch-Naturwissenschaftlichen Fakultät I
der Humboldt-Universität zu Berlin

von

Herrn Dipl.-Chem. René König
geboren am 23.07.1978 in Zeitz

Präsident der Humboldt-Universität zu Berlin
Prof. Dr. Dr. h.c. Christoph Markschies

Dekan der Mathematisch-Naturwissenschaftlichen Fakultät I
Prof. Dr. Lutz-Helmut Schön

Gutachter: 1. Prof. Dr. Erhard Kemnitz
2. Prof. Dr. Konrad Seppelt
3. Prof. Dr. Klaus Rademann

Tag der mündlichen Prüfung: 05.08.2009

Abstract

The present Ph.D. thesis discusses local structures existent in aluminium isopropoxide fluorides and in chemically related crystalline and X-ray amorphous compounds mainly on the basis of solid state MAS NMR experiments (^{1}H, ^{13}C, ^{19}F, ^{27}Al). Isopropoxide fluorides can be seen as key substances for understanding the local structural features of *high surface-*Aluminium fluoride on one side and for clarification of mechanistic aspects of the fluorolytic sol-gel process starting from an aluminium alkoxide on the other side. Due to its unusual high Lewis-acidity and comparably high surface area the first is still in the focus of actual works. Since the aluminium isopropoxide fluorides and the aluminium fluoride made thereof are X-ray amorphous, no information can be deduced from that.
In three constitutive chapters three solutions were presented, which allow the confirmation, the identification and clarification of distinct local structures in the aluminium isopropoxide fluorides.
1. The synthesis of a series of crystalline, chemically related aluminium hydroxide fluorides Al(F/OH)$_3$•H$_2$O allows the deduction of until now not described chemical shift trend analysis (^{19}F, ^{27}Al) of the observable chemical shifts in dependence on the fluorination degree x of the constituting structural units AlF$_x$(OH)$_{6-x}$. According to these correlations an unambiguous identification of the involved local structures in the highly disordered alkoxide fluorides gets possible. Furthermore, the prediction of chemical shifts of distinct units or the estimation of the average coordination of related compounds is enabled.
2. Changes of local structures in alcogels and corresponding solid aluminium isopropoxide fluorides were followed with a subsequent introduction of fluorine applying several MAS NMR techniques. An instrumental prerequisite for MAS NMR experiments on alcogels was the installation of a N$_2$-generator for safe experiments at cryo-temperatures and the development of own inserts. The sure identification of local structures in the solid isopropoxide fluorides required the application of several one- and two dimensional MAS NMR techniques, among others ^{19}F-^{27}Al HETCOR, ^{19}F-^{19}F *spin exchange*, ^{27}Al 3QMAS and field dependent ^{27}Al MAS NMR studies.
3. Eventually, in results of complementary experiments, which were focussed on variation of synthesis parameters and chemical and thermal behaviour the results obtained so far were corroborated.
Based on this work a plausible reaction pathway of the fluorolytic sol-gel synthesis starting from Al(O^{i}Pr)$_3$ is proposed and a structural model of the distinct local structures is developed.
Keywords Al-F compounds, fluorolytic Sol-Gel-process, MAS NMR, Trend analysis of chemical shifts

Kurzfassung

In der vorliegenden Promotionsarbeit werden Aluminiumisopropoxidfluoride und verwandte kristalline und röntgenamorphe Verbindungen vorrangig unter Nutzung von Kernmagnetresonanzexperimenten (^{1}H, ^{13}C, ^{27}Al, ^{19}F) untersucht. Die Aufklärung lokaler Strukturen in diesen Isopropoxidfluoriden bildet ein Bindeglied zwischen der Klärung lokaler Strukturen im *high surface*-Aluminiumfluorid, das wegen seiner außergewöhnlichen Lewis-sauren Eigenschaften und hohen Oberflächen aktueller Gegenstand mehrerer wissenschaftlicher Arbeiten ist, und mechanistischen Aspekten der Sol-Gel Fluorolyse von Aluminiumalkoxiden unter wasserfreien Bedingungen. Isopropoxidfluoride und die resultierenden Aluminiumfluoride sind röntgenamorph, zur Aufklärung lokaler Strukturen in diesen Phasen und zur Beobachtung von Veränderungen dieser sind Festkörper-MAS NMR Untersuchungen daher essentiell.

In drei aufeinander aufbauenden Kapiteln werden drei Lösungsansätze zum Nachweis, der Identifikation und Aufklärung lokaler Strukturen in Aluminiumisopropoxidfluoriden vorgestellt:

1. Die Synthese einer Reihe von kristallinen, den Isopropoxidfluoriden chemisch verwandten, Referenzphasen Al(F/OH)$_3$•H$_2$O ermöglicht die Ableitung von bisher nicht beschriebenen Trendanalysen. Diese korrelieren die beobachtbaren chemischen Verschiebungen (^{19}F, ^{27}Al) mit dem Fluorierungsgrad x der strukturell zu Grunde liegenden Einheiten AlF$_x$(OH)$_{6-x}$. Unter Nutzung dieser können lokale Strukturen sechsfach koordinierter Einheiten in Alkoxidfluoriden sicher identifiziert werden. Weiterhin lassen sich Verschiebungen bislang nicht beschriebener Struktureinheiten voraussagen und mittlere AlF$_x$O$_{6-x}$ Koordinationen verwandter Phasen einfach bestimmen.

2. Veränderungen lokaler Strukturen in Alkogelen und korrespondierenden festen Aluminiumisopropoxidfluoriden mit unterschiedlichem Fluorierungsgrad wurden mit einer Reihe verschiedener MAS NMR-Experimente verfolgt. Instrumentelle Voraussetzungen für MAS NMR-Untersuchungen an Alkogelen waren die deutschlandweit erste Installation eines N$_2$-Generators zum Betrieb der MAS-Pneumatik-Einheit für Tieftemperaturexperimente und die eigene Entwicklung von Inserts. Die Identifikation lokaler Strukturen in strukturell stark gestörten Alkoxidfluoriden erforderte verschiedene ein- und zweidimensionale MAS NMR-Techniken wie beispielsweise ^{19}F-^{27}Al HETCOR, ^{27}Al 3QMAS, ^{19}F-^{19}F *spin exchange* oder feldabhängige ^{27}Al MAS NMR Untersuchungen.

3. Durch einfache Variation von Syntheseparametern der Sol-Gel-Synthese und durch Untersuchung des thermischen und chemischen Verhaltens konnten letztlich die Ergebnisse der vorangegangenen Kapitel verfeinert und untermauert werden.

Auf der Basis der in der vorliegenden Arbeit vorgestellten Resultate wird schließlich ein möglicher Reaktionspfad der Fluorolyse von $Al(O^iPr)_3$ entwickelt und ein Strukturmodell für das Xerogel $AlF_{2.3}(O^iPr)_{0.7} \cdot z \, ^iPrOH$ vorgeschlagen.

Schlagwörter Aluminium-Fluor Verbindungen, Fluorolyse, Sol-Gel-Synthese, MAS NMR, Trendanalyse der chemischen Verschiebung

Für Igel und Giraffi

INHALTSVERZEICHNIS

Abbildungsverzeichnisse viii
Tabellenverzeichnis xviii
Abkürzungsverzeichnis xx
Formelzeichen und Konstanten xxi
1.   **Einleitung und Zielstellung** 1
2.   **Literaturüberblick und Grundlagen** 5
   2.1.   Stand der Literatur: Phasenbeziehungen von $AlF_x(OR)_{3-x}$ und HS-AlF_3 5
   2.2.   Grundlagen der Festkörper-Kernmagnetresonanz 10
      2.2.1.   Die Besonderheiten eines Quadrupolkerns in der Festkörper-NMR 14
3.   **Kristalline Modellsubstanzen und die Ableitung von Struktur-Eigenschaftsbeziehungen** 19
   3.1.   Strukturmotive bekannter kristalliner Al-F-Verbindungen 19
   3.2.   Stand der Literatur: ^{27}Al- und ^{19}F-NMR-Untersuchungen von Proben im System Al / F / O 23
   3.3.   Die Entwicklung von Struktur-Eigenschaftsbeziehungen am Beispiel kristalliner $AlF_x(OH)_{3-x}$-Verbindungen 26
      3.3.1.   Trendanalysen der ^{19}F chemischen Verschiebungen von kristallinen Aluminiumhydroxidfluoriden 29
      3.3.2.   Korrelationen von Protonensignalen in $AlF_x(OH)_{3-x}$-Verbindungen 33
      3.3.3.   Der Einfluss von H-Brücken auf die Fluor-Verschiebung; ^{19}F-Trendanalyse protonenarmer Aluminiumhydroxidfluoride 37
      3.3.4.   Trendanalyse der ^{27}Al chemischen Verschiebung von $AlF_x(OH)_{6-x}$-Strukturen . 43
      3.3.5.   Strukturelle Einflüsse auf die Quadrupolparameter 50
   3.4.   Weiterführende strukturelle Korrelationen 57
   3.5.   Zusammenfassung 63
4.   **Der fluorolytische Sol –Gel Prozess – vom $Al(O^iPr)_3$ zum Xerogel $AlF_{2.3}(O^iPr)_{0.7} \cdot z \,^i PrOH$** 69
   4.1.   Vorbetrachtungen: oxidische und fluoridische Sol-Gel Chemie im Vergleich 69
   4.2.   Experimente an Gelen unter MAS-Bedingungen – eigene Inserts und tiefe Temperaturen 73
   4.3.   Strukturen der Ausgangsstoffe 76
   4.4.   Experimente an Aluminiumalkoxidfluorid-Solen und –Gelen 80

4.5. Untersuchungen an festen Aluminiumisopropoxidfluoriden mit unterschiedlichen F-Gehalten 90

4.6. Charakterisierung des Xerogels $AlF_{2.3}(O^iPr)_{0.7} \cdot z\ ^iPrOH$ im Vergleich zum Alkogel 120

4.7. Zusammenfassung 128

5. Aspekte des chemischen Verhaltens des Xerogels – $AlF_{2.3}(O^iPr)_{0.7} \cdot z\ ^iPrOH$ 133

5.1. Effekte durch Variation von Syntheseparametern der fluorolytischen Sol-Gel Synthese 134

5.1.1. Untersuchung des Einflusses von anderen Alkoxiden, Lösungsmitteln und der Einführung von OH-Gruppen 134

5.1.2. Alterungsphänomene 142

5.2. Weitere Beispiele des chemischen Verhaltens amorpher $AlF_x(O^iPr)_{3-x}$ 146

5.3. Veränderung lokaler Strukturen auf dem Weg zu *high surface* - Aluminiumfluoriden 150

5.4. Zusammenfassung 171

6. Zusammenfassung und Ausblick 177

7. Veröffentlichungen und Beiträge 189

8. Experimenteller Teil 193

8.1. Arbeitstechniken 193

8.2. Verwendete Chemikalien und Reinheitsgrad 198

8.3. Synthesevorschriften 199

8.3.1. Allgemeine Arbeitsweise 199

8.3.3. Allgemeine Vorschrift zur Synthese von Aluminiumalkoxidfluoriden 200

8.3.4. Synthese von Aluminiumhydroxidfluoriden, $AlF_x(OH)_{3-x} \cdot z\ H_2O$ 201

8.3.5. Präparation von α- und β-$AlF_3 \cdot 3\ H_2O$ 202

8.3.6. Präparation von η-, κ- und ϑ-AlF_3 202

9. Literaturverzeichnis 207

10. Anhang 213

10.1. Verwendete Pulsprogramme und Parameter 213

10.2. Daten und Tabellen 220

10.3. Mechanochemische Synthese von $Sm_2Sn_2O_7$, Temperatur- Kalibrationssubstanz für die Festkörper-NMR 222

10.4. Zusätzliche Spektren 223

ABBILDUNGSVERZEICHNISSE

Abbildungen

Abbildung 1.1 Allgemeines Reaktionsschema der Synthese von HS-AlF$_3$. Das Inset zeigt den Gelzustand. 3

Abbildung 2.1 Phasenbeziehungen zwischen Al-F-Verbindungen; α, β, η, ϑ, κ bezeichnen die resultierende AlF$_3$-Modifikation (HT bedeutet Hochtemperatur-Modifikation im ReO$_3$-Typ). 6

Abbildung 2.2 *Snapshot* einer Ecke eines „8•8•8"-α-AlF$_3$-Nanopartikels und verschiedenen an der Oberfläche exponierten Al- und F-*Sites*. (Grafik entnommen aus Referenz [33], Abb. 6). 8

Abbildung 2.3 Simulierte Oberflächen reiner Aluminiumfluoride (a) bis (c) und partiell hydroxilierter Oberflächen (d) bis (f) sowie involvierte F- und Al-*sites*. Grafik entnommen aus Referenz [31], Abb. 1. (a) und (d): α-AlF$_3$ {0,1,2}, (b) und (e) β-AlF$_3$ {1,0,0}, (c) und (f) β-AlF$_3$ {0,0,1}. 9

Abbildung 2.4 ^{27}Al MAS NMR Spektrum von η2-AlF$_3$ dargestellt aus Py$_4$AlF$_2$Cl. Dargestellt sind alle Rotationsseitenbanden, die die Einhüllende auf Grund von Quadrupolwechselwirkung (QWW) 1. Ordnung nachempfinden (ν_{rot} = 25 kHz). Das Inset zeigt schematisch die Korrektur der Spinniveaus unter Berücksichtigung der QWW 1. Ordnung. 16

Abbildung 2.5 Zentraler Bereich des ^{27}Al MAS NMR Spektrums von PyHAlF$_4$ (ν_{rot} = 25 kHz). In erster Näherung kann die auf Grund von QWW 2.Ordnung verbreiterte Linie unter Annahme eines Signals mit $\delta_{iso} \approx -4.5$ ppm, $\nu_Q \approx 1262$ kHz und $\eta_Q \approx 0.14$ angenähert werden - ein Beleg der {AlF$_{4/2}$F$_{2/1}$}-Schichtstruktur dieser Verbindung (siehe „DuPont-Powder-Challenge"[43]), ähnlich der in KAlF$_4$. 16

Abbildung 2.6 ^{27}Al MAS NMR Spektrum mit Signalen verschiedener Al-Struktureinheiten in Verteilung. Gezeigt ist das Spektrum von γ-Al(OH)$_3$, das in einer Planetenmühle vermahlen wurde (ν_{rot} = 25 kHz). 17

Abbildung 2.7 Struktureinheiten in Al-F-O Verbindungen und ihre isotrope chemische Verschiebung. 18

Abbildung 3.1 Kristallstrukturen von α- und β-AlF$_3$ • 3 H$_2$O nach [45], hervorgehoben sind die Al(F/H$_2$O)$_6$-Baueinheiten. Gezeigt sind die Elementarzelle bzw. die doppelte Elementarzelle, hellgraue: F/H$_2$O für β-AlF$_3$ • 3 H$_2$O: die schwarze Markierung kennzeichnet H_2O-Moleküle, die nicht koordinieren; die Positionen der Protonen sind zur Vereinfachung wegelassen. 20

Abbildung 3.2 Kristallstruktur von $AlF_x(OH)_{3-x} \cdot z\, H_2O$ nach [46] mit Blick in den Hohlraum. Gezeigt ist die Elementarzelle, hervorgehoben sind die $Al(F/OH)_6$-Baueinheiten. Hellgrau mit schwarzer Markierung: eingelagerte H_2O-Moleküle. 21

Abbildung 3.3 Kristallstrukturen von α-, β-, κ- und ϑ-AlF_3, gezeigt sind jeweils die Elementarzellen und die hervorgehobenen AlF_6-Baueinheiten. 22

Abbildung 3.4 Diffraktogramme und Anpassungen der Profile der Diffraktogramme für die einzelnen $AlF_x(OH)_{3-x} \cdot H_2O$, a $AlF_{1.4}(OH)_{1.6}$, b $AlF_{1.7}(OH)_{1.3}$, c $AlF_{1.9}(OH)_{2.1}$; rot: beobachtetes, schwarz berechnetes Diffraktogramm, blau: Abweichung, grün: Lage der Bragg-Reflexe. 28

Abbildung 3.5 Trendanalyse der ^{19}F chemischen Verschiebung kristalliner Verbindungen mit AlF_xO_{6-x} – Strukturen. Regression mit den Punkten a, b, c, und 1. Kristalline $AlF_x(OH)_{3-x}$ $\cdot H_2O$ (a: x = 1.4, b: x = 1.7, c: x = 1.9). 30

Abbildung 3.6 Diffraktogramme mechanochemisch hergestellter $AlF_x(OH)_{3-x}$. 32

Abbildung 3.7 FT-IR-Spektren ausgewählter Aluminiumhydroxidfluoride und weiterer Referenzen. Von oben nach unten: β-$AlF_3 \cdot 3H_2O$, α-$AlF_3 \cdot 3H_2O$, γ-$Al(OH)_3$ gemahlen, mechano-$AlF_x(OH)_{3-x} \cdot z\, H_2O$: Al:F 1:1.5 und 1:2 und $AlF_{1.9}(OH)_{1.1} \cdot H_2O$ 36

Abbildung 3.8 Typischer Verlauf der TG- (schwarz) und DTA-Kurven (grau) für $AlF_x(OH)_{3-x}$ $\cdot H_2O$ am Beispiel von $AlF_{1.9}(OH)_{1.1} \cdot H_2O$. 38

Abbildung 3.9 Korrelation der ^{19}F Verschiebung mit x in $AlF_x(OH)_{6-x}$ für protonenarme Substanzen. 41

Abbildung 3.10 Trendanalyse der ^{27}Al-chemischen Verschiebungen von Verbindungen mit $AlF_x(OH)_{6-x}$-Strukturen. Grau: auf Simulation basierende δ_{27Al} der einzelnen Spezies $AlF_x(OH)_{6-x}$ der Hydroxidfluoride, schwarz korrespondierende isotrope chemische Verschiebungen δ_{iso} (siehe auch Tabellen 3.3.5 und 3.3.6). 48

Abbildung 3.11 Trendanalyse des quadrupolaren Produktes $v_{Q\eta}$ mit x in $AlF_x(OH)_{6-x}$ in 3d-raumvernetzten Kristallstrukturen. Schwarze Punkte markieren berechnete Werte für $v_{Q\eta}$ der Spezies in kristallinen $AlF_x(OH)_{3-x} \cdot H_2O$. 51

Abbildung 3.12 Diffraktogramme und FT-IR Spektren von κ-, ϑ- und η-AlF_3. +markiert Reflexe von β-AlF_3, die in dieser Probe als zweite Phase neben η-AlF_3 vorliegt. 55

Abbildung 3.13 Korrelation von $d(Al\text{-}F/OH)$ mit der mittleren Koordination x in $AlF_x(OH)_{6-x}$ für $AlF_x(OH)_{3-x}$ in Pyrochlor-Struktur mit hypothetischer Verlängerung der Regressionsgeraden für $x<2$. Gleichung der Regressionsgeraden: y /pm = -1.4552x +

189.28, $R^2 = 0.997$, Punkte der Regression: Strukturparameter für η-AlF$_3$, AlF$_{1.4}$(OH)$_{1.6}$•H$_2$O und AlF$_{1.9}$(OH)$_{1.1}$•H$_2$O.. 58

Abbildung 3.14 Schematische Darstellung von zwei verknüpften AlFO$_5$- bzw. AlF$_6$-Einheiten mit Hervorhebung der nächsten Nachbarn der F-Brücke............................... 60

Abbildung 3.15 Mögliche Kombinationen von AlF$_x$(OH)$_{6-x}$ Baueinheiten die zur mittleren Koordination AlF$_4$(OH)$_2$ führen, es existieren a) verschiedene Möglichkeiten der Verknüpfung von zwei AlF$_4$(OH)$_2$-Einheiten oder b) die Kombination von AlF$_3$(OH)$_3$ und AlF$_5$(OH). Kursiv: Berechnete ^{19}F chemische Verschiebung (Struktur-Korrelation) der einzelnen Kombinationsmöglichkeiten, darunter Anzahl der Anordnungsmöglichkeiten der einzelnen Positionen in einem fixierten Koordinatensystem. 62

Abbildung 4.1 Struktur von Al$_3$(O^{i}Pr)$_8$F•DMSO im Kristall, Protonen sind zur Vereinfachung weggelassen; blau: Al, rot: O, grau: C, grün: F, gelb: S.. 71

Abbildung 4.2 Postulierte Zwischenstufen der Fluorolyse von Al(O^{i}Pr)$_3$ nach ^{7} (O: O^{i}Pr). .. 72

Abbildung 4.3 Entwickelte Inserts und ihre Anwendung: a: Glas-Insert, b: Prototyp eines Kunststoff-Inserts (hier PMMA); c: gefülltes Quarz-Insert mit PVC-Kappe, c und d: Auch nach den Experimenten unter MAS – Bedingungen bis zu 12 kHz bleibt die Gel-Struktur erhalten (keine Trocknung). 74

Abbildung 4.4 Schematische Darstellung möglicher Strukturen im Festkörper oder in Lösung von Aluminiumalkoxiden Al(OR)$_3$ nach ^{129} und ^{131}... 79

Abbildung 4.5 Vorgeschlagener möglicher Reaktionspfad der Fluorolyse von Al(O^{i}Pr)$_3$ nach ^{130} 82

Abbildung 4.6 *Snapshots* möglicher Zwischenstufen der Fluorolyse von Al(O^{i}Pr)$_3$ basierend auf DFT-Rechnungen.^{130} Pfeil: Protonierung einer μ_2-O^{i}Pr-Gruppe als Initialschritt; Rosa: Al; Rot: O; Cyan: F; Grau C,H. Für die Berechnungen wurde ^{i}Pr durch Me ersetzt. 84

Abbildung 4.7 Mögliches Reaktionsschema eines Nebenprozesses der Fluorolyse zur Bildung trimerer Al(O^{i}Pr)$_3$-Spezies.. 89

Abbildung 4.8 FT-IR Spektren fester AlF$_x$(O^{i}Pr)$_{3-x}$ • z ^{i}PrOH mit variierendem Fluor-Gehalt. Zusätzlich angegeben ist das Ausgangsstoffmengenverhältnis Al(O^{i}Pr)$_3$ zu HF............ 90

Abbildung 4.9 Mögliche Abhängigkeiten der ^{27}Al isotropen chemischen Verschiebungen von x für AlF$_x$(O^{i}Pr)$_{KZ-x}$ –Einheiten (KZ = 4, 5). Zusätzlich sind einige Referenzpunkte mit angegeben: Δ1: Lacassagne/AlF$_x$O$_{4-x}$ in fluoridischen Schmelzen^{85}, Δ2: Stößer/AlO$_4$ in γ-Al$_2$O$_3$^{149}, Δ3: Abraham/AlO$_4$ und AlO$_5$ in Al(OR)$_3$ bzw. Al$_2$O$_3$^{129}, Δ4: Groß/AlF$_4^-$ und

AlF_5^{2-} im Festkörper[60] und Δ5: Robert/AlF_4^- - AlF_5^{2-} - AlF_6^{3-} - Modell für fluoridische Schmelzen[86]. 107

Abbildung 4.10 Verlauf der relativen Intensitäten einzelner Signalgruppen (^{27}Al) mit steigendem Fluor-Gehalt in den Festkörper-MAS NMR Spektren: A: ^{27}Al: rot – KZ 4, blau – KZ 5, grün – KZ 6; a-Intensitäten folgend aus der Näherung der 21.1 T-Spektren, b-Intensitäten folgend aus der Berechnung der 14.1 T-Spektren. 109

Abbildung 4.11 Verlauf der relativen Intensitäten einzelner Anteile (^{19}F) mit steigendem Fluor-Gehalt in den Festkörper-MAS NMR Spektren. Die Kurven B: -148.5 ppm und -162.9 ppm folgen nur dem generellen Verlauf der Messpunkte. C: Vergleich für F-sites mit geringer Intensität: schwarz – terminale F-sites mit $δ_{iso}$ < -180 ppm, grau - F-sites für Polyeder $AlF_x(O^iPr)_{KZ-x}$ mit geringem F-Gehalt x. 109

Abbildung 4.12 Molekulare Einheiten von kristallinen, Pyridin-stabilisierten $AlF_x(O^iPr)_{3-x}$. *I*: $Al_3F(O^iPr)_8\cdot Py^{152}$; *II*: $Al_7F_{10}(O^iPr)_9O\cdot 3\ Py^{152}$; *III*: $Al_{10}F_{16}(O^iPr)_{10}O_2\cdot 4\ Py^{153}$. Für alle: Zur Vereinfachung sind die H-Positionen im Bild weggelassen. Grau: C, Blau: N, Rot: O, Grün: F, Türkis: Al. 115

Abbildung 4.13 Teil 1: Erweiterung des vorgeschlagenen Reaktionspfads der Fluorolyse von $Al(O^iPr)_3$ unter Einbeziehung lokaler Strukturen, die für kleine F-Gehalte in Solen und festen $AlF_x(O^iPr)_{3-x}$ nachweisbar sind. 118

Abbildung 4.14 Teil 2: Erweiterung des vorgeschlagenen Reaktionspfads der Fluorolyse von $Al(O^iPr)_3$ unter Einbeziehung lokaler Strukturen, die für kleine F-Gehalte in Solen und festen $AlF_x(O^iPr)_{3-x}$ nachweisbar sind. 119

Abbildung 4.15 Mögliche lokale Strukturen des Xerogels $AlF_{2.3}(O^iPr)_{0.7}\cdot z\ ^iPrOH$ 127

Abbildung 5.1 Diffraktogramme verschiedener $AlF_x(O^iPr)_{3-x}$-Verbindungen im Bereich 2Θ = 5°-64°. a: Experimentelles Diffraktogramm eines 100 Tage gealterten Isopropoxidfluorids; b: berechnetes Diffraktogramm der Verbindung $Al_{10}F_{16}(O^iPr)_{10}O_2\cdot 4\ Py^{153}$; c und c': experimentelles (c) bzw. berechnetes (c') Diffraktogramm der zwei Modifikationen von $Al_3F(O^iPr)_8\cdot Py^{152,\ 153}$; d: experimentelles Diffraktogramm von $Al(O^iPr)_3$. Die Berechnung erfolgte mit *Diamond3.2*. 142

Abbildung 5.2 Entwicklung der spezifischen Oberfläche mit der Temperatur für verschiedene getemperte Proben. 153

Abbildung 5.3 Plot der Porengröße gegen die spezifische Oberfläche für die gleichen Proben; Indizes siehe Abbildung 5.2. 153

Abbildung 5.4 Übersichts-Absorptions FT-IR-Spektren der Proben a: 1:2 Vak300 und b: 1:3 Ar300 163

xi

Abbildung 5.5 Absorptions-FT-IR Spektren nach Adsorption von CO auf A: den Proben 1:3
Met.300 (Met.=Vak (schwarz), R22 (blau), Ar (rot)) und B: den Proben Al:F Vak300
(Al:F = 1:3 (schwarz), 1:2 (rot) und 1:1 (blau)) im Bereich der v_{CO} Streckschwingung
nach Sättigung mit CO (1t) (Masse normiert). 165

Abbildung 5.6 Absorptions-FT-IR Spektren nach Adsorption von Lutidin und anschließender
Evakuierung bei 293 K auf der Probe: 1:3Vak300 im Bereich der $v_{8a/8b}$ CC-
Streckschwingung [173] 166

Abbildung 5.7 A: PTA-TG an HS-AlF$_3$ und B: Entwicklung der ^{19}F MAS NMR-Spektren
von $high\ surface$-Aluminiumfluoriden nach Lagerung unter verschiedenen Bedingungen.
Die Bildung der entsprechenden kristallinen Phasen ist im Bild mit angegeben. 170

Spektren

Spektrum 3.1 ^{27}Al und ^{19}F MAS NMR Spektren der AlF$_x$(OH)$_{3-x}$ • H$_2$O (a-c). (a: x = 1.4, b: x
= 1.7, c: x = 1.9) im Vergleich mit den Spektren für (d) AlF$_x$(O^{i}Pr)$_{3-x}$ • z ^{i}PrOH (Al : F =
1:3). Für alle gezeigt sind jeweils die zentralen Übergänge, v_{rot} = 25 kHz, NS (^{27}Al) =
5000 – 15000, NS (^{19}F) = 16 – 64. Für die ^{19}F Spektren ist zusätzlich eine möglich
Zerlegung des Signals (- -) gezeigt. 29

Spektrum 3.2 ^{1}H MAS NMR Spektren der AlF$_x$(OH)$_{3-x}$ • H$_2$O (a x = 1.4, b x = 1.7, c x = 1.9)
im zentralen Bereich. A: B_0 = 9.4 T, v_{rot} = 25 kHz, NS (^{1}H) = 32 B: B_0 = 21.1 T, v_{rot} = 20
kHz, NS (^{1}H) = 128. Der Pfeil markiert die Einstrahlfrequenz. 34

Spektrum 3.3 A: ^{19}F MAS, B: ^{27}Al MAS und C: ^{1}H MAS NMR-Spektren der Kristallwasser-
freien Aluminiumhydroxidfluoride AlF$_x$(OH)$_{3-x}$: a*-c*, a*: x = 1.4, b*: x = 1.7, c*: x = 1.9.
Für alle Spektren: B_0 = 9.4 T; weitere Parameter: ^{19}F: v_{rot} = 32 kHz, NS = 64, ^{27}Al
v_{rot} = 25 kHz, NS = 4000-8000, ^{1}H v_{rot} = 25 kHz, NS = 48-64. Zusätzlich sind für die ^{19}F-
und ^{1}H-MAS NMR Spektren möglich Zerlegungen gezeigt. Gepunktete Linie (Spektren
für c*) zeigen erhaltene Spektren nach Luftzutritt zur Probe. * kennzeichnen
Rotationsseitenbanden. 39

Spektrum 3.4 ^{27}Al MAS NMR Spektren von AlF$_{1.9}$(OH)$_{1.1}$ • H$_2$O in verschiedenen
Magnetfeldern. A: gegeben als Bezeichnung sind B_0 und die Rotationsfrequenz v_{rot};
gezeigt ist jeweils der zentrale Bereich. NS: 64-5400. B: komplettes ^{27}Al MAS NMR-
Spektrum inklusive aller Rotationsseitenbanden, B_0 = 17.6 T. Das Inset zeigt die Analyse
des nahezu separierten Tieffeld-Signals (abhängig von B_0: -2 bis 2 ppm) nach der
SORGE-Methode. 44

Spektrum 3.5 ^{27}Al MAS NMR Spektren der AlF$_x$(OH)$_{3-x}$ • H$_2$O a-c (a: x = 1.4, b: x = 1.7, c: x = 1.9) im zentralen Bereich (B_0 = 21.1 T, NS = 1024). Für alle: blau – experimentelles Spektrum, rot – Simulation, farbig – einzelne Anteile, versetzt: die Schwerpunkte der inneren Satellitenübergänge. Diese überlappen mit dem Rotationsseitenband n=0 (siehe Inset). 46

Spektrum 3.6 ^{27}Al MAS und ^{19}F MAS NMR-Spektren für AlF$_{1.9}$(OH)$_{1.1}$•H$_2$O; A und B: Simulation der Spektren (B_0 = 9.4 T) unter Nutzung eines konsistenten Datensatzes und der erarbeiten Trendanalysen für ^{19}F und ^{27}Al-chemische Verschiebungen. C: Ultra-Highspeed ^{19}F MAS NMR Spektrum mit v_{rot} = 65 kHz (B_0 = 11.7 T, NS = 8); D: Rotorsynchrone Echo-Experimente mit 10 und 20 zusätzlichen Rotorperioden vor Detektion des Signals (B_0 = 9.4 T, NS = 256). 49

Spektrum 3.7 ^{27}Al 3QMAS-Spektren von A: α-AlF$_3$•3H$_2$O und B: β-AlF$_3$•3H$_2$O; Als Hilfslinien sind die CS- (schwarze Linie) und QIS-Achsen (gestrichelte Linie) eingezeichnet. NS = 5160, TD1 = 128. 54

Spektrum 3.8 ^{27}Al MAS NMR und ^{19}F MAS NMR-Spektren der kristallinen Aluminiumfluoride κ-, ϑ- und η-AlF$_3$ gezeigt ist der zentrale Bereich. Insets A: ^{27}Al MAS NMR Spektren inklusive aller Rotationsseitenbanden. Insets B: ^{19}F MAS NMR-Spektren im zentralen Bereich. Für alle: v_{rot} = 25 kHz; ^{27}Al: NS = 1024-4096; ^{19}F: NS = 16-64 56

Spektrum 4.1 ^{27}Al - und ^{19}F (MAS) NMR Spektren des Alkogels AlF$_x$(O^{i}Pr)$_{3-x}$ • z ^{i}PrOH. Von oben nach unten: statisch, im Glas-Insert v_{rot} = 12 kHz, im Quarz-Insert v_{rot} = 10 kHz und nach Einfrieren der Gel-Matrix bei einer Temperatur von 155 K v_{rot} = 10 kHz. 76

Spektrum 4.2 ^{27}Al MAS NMR Spektren von a: Al(O^{i}Pr)$_3$ (v_{rot} = 20 kHz, NS = 65000) und b: Al(OEt)$_3$ (v_{rot} = 25 kHz, NS = 4000) im Bereich der zentralen Signale. Das Inset a zeigt das Gesamtspektrum von Al(O^{i}Pr)$_3$. Unterhalb der Spektren a und b sind mögliche Zerlegungen (gepunktete Linien) der zentralen Signale angegeben. Zum Vergleich sind kursiv und in Klammern, wenn abweichend, Werte nach Abraham[129] angegeben. 80

Spektrum 4.3 NMR Spektren von Aluminiumisopropoxidfluorid-Solen und Gelen. a: ^{27}Al NMR Spektren mit möglicher Zerlegung in Einzelkomponenten, b: ^{19}F NMR Spektren, c: ^{1}H NMR Spektren im Bereich der CH$_3$CHO-Region. Als zusätzlich Beschriftung ist das Stoffmengenverhältnis Al(O^{i}Pr)$_3$: HF gegeben. 83

Spektrum 4.4 Tieftemperatur (MAS) NMR Spektren eines AlF$_x$(O^{i}Pr)$_{3-x}$ • z ^{i}PrOH – Sols. Stoffmengenverhältnis Al:F = 1:1; zusätzlich angegeben sind neben einer generellen

xiii

Beschreibung des Gel-Zustands die Probentemperatur und Rotationsgeschwindigkeit. (^{27}Al: NS = 1000-2500; ^{19}F: NS = 32-96). 85

Spektrum 4.5 Tieftemperatur (MAS) NMR Spektren eines AlF$_x$(O^{i}Pr)$_{3-x}$ • z ^{i}PrOH – Sols. Stoffmengenverhältnis Al:F = 1:2; zusätzlich angegeben sind neben einer generellen Beschreibung des Gel-Zustands die Probentemperatur und Rotationsgeschwindigkeit. (^{27}Al: NS = 1000-2500; ^{19}F: NS = 32-96). 86

Spektrum 4.6 ^{19}F NMR Spektren von AlF$_x$(O^{i}Pr)$_{3-x}$ • z ^{i}PrOH Solen (Al:F 1:2 und Al:F 1:1) und nach Zugabe von weiteren Äquivalenten Al(O^{i}Pr)$_3$. Von oben nach unten abnehmender F-Gehalt, wobei die Darstellung in einer Zeile ein gleiches Al:F Verhältnis im Sol bedeutet. 88

Spektrum 4.7 ^{1}H und ^{1}H→^{13}C CP MAS NMR Spektren der AlF$_x$(O^{i}Pr)$_{3-x}$ • z ^{i}PrOH von a bis g mit steigendem F-Gehalt. ^{1}H MAS NMR: ν_{rot} = 25 kHz, NS = 16-32. ^{1}H→^{13}C CP MAS NMR: ν_{rot} = 10 kHz, NS = 8 (a) bis 800 (b-g) (B_0 = 9.4 T). 92

Spektrum 4.8 ^{19}F→^{13}C CP MAS NMR Spektrum (a) im Vergleich zum ^{1}H→^{13}C CP MAS NMR Spektrum (b) des Aluminiumisopropoxidfluorids d (Al:F 1:1). Die Aufnahme eines ^{1}H→^{13}C CP Spektrums beinhaltet Protonenentkopplung. ^{19}F→^{13}C CP: ν_{rot} = 5 kHz, NS = 12000; ^{1}H→^{13}C CP: ν_{rot} = 10 kHz, NS = 800. 93

Spektrum 4.9 ^{27}Al und ^{19}F MAS NMR Spektren der AlF$_x$(O^{i}Pr)$_{3-x}$ • z ^{i}PrOH mit steigendem F-Gehalt (a bis g); ^{27}Al und ^{19}F (b-g): ν_{rot} = 25 kHz, ^{27}Al: NS = 15000 – 120000, ^{19}F: NS = 192, ^{27}Al (a) ν_{rot} = 20 kHz. Die Spektren sind im zentralen Bereich gezeigt, * markieren Rotationsseitenbanden. 94

Spektrum 4.10 ^{27}Al MAS NMR Spektren ausgewählter AlF$_x$(O^{i}Pr)$_{3-x}$ • z ^{i}PrOH inklusive aller Rotationsseitenbanden. 96

Spektrum 4.11 *A*: ^{19}F→^{27}Al CP MAS NMR Spektren im Vergleich zu den *single pulse*-Spektren (gepunktet) ausgewählter AlF$_x$(O^{i}Pr)$_{3-x}$ • z ^{i}PrOH. Die Hilfslinien befinden sich bei δ_{27Al} = 38 ppm, 14 ppm und -12 ppm (ν_{rot} = 10 kHz, NS = 16000 bis 60000). *B*: ^{27}Al{^{19}F} MAS NMR Spektren der Verbindungen d (Al : F = 1:1) und f (Al : F = 1:2) (ν_{rot} = 8 kHz, NS = 50000). * markieren Rotationsseitenbanden. 98

Spektrum 4.12 Gescherte ^{27}Al 3QMAS NMR Spektren der AlF$_x$(O^{i}Pr)$_{3-x}$ • z ^{i}PrOH d (Al:F = 1:1) und f (Al:F = 1:2). B_0 = 14.1 T, ν_{rot} = 27.5 kHz, TD1 (*time domain* in F1): 256, NS = 1200. Zur Orientierung sind die „chemical shift"-Achse (CS) und die quadrupolare Achse (QC) (gestrichelte Linien) mit angegeben. 100

Spektrum 4.13 Feldabhängige ^{27}Al MAS NMR Spektren der AlF$_x$(O^{i}Pr)$_{3-x}$•z ^{i}PrOH d (Al:F = 1:1) und f (Al:F = 1:2). B_0 = 9.4 T bis 21.1 T. Gezeigt ist jeweils der zentrale

Bereich und für die Spektren gemessen bei B_0 = 14.1 T und 21.1 T sind zusätzlich mögliche Zerlegungen gezeigt (Rot: Summe, Farbig: einzelne Anteile, basierend auf den Analysen der 3QMAS Spektren). * markieren Rotationsseitenbanden. (14.1 T: ν_{rot} = 25 kHz, NS = 128-256, 17.6 T: ν_{rot} = 27.5 kHz, NS = 256, 21.1 T: ν_{rot} = 20 kHz, NS = 1024)... 102

Spektrum 4.14 ^{19}F-^{27}Al HETCOR-MAS NMR-Spektren der $AlF_x(O^iPr)_{3-x}\cdot z$ ^{i}PrOH Proben c (Al:F=2:1) und f (Al:F=1:2) sowie die Projektionen entlang den ^{19}F- und ^{27}Al-Achsen. Zur Orientierung sind einige Hilfslinien eingezeichnet. Weitere Parameter: c: ν_{rot} = 10 kHz, NS = 1536, TD1 = 128, Kontaktzeit = 300 µs, rf_{27Al} ≈ 15 kHz; f: ν_{rot} = 25 kHz, NS = 3528, TD1 = 128, Kontaktzeit = 160 µs; rf_{27Al} ≈ 10 kHz. 110

Spektrum 4.15 ^{19}F-^{19}F EXSY MAS NMR Spektrum des Aluminiumisopropoxidfluorids d (Al:F = 1:1) in verschiedenen Darstellungen. ν_{rot} = 25 kHz, Kontaktzeit = 10 ms, TD1 = 128, NS = 240. 113

Spektrum 4.16 ^{19}F-^{19}F EXSY MAS NMR Spektrum des Aluminiumisopropoxidfluorids f (Al:F = 1:2) (Konturplot) ν_{rot} = 25 kHz, Kontaktzeit = 10 ms, TD1 = 128, NS = 64 und Rotor synchrone *echo* MAS Experimente an d (Al:F = 1:1) und f (Al:F = 1:2), ohne Wartezeit, A: Anzahl zusätzlicher Rotorperioden vor *echo*-Detektion 20; B: 40; ν_{rot} = 25 kHz, NS = 256-1024.. 114

Spektrum 4.17 ^{1}H MAS und ^{1}H→^{13}C CP MAS NMR Spektren des Alkogels (Al:F = 1:3) (a, c) und des Xerogels $AlF_{2.3}(O^iPr)_{0.7}\cdot z$ ^{i}PrOH (b, d). a: ^{1}H: ν_{rot} = 12 kHz, Quarz-Insert, NS = 16; b: ^{1}H: ν_{rot} = 30 kHz, NS = 16; c: ^{1}H→^{13}C CP: ν_{rot} = 12 kHz, Quarz-Insert, NS = 1000; d: ^{1}H→^{13}C: ν_{rot} = 10 kHz, NS = 720. Gepunktet Linien geben mögliche Zerlegung der Xerogel-Spektren an. 121

Spektrum 4.18 ^{27}Al MAS NMR-Spektren des Alkogels (a) und des Xerogels $AlF_{2.3}(O^iPr)_{0.7}$ • z ^{i}PrOH (b) im zentralen Bereich (B_0 = 9.4 T). a: Vergleich der Tieftemperatur MAS NMR-Spektren mit (durchgehende Linie, 160 K) und ohne (gepunktete Linie, 155 K) ^{19}F-(cw) Entkopplung; ν_{rot} = 10 kHz, NS = 1000. b: ^{27}Al MAS NMR-Spektrum und mögliche Zerlegung: (———) experimentelles Spektrum, (•••) simuliertes Spektrum und (•-•-) Zerlegung inklusive (- - -) dem Rotationsseitenband n = 0 der inneren Satellitenübergänge. 122

Spektrum 4.19 Vergleich der ^{19}F MAS NMR Spektren eines Alkogels und des Xerogels $AlF_{2.3}(O^iPr)_{0.7}\cdot z$ ^{i}PrOH; a: MAS NMR Spektren des Gels in verschiedenen Inserts und in eingefrorener Gel-Matrix (ν_{rot} = 10 – 12 kHz, NS = 48-192). * markieren

XV

Rotationsseitenbanden. b: ^{19}F MAS NMR-Spektrum von $AlF_{2.3}(O^iPr)0.7\cdot z\ ^iPrOH$; ν_{rot} = 25 kHz, NS = 384. (- - -) mögliche Zerlegung; (•••) simuliertes Spektrum........... 123

Spektrum 4.20 Rotor-Synchrone *echo* MAS NMR Spektren von $AlF_{2.3}(O^iPr)_{0.7}\cdot z\ ^iPrOH$. ^{19}F und ^{1}H: Angegeben sind zusätzlich die Anzahl an Rotorperioden vor der *echo*-Detektion. Für beide: ν_{rot} = 25 kHz; ^{19}F: NS = 256; ^{1}H: NS = 16. 125

Spektrum 4.21 A: Feldabhängige ^{27}Al MAS NMR Spektren B: geschertes ^{27}Al 3QMAS NMR Spektrum (B_0 = 9.4 T) einer Vergleichsprobe $AlF_{2.3}(O^iPr)_{0.7}\cdot z\ ^iPrOH$. 126

Spektrum 4.22 A: ^{27}Al und B: ^{19}F NMR Spektren (flüssig) der Aluminiumisopropoxidfluoride suspendiert in DMSO. Neben breiten Anteilen im Untergrund (für ^{27}Al nicht im Bild nicht gezeigt) können AlF_4^- - Einheiten (49 ppm und -189.2 ppm) nachgewiesen werden. Man beachte den Wechsel der Skalierung. 128

Spektrum 5.1 ^{27}Al MAS NMR (A), ^{19}F MAS NMR (B), ^{1}H→^{13}C CP MAS NMR (C) und ^{1}H MAS NMR Spektren (D) einiger Alkoxidfluoride $AlF_x(OR)_{3-x}$. Für alle: LSM: ^iPrOH, Al:F=1:3 und vergleichbare Konzentrationen und Trocknungsbedingungen. Weitere Messbedingungen: A, B, D: ν_{rot} = 25 kHz, C: ν_{rot} = 10 kHz, gezeigt ist jeweils der zentrale Bereich. 136

Spektrum 5.2 ^{27}Al MAS NMR (A), ^{19}F MAS NMR (B), ^{1}H→^{13}C CP MAS NMR (C) und ^{1}H MAS NMR Spektren (D) einiger Alkoxidfluoride $AlF_x(O^iPr)_{3-x}$ aus verschiedenen Lösungsmitteln. Für alle: $Al(OR)_3 = Al(O^iPr)_3$, Al:F=1:3 und vergleichbare Konzentrationen und Trocknungsbedingungen. Weitere Messbedingungen: A, B, D: ν_{rot} = 25 kHz, C: ν_{rot} = 10 kHz, gezeigt ist jeweils der zentrale Bereich. 138

Spektrum 5.3 ^{1}H MAS NMR (A), ^{27}Al MAS NMR (B) und ^{19}F MAS NMR einiger „Alkoxid-Hydroxidfluoride $AlF_x(OH/O^iPr)_{3-x}$, Al:F=1:3, vergleichbare Konzentrationen und Trocknungsbedingungen. Weitere Messbedingungen: A, B, C: ν_{rot} = 25 kHz. 141

Spektrum 5.4 ^{27}Al MAS NMR (A), ^{1}H MAS NMR (B) und ^{19}F MAS NMR (C) Spektren des 100 Tage als Alkogel gealterten $AlF_x(O^iPr)_{3-x}$, Al:F=1:3, ν_{rot} = 25 kHz. Für A ist eine mögliche Zerlegung gezeigt (siehe auch Tabelle unter dem Aluminium-Spektrum), für C zum Vergleich das Spektrum eines Standard-„Xerogels" $AlF_{2.3}(O^iPr)_{0.7}\cdot z\ ^iPrOH$. 144

Spektrum 5.5 ^{19}F MAS NMR Spektrum (im zentralen Bereich) eines 3 Jahre als Alkogel gealterten Xerogels $AlF_x(O^iPr)_{3-x}$. Das Inset zeigt den zentralen Übergang des korrespondierenden ^{27}Al MAS NMR Spektrums. 5 und 20 bezeichnen Rotor synchrone ^{19}F *spin echo* MAS NMR Spektren mit 5 (20) zusätzlichen Rotorperioden vor der *echo*-Detektion. 145

Spektrum 5.6 Vergleich von ^{1}H→^{13}C CP MAS NMR Spektren von AlF$_{2.3}$(O^{i}Pr)$_{0.7}$·z ^{i}PrOH. (—) nach Adsorption von ^{i}PrOH, (-•-) Vergleichsspektrum. ν_{rot} = 10 kHz. 146

Spektrum 5.7 ^{27}Al und ^{19}F MAS NMR Spektren von Aluminiumisopropoxidfluoriden (- -) und korrespondierenden Aluminiumhydroxidfluoriden nach Lagerung an Luft (—). Das Stoffmengenverhältnis des Alkogels Al:F ist als zusätzlicher Index gegeben. ν_{rot} = 25 kHz. 149

Spektrum 5.8 ^{27}Al MAS NMR (A), ^{19}F MAS NMR (B), ^{1}H MAS NMR Spektren (C) und ^{1}H→^{13}C CP MAS NMR (D) von im Vakuum getemperten AlF$_{2.3}$(O^{i}Pr)$_{0.7}$·^{i}PrOH. Als Index ist die jeweilige Temperatur angegeben. Weitere Messbedingungen: A, B, C: ν_{rot} = 25 kHz, D: ν_{rot} = 10 kHz, gezeigt ist jeweils der zentrale Bereich. 155

Spektrum 5.9 A: ^{19}F MAS NMR Spektrum und erste Rotationsseitenbanden; Probe: 1:3 R22300, ν_{rot} = 32 kHz. Im Hochfeldbereich sind deutlich zusätzliche Signale beobachtbar. 157

Spektrum 5.10 Rotor-synchrone ^{19}F *spin echo* MAS NMR Spektren von *HS*-AlF$_3$-Proben; für alle ν_{rot} = 25 kHz; 1:3 NF240 mit unterschiedlichen Rotorperioden vor echo-Detektion; alle weiteren: 30 Rotor-Perioden vor echo-Detektion; NS = 256-1024. 157

Spektrum 5.11 ^{1}H MAS NMR Spektren verschieden getemperter Proben im zentralen Bereich. Als Beschriftung ist das ursprüngliche Stoffmengenverhältnis Al:F, die Temperungs-methode und –temperatur gegeben. ν_{rot} = 25 kHz. 162

Spektrum 5.12 ^{1}H MAS NMR-Spektren der Probe 1:2Vak300 vor und nach Adsorption von Pyridin-d_5. Die Probe wurde vor dem Messen kurz bei 293 k evakuiert. Das Inset zeigt das korrespondierende ^{27}Al MAS NMR Spektrum der beladenen Probe im Bereich der zentralen Übergänge und der ersten Seitenbanden. 168

Spektrum 10.1 ^{13}C und ^{27}Al NMR Spektren einiger Al(OR)$_3$ in Lösung. Das breite Signal um 60 bis 70 ppm in den ^{27}Al Spektren resultiert aus dem Probenkopf. 223

Spektrum 10.2 Feldabhängige ^{1}H MAS NMR Spektren der AlF$_x$(O^{i}Pr)$_{3-x}$-d und f (Al:F 1:1 und Al:F 1:2). (B_0 = 9.4 T: NS = 16, B_0 = 21.1 T: NS = 128). 223

xvii

TABELLENVERZEICHNIS

Tabelle 2.2.1 Übersicht über NMR-aktive Isotope der Hauptgruppenelemente 11

Tabelle 3.2.1 Übersicht über bekannte ^{27}Al und ^{19}F MAS NMR-Parameter kristalliner Verbindungen mit AlF_xO_{6-x} – Baueinheiten 24

Tabelle 3.3.1 Synthetisierte Aluminiumhydroxidfluoride und strukturelle Parameter 28

Tabelle 3.3.2 Mineralien und ihre ^{19}F chemischen Verschiebungen 32

Tabelle 3.3.3 Gegenüberstellung von FT-IR Banden v_{OH} und ^{1}H-Parametern 35

Tabelle 3.3.4 Wahrscheinliche Zerlegungen der in Spektrum 3.3 gezeigten ^{19}F MAS NMR Spektren der Aluminiumhydroxidfluoride $AlF_x(OH)_{3-x}$ a^*-c^* (a^*: $x = 1.4$, b^*: $x = 1.7$, c^*: $x = 1.9$) 40

Tabelle 3.3.5 Durch Simulation der Hochfeld-Spektren erhaltene ^{27}Al MAS NMR Parameter der Aluminiumhydroxidfluoride a-c (a: $x = 1.4$, b: $x = 1.7$, c: $x = 1.9$), $B_0 = 21.1$ T 47

Tabelle 3.3.6 Abgeleitete ^{27}Al MAS NMR- Quadrupol-Parameter der einzelnen Baueinheiten $AlF_x(OH)_{6-x}$ 47

Tabelle 3.3.7 Durch Simulation erhaltene NMR-Parameter für die MAS NMR Spektren von $AlF_{1.9}(OH)_{1.1} \cdot H_2O$ ($B_0 = 9.4$ T) 50

Tabelle 3.3.8 Gegenüberstellung von Quadrupolfrequenzen komplexer und reiner Aluminiumfluoride mit dem Verknüpfungstyp 53

Tabelle 3.3.9 NMR-Parameter der Aluminiumfluorid-Trihydrate, abgeleitet aus den ^{27}Al 3QMAS NMR-Spektren 54

Tabelle 3.3.10 Vergleich der NMR-Parameter bekannter Aluminiumfluorid-Modifikationen 57

Tabelle 3.4.1 Strukturelle Korrelation der ^{19}F chemischen Verschiebung an Beispielen 61

Tabelle 4.3.1 Übersicht über ^{1}H- und ^{13}C chemische Verschiebungen einiger Ausgangsstoffe 77

Tabelle 4.5.1 ^{27}Al NMR Parameter der Signale abgeleitet aus den 3QMAS NMR Spektren der $AlF_x(O^iPr)_{3-x} \cdot z$ ^iPrOH der Proben d und f (Al:F=1:1 und 1:2) ($B_0 = 14.1$ T, Spektrum 4.12) 101

Tabelle 4.5.2 Durch Zerlegung (Spektrum 4.13, B_0=14.1 T und 21.1 T) erhaltene NMR-Parameter unter Berücksichtigung der quadrupolaren Parameter für die $AlF_x(O^iPr)_{3-x} \cdot z$ ^iPrOH: d und f (Al:F=1:1 und 1:2) 103

Tabelle 4.5.3 Vergleich der über verschiedene Verfahren abgeleiteten ^{27}Al NMR Parameter. Zusätzlich angegeben ist eine mögliche Zuordnung. Die Nummerierung folgt Tabelle 4.5.1 104

Tabelle 4.5.4 NMR-Parameter der Zerlegung der ^{19}F MAS NMR Spektren für die AlF$_x$(O^{i}Pr)$_{3-x}$•z ^{i}PrOH (Proben d, e, f: Al:F = 1:1 bis 1:2), B$_0$=9.4 T, Die experimentellen Spektren sind als Spektrum 4.9 gezeigt.. 108

Tabelle 4.5.5 Mögliche korrespondierende F- und Al-Signale und die dazugehörigen Einheiten... 112

Tabelle 4.5.6 Auftretende lokale Strukturen in den kristallinen, Pyridin-stabilisierten AlF$_x$(O^{i}Pr)$_{3-x}$ I-III... 117

Tabelle 4.6.1 Mögliche Zerlegungen der experimentellen Spektren von AlF$_{2.3}$(O^{i}Pr)$_{0.7}$•z ^{i}PrOH 124

Tabelle 5.2.1 Zusammenfassung von Resultaten der Mahlung einiger Aluminium-Verbindungen 148

Tabelle 5.2.2 Daten von AlF$_x$(OH)$_{3-x}$, resultierend nach Lagerung fester AlF$_x$(O^{i}Pr)$_{3-x}$ an Luft 149

Tabelle 5.3.1 Übersicht über getemperte Proben, Oberflächen- und katalytische Eigenschaften... 152

Tabelle 5.3.2 Wellenzahlen der ν$_{CO}$ Streckschwingung verschiedener adsorbierter CO-Spezies nach ^{29} 165

Tabelle 8.1.1 Allgemeine NMR-Parameter... 194

Tabelle 8.3.1 Übersicht über synthetisierte Proben und einige Eigenschaften 205

Tabelle 10.2.1 Kristallografische Parameter einiger Referenzsubstanzen 220

Tabelle 10.2.2 ^{19}F Chemische Verschiebungen einiger Referenzsubstanzen 221

Tabelle 10.2.3 Übersicht über Referenz-Phasen und ihre PDF-Nummern 222

ABKÜRZUNGSVERZEICHNIS

Ac	Acetat
ACF	Aluminiumchloridfluorid
BET	Methode zur Bestimmung der Oberflächeneigenschaften mesoporöser Festkörper nach Brunauer, Emmett und Teller
BJH	Methode zur Berechnung der Poreneigenschaften nach Barett, Joyner und Hallender
CP	*engl.* Cross polarisation
DMSO	Dimethylsulfoxid
DTA	Differentielle Thermoanalyse
EFG	Elektrischer Feldgradient
Et_2O	Diethylether
FT	Fourier Transformation
HETCOR	*engl.* Heteronuclear correlation
HS	*engl.* High surface
HTB	*engl.* Hexagonal tungsten bronze
HWB	Halbwertsbreite
IR	Infrarotspektroskopie
JCPDS	*engl.* Joint Commitee on Powder Diffraction Standards
Kel-F	Poly(Chlortrifluorethylen)
KZ (CN)	Koordinationszahl
LM	Lösungsmittel
MAS	*engl.* Magic angle spinning
Me, Et, ^{i}Pr,...	Methyl, Ethyl, Isopropyl,...
MS	Massenspektrometrie
NMR	*engl.* Nuclear magnetic resonance, Kernmagnetresonanz
PDF	*engl.* Powder diffraction file
PEEK	Poly(Ether Ether Keton)
PMMA	Poly(Methyl Methacrylat)
PTFE	Poly(Tetrafluorethylen)
PVC	Poly(Vinylchlorid)
Py	Pyridin
R22	Chlordifluormethan
SAXS	*engl.* Small angle X-ray scattering
TG	Thermogravimetrie
THF	Tetrahydrofuran
TTB	*engl.* Tetragonal tungsten bronze
XRD	*engl.* X-ray diffraction

FORMELZEICHEN UND KONSTANTEN

Allgemein

Z / E	Formelzeichen Z und typische Einheit E
ν / cm^{-1}	Bezeichnung der IR-aktiven Valenzschwingung
δ / cm^{-1}	Bezeichnung der IR-aktiven Deformationsschwingung
S_{BET} / m^{2}g^{-1}	Bezeichnung der spezifischen Oberfläche, ermittelt nach dem BET-Modell
V_P / cm^{3}g^{-1}	Porenvolumen, ermittelt nach der BJH-Methode
d_p / Å	Porendurchmesser, ermittelt nach der BJH-Methode
T / K (°C)	Temperatur
d(X-Y) / pm (Å)	Abstand der Bindung zwischen X und Y
λ / nm	Wellenlänge
h / Js	Plancksches Wirkungsquantum
E / J	Energie
ν / Hz	Frequenz
μ_x	Bezeichnung für x Zentren verbrückende Struktureinheiten
t	Bezeichnung für Struktureinheiten in terminaler Position

NMR-Spektroskopie

I_N	Kernspin des Kerns N
m	Orientierungsquantenzahl m (I, I-1,…-I+1,-I)
$\nu_0(N)$ / MHz	Larmorfrequenz der IUPAC-Referenz für den Kern N im Magnetfeld mit der magnetischen Flussdichte B_0
B_0 / T	Magnetische Flussdichte des äußeren Magnetfeldes
δ_{iso} / ppm	isotrope chemische Verschiebung
δ_{27Al} / ppm	beobachtbare chemische Verschiebung
δ_{QIS} / ppm	Betrag der Quadrupol-induzierten chemischen Verschiebung
ν_Q / kHz	Quadrupolfrequenz
C_Q / MHz	Quadrupolkonstante
η_Q	Asymmetrieparameter
$\nu_{Q\eta}$ / kHz	Quadrupolares Produkt
P_Q / MHz	Quadrupolares Produkt
γ_N / s^{-1}T^{-1}	gyromagnetische Verhältnis des Kerns N
ω_N	Präzessionsgeschwindigkeit des magnetischen Kernmoments
μ_0 / NA^{-2}	magnetische Permeabilität des Vakuums
$^xJ_{N1N2}$ / Hz	über x Bindungen vermittelte homo- oder heteronukleare skalare Kopplungskonstante zwischen den Kernen N1 und N2
d	Dipolare Kopplungskonstante
H_{N1N2}	Hamilton-Operator der dipolaren Wechselwirkung zwischen den magnetischen Kernmomenten der Kernspins der Kerne N1 und N2

*Die Neugier steht immer an erster Stelle eines Problems,
das gelöst werden will.*
Galileo Galilei

1. EINLEITUNG UND ZIELSTELLUNG

„Chemie ohne Katalyse ist wie ein Schwert ohne Griff, eine Kerze ohne Licht oder eine Glocke ohne Klang."
Mit diesen Worten zitiert die BASF SE Alwin Mittasch, einen der Pioniere auf dem Gebiet der heterogenen Katalyse.[1] Ein Großteil der etablierten Prozesse, die von der chemischen Industrie zur Herstellung verschiedenster Produkte benutzt werden, beinhaltet mindestens eine heterogen katalysierte Reaktion.[2] Sehr oft kommen dabei Metalloxide, entweder als Katalysator oder als Trägermaterial, zum Einsatz. Die Vorteile liegen auf der Hand: Metalloxide sind schnell und einfach aus natürlichen Rohstoffen zugänglich, relativ „robust" (Temperatur- und chemische Beständigkeit) und können, je nach Metall, unterschiedliche Brönsted/Lewis-Säure/Base – Eigenschaften aufweisen. Zudem stellt Sauerstoff das Element mit der zweitgrößten Elektronegativität dar.
Denkt man daran, dass Fluor eine noch größere Elektronegativität als Sauerstoff aufweist und betrachtet weiterhin ganz allgemein die Eigenschaften von Metallfluoriden, die ähnliche (chemische und thermische) Stabilitäten wie die Oxide aufweisen, so ist es leicht verständlich, dass ein großes Interesse daran besteht, die Katalyse-Eigenschaften Fluorid-basierter Materialien zu erforschen. Die Möglichkeit der Darstellung dieser Materialien unter Nutzung von Methoden der „soft chemistry"[a] ist dabei von besonderem Interesse. Moderate Reaktionsbedingungen (Temperaturen unter 600 °C) sind nicht nur Ressourcen schonend, sondern erlauben auch die Synthese von Materialien mit hohen Oberflächen oder von metastabilen Verbindungen mit (strukturellen und/oder

---

[a] In diesem Zusammenhang ein Begriff, der für Synthesen unter milden Reaktions–bedingungen gebraucht wird.

katalytischen) Eigenschaften, die mit klassischen Hochtemperatur-Synthesemethoden nicht erhalten werden.
2003 gelang es dem Arbeitskreis Kemnitz, die etablierte Sol-Gel-Methode zur Synthese von Metalloxiden auf die Herstellung von Fluorid-basierten Materialen auszuweiten.[3, 4] Die auf diesem Weg hergestellten Metallfluoride weisen besondere Charakteristika auf: hohe spezifische Oberflächen und einzigartige katalytische Eigenschaften. Weiterhin eröffnet der Sol-Gel-Ansatz als solcher neue Anwendungs- und Forschungsfelder für Metallfluoride auf den Gebieten der Katalyse und Materialwissenschaften. Zu nennen sind dabei vor allem die Möglichkeit der Funktionalisierung oder das Einbringen von weiteren katalytisch aktiven Zentren („doping"), die Möglichkeit zur Synthese von organisch-anorganischen Hybridmaterialien und die Möglichkeit Metallfluorid-Schichten mit neuen optischen Eigenschaften, neue texturierte Fluoride (inverse Opale) oder fluoridische Keramiken herzustellen.[4]

High surface - Aluminiumfluorid (HS-AlF$_3$), ein röntgenamorphes, strukturell hoch gestörtes Aluminiumfluorid ist einer der wichtigsten Vertreter dieser mittels Sol-Gel-Synthese hergestellten Metallfluoride. Neben einer vergleichsweise hohen spezifischen Oberfläche weist HS-AlF$_3$ eine außergewöhnlich hohe Lewis-Acidität auf. Diese ist vergleichbar mit den Lewis-Säure Eigenschaften der starken Lewis-Säuren ACF (Aluminiumchloridfluorid)[5] oder SbF$_5$ (Antimonpentafluorid, bekannt als Swarts-Katalysator).[6]

Die Synthese von HS-AlF$_3$ umfasst zwei Schritte: In einem ersten Reaktionsschritt wird im wasserfreien Lösungsmittel ein Aluminiumalkoxid (z.B. Aluminiumisopropoxid) mit Fluorwasserstoff (z.B. gelöst in einem Alkohol) umgesetzt. Je nach Konzentration, Lösungsmittel und eingesetztem Aluminiumalkoxid entsteht ein Sol oder Gel (Fluorolyse). Nach Entfernen des Lösungsmittels erhält man ein Xerogel, das als Aluminiumalkoxidfluorid (im Falle von ^{i}PrOH als Lösungsmittel: AlF$_x$(O^{i}Pr)$_{3-x}$ • ^{i}PrOH) charakterisierbar ist und noch signifikante Mengen des Lösungsmittels und/oder Alkoxid-Reste enthält. In einem zweiten, als Nachfluorierung bezeichneten Schritt entsteht HS-AlF$_3$ durch Reaktion des Xerogels mit einem fluorierendem Medium (CHClF$_2$, CHF$_3$, HF) bei erhöhter Temperatur ($\approx$ 200 °C – 300 °C).[7, 8] Abbildung 1 zeigt das allgemeine Reaktionsschema der Synthese von HS-AlF$_3$.

Wenig ist jedoch bekannt über die genauen strukturellen Eigenschaften des Xerogels oder von HS-AlF$_3$. Dabei konnten Fragen bezüglich konkreter struktureller Vorstellungen bisher nicht beantwortet werden: Welche Zwischenstufen werden bei der fluorolytischen Sol-Gel Reaktion durchlaufen? Welche Reaktionsmechanismen spielen eine Rolle und wie sehen mögliche Strukturmodelle aus? Lassen sich aus den Strukturmodellen Rückschlüsse auf Ursachen der außergewöhnlichen Eigenschaften der untersuchten Metallfluoride ableiten?

Kapitel 1

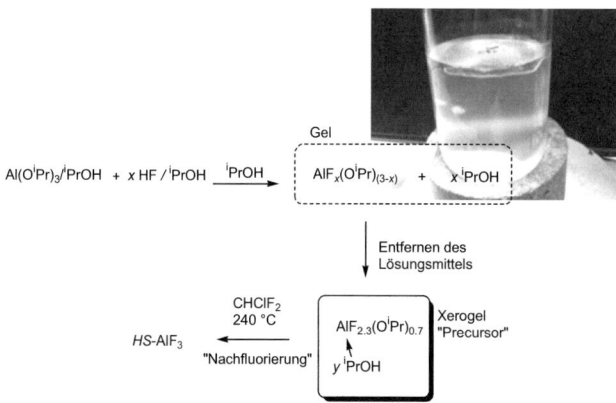

Abbildung 1.1 Allgemeines Reaktionsschema der Synthese von *HS*-AlF$_3$. Das Inset zeigt den Gelzustand.

Da sowohl *HS*-AlF$_3$ als auch das Xerogel AlF$_x$(OR)$_{3-x}$ · ROH röntgenamorphe Festkörper sind, lassen sich mit klassischen Röntgenbeugungsverfahren keine strukturellen Informationen gewinnen. Kernmagnetresonanzuntersuchungen im Allgemeinen und Festkörper-(MAS)-NMR Untersuchungen im Besonderen sind hingegen leistungsfähige Methoden der Strukturaufklärung auf molekularer Ebene. Dies gilt für die Festkörper-NMR nicht nur für die Untersuchung kristalliner gut geordneter Festkörper, sondern sie erlangt als Strukturaufklärungsmethode eine besondere Bedeutung für die Untersuchung von strukturell gestörten und/oder röntgenamorphen Festkörpern.[9] Als mögliche Sonden können dabei prinzipiell alle in die Struktur involvierten Atome oder Kerne dienen, sofern diese einen Kernspin größer Null ($I > 0$) besitzen. Von zusätzlichem Vorteil ist die direkte Proportionalität der Signalintensität von der Anzahl der Kerne, die zu einem Signal beitragen. Festkörper-NMR Untersuchungen können so zu einem umfassenden Bild eines Festkörpers beitragen.

Auf diesen Überlegungen aufbauend lassen sich folgende Zielstellungen für die vorliegende Arbeit ableiten:

(i) Die Aufklärung lokaler Strukturen verschiedener Zwischenstufen auf dem Weg vom Al(O^{i}Pr)$_3$ über das Xerogel (AlF$_x$(OR)$_{3-x}$ · ROH) zum *HS*-AlF$_3$ mit den Methoden der Kernmagnetresonanz.

(ii) Die Charakterisierung der ersten Schritte der fluorolytischen Sol-Gel Reaktion durch Vergleich struktureller Eigenschaften der

"feuchten" Sole und Gele mit denen der festen Aluminiumalkoxidfluoride.
(iii) Die Ableitung von Strukturmodellen und möglichen Reaktionsmechanismen auf der Basis einer genauen Identifizierung der Natur und Art lokaler Strukturen in den untersuchten Substanzen, sowie das Verfolgen von Veränderungen dieser.
(iv) Die Synthese geeigneter kristalliner Referenzsubstanzen und die Untersuchung mit den Methoden der Festkörper-NMR im Hinblick auf Struktur-Eigenschaftsbeziehungen.

Den wesentlichen Schwerpunkt dieser Arbeit bilden Kernmagnetresonanz-Untersuchungen, die zum Verständnis lokaler Strukturen der Zwischenstufe, des Xerogels $AlF_x(O^iPr)_{3-x} \cdot {}^iPrOH$, beitragen. Dies umfasst vor allem Untersuchungen mit allen in den Substanzen vorhandenen NMR-aktiven und zugänglichen Sonden (^1H, ^{13}C, ^{19}F und ^{27}Al) unter Nutzung von Flüssig- und Festkörper-NMR-Experimenten und Anwendung verschiedener 1D- und 2D – Techniken wie z.B. *single pulse-*, *spin echo-* oder Entkopplungsmethoden auf der einen Seite und ^{19}F-^{27}Al Korrelations-, ^{27}Al *triple quantum* und ^{19}F-^{19}F Spinaustauschexperimente auf der anderen Seite.

Zusammen mit weiteren klassischen Strukturaufklärungsmethoden, wie z.B. mit der Infrarotspektroskopie (FT-IR) oder der Röntgenpulverdiffraktometrie (XRD) und die Untersuchung des chemischen und thermischen Verhaltens (unter anderem DTA/TG) sowie der Oberflächen- und katalytischen Eigenschaften (Oberflächenbestimmung mit der BET-Methode), ergibt sich schließlich ein genaues Bild der wesentlichen Charakteristika der zu untersuchenden Stoffe.

Die Präparation von chemisch verwandten kristallinen Referenz-Substanzen mit definierter Struktur und die Untersuchung von Struktur-Eigenschaftsbeziehungen ermöglichen eine genaue Identifizierung der involvierten lokalen Strukturen und Baueinheiten der röntgenamorphen Festkörper (im Speziellen betrifft das die Zuordnung und Interpretation von ^{27}Al- und ^{19}F-NMR-Spektren).

Weiterhin können Informationen über lokale Strukturen der röntgenamorphen Festkörper mit den Methoden der NMR durch Präparation von vergleichbaren Verbindungen und durch direkten Vergleich der erhaltenen Spektren gewonnen werden. Dabei wird ein wesentlicher Syntheseparameter (eingesetztes Aluminiumalkoxid, Lösungsmittel, Alterungszeit des Gels, Al : F-Stoffmengenverhältnis, Trocknungstemperatur), unter Beibehaltung der restlichen Parameter, variiert.

Ein Chemiker, der kein Physiker ist, ist gar nichts.

Robert Wilhelm Bunsen

2. LITERATURÜBERBLICK UND GRUNDLAGEN

2.1. STAND DER LITERATUR: PHASENBEZIEHUNGEN VON $AlF_x(OR)_{3-x}$ UND $HS\text{-}AlF_3$

In der Literatur bekannte Berichte über reine Aluminiumfluoride beschäftigten sich lange Zeit mit der Beschreibung der Eigenschaften kristalliner Verbindungen. Die thermodynamisch stabilste und neben $\beta\text{-}AlF_3$ am intensivsten untersuchteste Modifikation ist $\alpha\text{-}AlF_3$, dessen Kristallstruktur erst 1984 von Hoppe endgültig bestätigt und verfeinert wurde.[10]
In neuerer Zeit konnten weitere Modifikationen von AlF_3 beschrieben werden. Die Synthese dieser geht oft von einer speziellen Vorläufer-Verbindung aus. Bis heute beschrieben sind neben $\alpha\text{-}AlF_3$ und $\beta\text{-}AlF_3$ auch $\eta\text{-}AlF_3$, $\vartheta\text{-}AlF_3$ und $\kappa\text{-}AlF_3$.[11-14] Die strukturellen Merkmale dieser werden in Kapitel 3.1 vorgestellt. Zusätzlich tauchten in Veröffentlichungen Beschreibungen über $\gamma\text{-}$ und $\varepsilon(1...3)\text{-}AlF_3$ auf, wobei das erste keine eigenständige Modifikation und eher $\beta\text{-}AlF_3$ mit geringerer Kristallinität darstellt und das letzte eigentlich verschiedenen $AlF_3 \cdot x\,H_2O$-Phasen entspricht.[15]
Nichtsdestotrotz werden für AlF_3 weitere energetische Minima für bestimmte Kristallstrukturen vorausgesagt, so dass auch in Zukunft unter Verwendung neuer molekularer Vorstufen neue Modifikationen isolierbar sein könnten.[16]
Einige der bekannten Strukturmotive der kristallinen AlF_3-Modifikationen sind zudem bekannt für andere MF_3-Verbindungen (FeF_3, CrF_3, VF_3, GaF_3) oder sind strukturell eng verwandt mit Kristallstrukturen einiger Wolframbronzen (HTB-Struktur, TTB-Struktur).

Kapitel 2

In enger Beziehung stehen weiterhin die verschiedenen bekannten Aluminiumfluorid-Hydrate bzw. Aluminiumhydroxidfluorid-Hydrate. Zum einen können diese ebenso als Vorstufen von AlF_3-Verbindungen aufgefasst werden, zum anderen lassen sich für Hydroxidfluoride auf Grund der Substituierbarkeit OH/F die gleichen Kristallstrukturen wie für einige Aluminiumfluoride nachweisen. Die kristallwasserfreie Verbindung $Al(F/OH)_3$ in Pyrochlor-Struktur ist isotyp zu η-AlF_3 und kürzlich wurde über die Synthese von $Al(F/OH)_3$ in (HTB-) β-AlF_3 Struktur berichtet.[17]
Auch die strukturell hoch gestörten, röntgenamorphen Verbindungen Aluminiumbromidfluorid (ABF) und Aluminiumchloridfluorid (ACF) sind geeignete Vorstufen zur Darstellung von Aluminiumfluoriden.[18]
Abbildung 2.1 fasst die Phasenbeziehungen im Überblick zusammen.

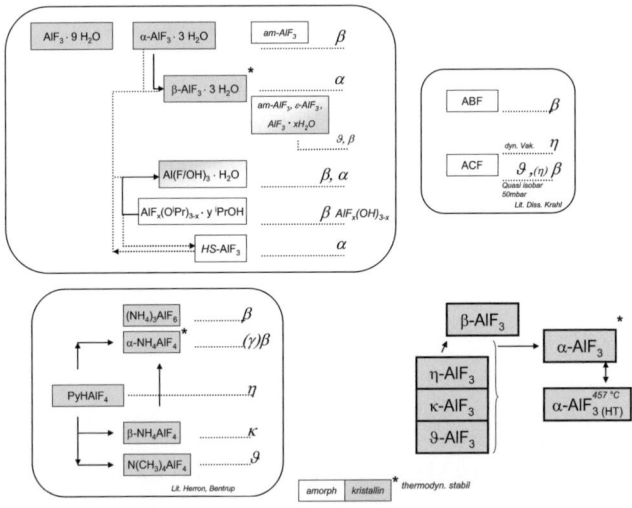

Abbildung 2.1 Phasenbeziehungen zwischen Al-F-Verbindungen; α, β, η, ϑ, κ bezeichnen die resultierende AlF_3-Modifikation (HT bedeutet Hochtemperatur-Modifikation im ReO_3-Typ).

Verwandte Systeme sind weiterhin die große Anzahl komplexer Aluminiumfluoride (mit Kryolith als einem der bekanntesten Vertreter) und komplexer und reiner Aluminiumfluorid-Hydrate. Auszüge der Eigenschaften dieser Systeme werden im Kapitel 3 vorgestellt.
2003 wurden vom Arbeitskreis Kemnitz erstmalig die Synthese und die Eigenschaften von *high surface*-(HS)-Aluminiumfluorid, einem Vertreter einer neuen Klasse von Metallfluoriden, beschrieben.[3]

Die zweistufige Synthese umfasst, wie bereits beschrieben, eine fluorolytische Sol-Gel-Synthese und eine Gasphasenfluorierung. Die als Zwischenstufe auftretenden Xerogele $AlF_x(OR)_{3-x}$ dienen als Vorstufe der Synthese von *HS*-AlF_3, lassen sich aber auch in kristalline oder röntgenamorphe Aluminiumhydroxidfluoride überführen.[8, 19]
Sowohl für *HS*-AlF_3 als auch für die Vorstufe, das Xerogel $AlF_x(OR)_{3-x}$, kann nach Temperung auf über 550 °C die Bildung von kristallinem α-AlF_3 nachgewiesen werden.[7]
Das strukturelle Verhältnis von *HS*-AlF_3 zu kristallinem AlF_3 kann dabei in erster Näherung mit dem Verhältnis von amorphem Kieselgel zu Quarz verglichen werden.
Die Eigenschaften von *HS*-AlF_3 sind beeindruckend und unterscheiden es deutlich von anderen bekannten strukturell gestörten Aluminiumfluoriden wie amorphem-AlF_3, Plasma-AlF_3[20] oder durch Reaktion von Al_2O_3 und wässriger HF hergestelltem (α)-AlF_3[21].
HS-AlF_3 weist eine hohe Oberfläche (circa 250 m^2g^{-1}) auf, die gepaart ist mit einer ungewöhnlichen hohen Lewis-Säurestärke.[3, 7]
Transmissionselektronenmikroskopie-Bilder von *HS*-AlF_3[3] lassen Partikelgrößen von ungefähr 10 nm abschätzen, mit überwiegend amorphen, aber auch partiell mit kristallinen Bereichen, die zu größeren Agglomeraten zusammengelagert sind (nach ISO ITS 27687 entspricht dann die spezifische Oberfläche der Summe der Oberflächen der Nanopartikel). Berücksichtigt man die Dichte von AlF_3 (etwa 2.9 g/cm^3) und die bekannte spezifische Oberfläche (250 m^2/g), so resultiert ein Partikeldurchmesser von ungefähr 8 nm. Ein Wert, der nicht im Widerspruch zu den experimentellen Daten steht und die Einordnung (Nanopartikel / Agglomerat) unterstützt.
Für die Vorstufe von *HS*-AlF_3, das Xerogel $AlF_x(OR)_{3-x}$, lassen sich noch kleinere Partikelgrößen ($\approx$ 2-8 nm) und größere spezifische Oberflächen erwarten. Experimentell lassen sich für bei 150 °C behandelte Proben Oberflächen im Bereich von 600 m^2/g bestimmen; die Oberfläche des bei 70 °C im Vakuum getrockneten Xerogels sollte wesentlich höher sein.
Diese Befunde legen die Anwendung von *high surface*-AlF_3 in der heterogenen Katalyse nahe. In diesem Umfeld bekannt sind die erstaunlichen Eigenschaften von β-AlF_3 und verwandten β-MF_3-Phasen, die diese Phasen, im Vergleich zu anderen reinen kristallinen Metallfluoriden, als Katalysatorsystem Lewis-sauer katalysierter Reaktionen attraktiv machen.
Im Vergleich mit fluorierten Aluminiumoxid-Phasen oder kristallinen Aluminium-hydroxidfluoriden wurden hauptsächlich Halogenaustausch–reaktionen, Hydrodehalogenierungsreaktionen oder Dismutierungsreaktionen von Fluorchlorkohlenwasserstoffen untersucht.[22-24]

7

Kapitel 2

High surface-AlF$_3$ katalysiert, ähnlich wie ACF, die nur von starken Lewis-Säuren katalysierte Dismutierung von CF$_2$Br-CFBr-CF$_3$. Die Vorstufe, das Xerogel, weist im Gegensatz dazu keine katalytische Aktivität auf.

Gleichzeitig kann über den *„soft chemistry"*-Ansatz Sol-Gel Synthese eine Vielzahl von weiteren Einsatzmöglichkeiten erschlossen werden, sei es durch Einbringen von Redox-aktiven Metallen [25, 26], von OH-Gruppen [27] oder von Edelmetallen.[28] So wird sowohl das Xerogel als auch das resultierende *HS*-AlF$_3$ modifiziert.

Zusätzlich erschließt sich die Möglichkeit, verschiedene Trägermaterialien einfach mit MF$_x$-haltigen Solen zu beschichten, intuitiv.

Aus diesem Grund sind bis heute Untersuchungen, die sich mit der Charakterisierung der Eigenschaften von *HS*-AlF$_3$ beschäftigen, Gegenstand aktueller Arbeiten.[8, 29-32]

Innovativ auf diesem Gebiet sind aktuelle computergestützte Berechnungen, vornehmlich für AlF$_3$-Systeme:

Die Oberflächenstruktur von Aluminiumfluorid-Nanopartikeln wurde von Chaudhuri et al. berechnet.[33] Im Ergebnis dieser Berechnungen werden für Oberflächen von α-AlF$_3$-Nanopartikeln hauptsächlich an Ecken und Kanten befindliche vier- und fünffach koordinierte Al-Zentren nachgewiesen. Weiterhin wird das Auftreten terminaler Al-F-Bindungen sowie eine „dynamische" Oberfläche vorausgesagt, mit Fluorid-Ionen, die zwischen verschiedenen Al-Zentren auf der Oberfläche hin- und herwechseln.[33]

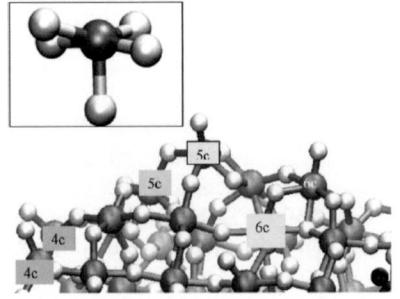

Abbildung 2.2 *Snapshot* einer Ecke eines „8•8•8"-α-AlF$_3$-Nanopartikels und verschiedenen an der Oberfläche exponierten Al- und F-*Sites*. (Grafik entnommen aus Referenz [33] Abb. 6; mit freundlicher Genehmigung der Royal Society of Chemistry).

Das ebenfalls vorausgesagte Fehlen des Phasenübergangs in die kubische Hochtemperatur-Modifikation des α-AlF$_3$ konnte experimentell bestätigt werden.[34] Die mittlere Bindungslänge d(Al-F) verbrückender μ_2F beträgt auch für diese Nanopartikel, wie für kristalline Aluminiumfluoride bekannt, 1.79 Å, in Übereinstimmung mit der sowohl für gut kristalline als auch für nanokristalline α-AlF$_3$-Proben experimentell gefundenen ^{19}F Verschiebung bei $\delta_{iso} = -172$ ppm.

Die Simulation von Oberflächen von α- und β-AlF$_3$ und die Simulation des Adsorptionsverhalten von H$_2$O, HF, HCl oder NH$_3$ werden von der Arbeitsgruppe Harrison als strukturelle Modelle zum Verständnis der Eigenschaften von HS-AlF$_3$ genutzt.[31, 35-41]

Für die {0,0,1}-Fläche von α-AlF$_3$ wird als stabilste Oberfläche dieser hypothetischen Terminierung eine durch zwei Fluorid-Ionen abgeschlossene gefunden.[36] Potentielle als Lewis-saure Zentren agierende Al sind maskiert. Gut kristallines α-AlF$_3$ ist daher katalytisch nicht aktiv - in Übereinstimmung mit experimentellen Ergebnissen.

Für β-AlF$_3$ können hingegen Al-Ionen, die mögliche Lewis-saure Zentren darstellen, identifiziert werden.[35, 37] Die kristallografisch energetisch bevorzugten Oberflächen sind {0,1,0} und {0,0,1},[41] die genauen strukturellen Merkmale dieser sind entscheidend zum Verständnis der Lewis-Acidität von β-AlF$_3$. Im Modell sind immer das Vorhandensein terminaler Al-F-Bindungen an der Oberfläche sowie vier- und fünffach koordinierte Al-Struktureinheiten aufzeigbar.

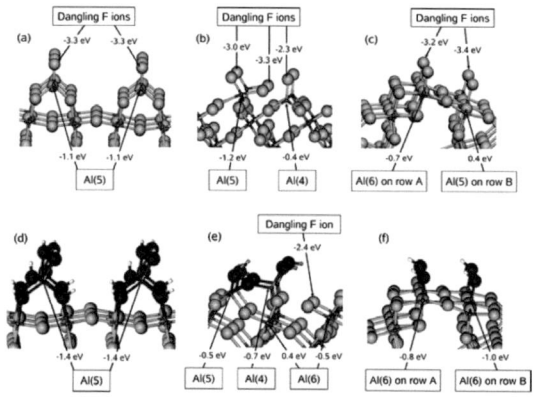

Abbildung 2.3 Simulierte Oberflächen reiner Aluminiumfluoride (a) bis (c) und partiell hydroxylierter Oberflächen (d) bis (f) sowie involvierte F- und Al-*sites*. Grafik entnommen aus Referenz [31], Abb. 1. mit freundlicher Genehmigung der Royal Society of Chemistry. (a) und (d):α-AlF$_3$ {0,1,2}, (b) und (e) β-AlF$_3$ {1,0,0}, (c) und (f) β-AlF$_3$ {0,0,1}.

Mit Hydroxylierung hingegen sind im Modell terminale Al-F-Bindungen für die thermodynamisch stabilsten Oberflächen von α- und β-AlF$_3$ nicht mehr nachweisbar.

Kapitel 2

Diese Resultate zeigen, dass neben der theoretischen Vorhersage, der experimentelle Nachweis lokaler Strukturen zum Verständnis der Eigenschaften der Aluminiumfluoride wichtig ist. Neben oberflächensensitiven Methoden, wie XPS-Untersuchungen, können insbesondere Festkörper-MAS NMR Untersuchungen an diesem System entscheidend zur Aufklärung lokaler Strukturen und zur Charakterisierung von Oberflächen- und Volumenspezies beitragen. Zum Vergleich: Für Nanopartikel ist ein signifikanter Anteil aller Atome in der Oberfläche involviert (etwa 15 % bei einem Durchmesser von 10 nm). Das heißt, Festkörper-MAS NMR Spektren sind demzufolge zwar dominiert von Signalen der im Volumen beteiligten Bestandteile, Spezies der Oberfläche sollten sich dennoch im Spektrum äußern.

Ein weiterer Schwerpunkt muss dabei auf dem Verständnis der Strukturen im Xerogel und der Veränderungen dieser liegen. Veränderungen können auf dem Weg vom Alkoxid zum Xerogel und ausgehend vom Xerogel verfolgt werden.

2.2. GRUNDLAGEN DER FESTKÖRPER-KERNMAGNET-RESONANZ

Die Strukturaufklärung „amorpher" Festkörper, d.h. es geht um Festkörper, die durch Fehlen von Translationssymmetrie charakterisiert werden können, stellt eine wissenschaftliche Herausforderung dar. Diese Festkörper sind thermodynamisch metastabil und können sich unter gegebenen Umständen rasch strukturell verändern.

Im Gegensatz zur definierten strukturellen Verknüpfung der Atome/Ionen eines kristallinen Festkörpers können die Strukturparameter eines ungeordneten Festkörpers variieren. Der Grund, warum viele experimentelle Ergebnisse eines amorphen Festkörpers eher „diffus" erscheinen.

Im Gegensatz zu einigen experimentellen Strukturaufklärungsmethoden (beispielsweise IR, XRD), die auf Grund des oben genannten Grundes oft limitiert sind, können Kernmagnetresonanzexperimente gezielt zur Strukturaufklärung amorpher Festkörper auf molekularer Ebene beitragen. Oft ist erst im Zusammenspiel verschiedener NMR-Techniken mit weiteren Abbildungs- (TEM, SEM, AFM), Analysemethoden (XPS, IR, Raman, Streuexperimente) und computergestützten theoretischen Untersuchungen, eine vollständige Strukturaufklärung eines amorphen Festkörpers möglich.[42]

Ein Vorteil von Kernmagnetresonanzuntersuchungen ist, dass strukturelle Informationen über alle im Festkörper involvierten und NMR-aktiven Kerne gewonnen werden können. Das detektierbare NMR-Signal hängt dabei empfindlich von der elektronischen Umgebung um den jeweiligen Kern ab und lässt sich oft direkt mit strukturellen Parametern korrelieren. Die Intensität des

Kapitel 2

Signals ist direkt proportional zur absoluten Anzahl der zum Signal beitragenden Kerne.
NMR-aktiv sind alle Kerne, die einen Kernspin *I* ungleich 0 aufweisen, d.h. entweder eine ungerade Anzahl von Protonen und/oder Neutronen aufweisen. Betrachtet man das Periodensystem der Elemente findet man für nahezu jedes Element mindestens ein Isotop, das diesen Bedingungen genügt (siehe Tabelle 2.2.1). Bevor man ein NMR-Experiment startet, sollten jedoch weitere Randbedingungen wie die natürliche Isotopenhäufigkeit, das gyromagnetische Verhältnis γ und die Larmorfrequenz des betreffenden Kerns geklärt sein.

Tabelle 2.2.1 Übersicht über NMR-aktive Isotope der Hauptgruppenelemente

Wasserstoff							Helium
400.13							**304.82**
^{1}H - 99.9%							^{3}He
^{2}H - 0.1%							^{4}He ~100%
^{3}H							
Lithium	Beryllium	Bor	Kohlenstoff	Stickstoff	Sauerstoff	Fluor	Neon
155.51	**56.22**	**128.38**	**100.61**	**28.92**	**54.24**	**376.5**	**31.59**
^{6}Li - 7.5%	^{9}Be - 100%	^{10}B - 20.0%	^{12}C - 98.9%	^{14}N - 99.6%	^{16}O - 99.8%	^{19}F - 100%	^{20}Ne - 90.5%
^{7}Li - 92.5%		^{11}B - 80.0%	^{13}C - 1.1%	^{15}N - 0.4%	^{17}O		^{21}Ne - 0.3%
			^{14}C		^{18}O - 0.2%		^{22}Ne - 9.2%
Natrium	Magnesium	Aluminium	Silizium	Phosphor	Schwefel	Chlor	Argon
105.84	**24.49**	**104.26**	**79.5**	**161.98**	**30.71**	**39.2**	
^{23}Na - 100%	^{24}Mg - 89.0%	^{27}Al - 100%	^{28}Si - 92.2%	^{31}P - 100%	^{32}S - 95.0%	^{35}Cl - 75.8%	^{36}Ar - 0.3%
	^{25}Mg - 10.0%		^{29}Si - 4.7%		^{33}S - 0.8%	^{37}Cl - 24.2%	^{38}Ar - 0.1%
	^{26}Mg - 11.0%		^{30}Si - 3.1%		^{34}S - 4.2%		^{40}Ar - 99.6%
Kalium	Calcium	Gallium	Germanium	Arsen	Selen	Brom	Krypton
18.67	**26.93**	**96.04**	**13.96**	**68.51**	**76.31**	**100.24**	**15.4**
^{39}K - 93.3%	^{40}Ca - 96.9%	^{69}Ga - 60.1%	^{70}Ge - 20.5%	^{75}As - 100%	^{77}Se - 7.6%	^{79}Br - 50.7%	^{83}Kr - 11.5%
^{40}K ~ 0.01%	^{43}Ca - 0.1%	^{71}Ga - 39.9%	^{73}Ge - 7.8%		^{78}Se - 23.5%	^{81}Br - 49.3%	^{84}Kr - 57.0%
^{41}K - 6.7%	^{44}Ca - 2.1%		^{74}Ge - 36.5%		^{80}Se - 49.6%		^{86}Kr - 17.3%
Rubidium	Strontium	Indium	Zinn	Antimon	Tellur	Iod	Xenon
38.63	**17.34**	**87.68**	**149.21**	**95.75**	**126.24**	**80.06**	**111.28**
^{85}Rb - 72.2%	^{86}Sr - 9.9%	^{113}In - 4.3%	^{117}Sn - 7.7%	^{121}Sb - 57.2%	^{123}Te - 0.9%	^{127}I - 100%	^{129}Xe - 26.4%
^{87}Rb - 27.8%	^{87}Sr - 7.0%	^{115}In - 95.7%	^{119}Sn - 8.6%	^{123}Sb - 42.7%	^{125}Te - 7.1%		^{131}Xe - 21.2%
	^{88}Sr - 82.6%		^{120}Sn - 32.4%		^{130}Te - 33.8%		^{134}Xe - 10.4%
Cäsium	Barium	Thallium	Blei	Bismut	Polonium	Astat	Radon
52.48	**44.47**	**230.81**	**83.71**	**64.29**			
^{133}Cs - 100%	^{135}Ba - 6.6%	^{203}Tl - 29.5%	^{206}Pb - 24.1%	^{209}Bi - 100%	keine	keine	keine
	^{137}Ba - 11.2%	^{205}Tl - 70.5%	^{207}Pb - 22.1%				
	^{138}Ba - 71.7%		^{208}Pb - 54.4%				
Francium	Radium						Element
			Spin *I*	5/2			ν_L(MHz); 9.4T
keine	keine		1/2	3	nicht NMR aktiv -->		^{nat}I1 - abu
			1	7/2	NMR aktiv, da Kernspin>0		^{nat}I2 - abu
			3/2	9/2			

11

Die Anwendung eines externen Magnetfelds, beispielsweise in z-Richtung und charakterisierbar durch die magnetische Flussdichte B_0, führt zur Aufspaltung der vorher energetisch äquivalenten ($2 \cdot I+1$) Spin-Orientierungszustände (Zeeman-Effekt).
Die Energien der verschiedenen Niveaus ergeben sich zu:

$$E_m = -m\hbar\gamma B_0 \qquad \text{Gleichung 2.1}$$

Die Übergänge zwischen den Niveaus lassen sich mit elektromagnetischen Wellen geeigneter Energie ($\Delta E = \hbar\omega = h\nu$) anregen. Es folgt die Resonanzbedingung:

$$\omega = \gamma \cdot B_0 \qquad \text{Gleichung 2.2}$$

Die Resonanzfrequenz entspricht der Larmorfrequenz ν_L, mit der die Kerne im Magnetfeld um die Magnetfeldachse präzedieren. Als NMR-Signal lässt sich die Frequenz ν_L ($\omega_L = 2\pi \cdot \nu_L$) detektieren.
Diese Überlegungen gelten für einen isolierten, idealen Kern. Für den Realfall eines Kerns in einer chemischen Verbindung müssen, neben der Wechselwirkung mit dem äußeren Magnetfeld, weitere Wechselwirkungen berücksichtigt werden. Diese hängen von der direkten lokalen Umgebung des Kerns ab, beispielsweise von den Bindungspartnern.
Der zu berücksichtigende Gesamt-Spin-Hamiltonoperator zur energetischen Beschreibung des Spin-Systems umfasst, neben dem Beitrag der Zeeman-Wechselwirkung H_Z, Beiträge, die durch die elektronische Umgebung des Kerns verursacht werden: H_{CS} (Abschirmung/Entschirmung des Kerns durch die umgebenden Elektronen), H_D und H_J (die durch direkte oder indirekte Wechselwirkungen mit den magnetischen Momenten anderer Kerne verursacht werden / homo- und heteronukleare dipolare Kopplung und skalare homo- oder heteronukleare J-Kopplung) und H_Q (die durch Wechselwirkungen des Quadrupolmoments (für $I>1/2$) mit dem elektrischen Feldgradienten verursacht werden / Quadrupolkopplung). Für leitende oder paramagnetische Verbindungen müssen noch weitere Wechselwirkungen betrachtet werden, die sich auf die Lage der Niveaus auswirken. Für diamagnetische Verbindungen ergibt sich:

$$H_{\text{Gesamt}} = H_Z + H_{CS} + H_D + H_J + H_Q \qquad \text{Gleichung 2.3}$$

Für Flüssigkeiten mitteln sich die dipolaren und quadrupolaren Anteile in Folge der ungerichteten raschen Umorientierung der Moleküle in alle Richtungen aus. Der Betrag der Zeeman-Aufspaltung ist für einen bestimmten Kern unabhängig von der chemischen Umgebung. Die sich ergebende Vereinfachung führt in Praxis zur direkten Bestimmbarkeit der Größen chemische Verschiebung δ_{iso} und der über Bindungen vermittelten Kopplung J. (Die chemische Verschiebung δ, angegeben in ppm, ermöglicht ein Spektrometer übergreifendes Vergleichen experimentell ermittelter Werte $\delta/\text{ppm} = ((\nu_{\text{Probe}} - \nu_{\text{Referenz}})/\nu_0) \cdot 10^6$.)

Kapitel 2

Auf Grund der Vielfalt der beitragenden Wechselwirkungen sind für den (anisotropen) Festkörper im statischen Fall meist nur breite Linien beobachtbar. Unter Anwendung verschiedener NMR-Verfahren und -Techniken lassen sich jedoch die Einflüsse minimieren oder ausmitteln. Auf diese Weise sind auch für Festkörper die zu Grunde liegenden Parameter aus den Spektren extrahierbar.
Die theoretische Beschreibung des Spin-Hamiltonoperators der direkten heteronuklearen dipolaren Kopplung folgt Gleichung 2.4:

$$H_D = H_{N1N2} = -d(\frac{3\cos^2\theta-1}{2})I_{N1}I_{N2} \qquad \text{Gleichung 2.4}$$

Die dipolare Kopplungskonstante d ist abhängig vom Kern-Kern-Abstand und den gyromagnetischen Verhältnissen.

$$d = \frac{\mu_0 \hbar^2 \gamma_{N1} \gamma_{N2}}{4\pi \cdot r_{N1N2}^3} \qquad \text{Gleichung 2.5}$$

Wie angesprochen wird die direkte Kopplung in Flüssigkeiten ausgemittelt, d.h. der Term $(3\cos^2\theta-1)$ (Gleichung 2.4) geht im zeitlichen Mittel gegen Null. Für einen pulverförmigen Festkörper lässt sich diese Beziehung durch Einstellen des magischen Winkels von $\theta = 54.74$ ° ausnutzen und damit eine Reduzierung der Beiträge der dipolaren Kopplung erreichen.
Die zusätzliche Anwendung von schneller Probenrotation (d.h. die Anwendung von MAS-Bedingungen, MAS: *magic angle sample spinning*) führt zu einer ständigen Reorientierung der Kristallite eines Festkörpers. Verhältnisse in Flüssigkeiten werden so nachgeahmt und Anisotropien im Festkörper ausgemittelt bzw. verringert.
Für die meisten Kerne mit dem Kernspin $I = 1/2$ lässt sich so relativ problemlos direkt ein Signal detektieren. Nach „Anregung" der um die z-Achse präzedierenden Kernspins mit einer elektromagnetischen Welle (im Bereich der Larmorfrequenz) werden in *single pulse*-Experimenten die Spins in der xy-Ebene ausgerichtet ($z \rightarrow xy$: „90 °"-Puls). Die verursachte Änderung der Magnetisierung und deren folgender Abfall nach Relaxation der Spins in den Ausgangszustand kann über die induzierte Spannung mit einer Spule detektiert werden (Aufzeichnung des FID, freier Induktionsabfall). Nach Fourier-Transformation sind Parameter wie die chemische Verschiebung relativ einfach aus den Spektren ermittelbar.
Für Kerne mit seltener natürlicher Häufigkeit oder mit kleinem gyromagnetischen Verhältnis würden jedoch lange, nicht praktikable Messzeiten resultieren (z.B. für ^{13}C NMR Experimente). Unter Anwendung von CP-Verfahren, also Messverfahren mit Kreuzpolarisation, kann dies elegant umgangen werden. Die Magnetisierung eines häufigen Kerns (z.B. ^{1}H) wird bei diesem Verfahren auf seltene Kerne (z.B. ^{13}C) übertragen (unter Beachtung der Hartmann-Hahn-Bedingung $(\gamma \cdot \omega)_{N1} = (\gamma \cdot \omega)_{N2}$). Es resultiert ein Spektrum in

deutlich geringerer Messzeit, das oft zusätzlich in seiner Auflösung (auf Grund der zusätzlichen Entkopplung) verbessert ist. Entscheidend sind hier die räumliche Nähe und die gewählten Kontaktzeiten der Kerne, was diese Methode attraktiv für die qualitative experimentelle Bestimmung der Nähe zweier Kerne macht.

Mit einem Rotor-synchronen *spin echo*-Verfahren wird das unterschiedliche Relaxationsverhalten (Dephasierungsverhalten) der Kernspins auf Grund ihrer unterschiedlichen Nachbarschaft ausgenutzt. Allgemein unterscheidbar sind Spin-Spin-Relaxation (oder transversale Relaxation und charakterisiert durch T_2) und Spin-Gitter-Relaxation (longitudinale Relaxation, T_1, $T_1 \gg T_2$). Nach Anregung mit einem 90°-Puls und beginnender transversaler Relaxation (Spins laufen in der *xy*-Ebene zunächst „auseinander") folgt ein weiterer 180°-Puls, der eine Vorzeichen-Umkehr der *x*- und *y*-Komponenten bewirkt (Spins laufen nun wieder zusammen) und die Detektion des Signals gestattet. In einfachen echo-Experimenten können so störende Untergrund-Signalbeiträge, beispielsweise hervorgerufen durch im Probenkopf verbaute oder verwendete Materialen, die meistens ein anderes Relaxationsverhalten aufweisen, unterdrückt werden. Von Relevanz ist dieses Verfahren jedoch unter Einbeziehung verschiedener Evolutionszeiten zur Ermittlung homonuklearer dipolarer Wechselwirkungen.

Qualitativ können zusätzlich mit dem *spin echo decay*-Verfahren (Zeitinkrementierung vor und nach dem 180°-Puls) Anteile langsam dephasierender Spezies von denen schnell dephasierender Spezies unterschieden werden.

Mit einem zweidimensionalen Spinaustausch-Experiment für Festkörper können ähnlich wie in einem NOESY-NMR Experiment die räumliche Nähe verschiedener Spezies detektiert werden.

2.2.1. Die Besonderheiten eines Quadrupolkerns in der Festkörper-NMR

Am Beispiel von Aluminium sollen im Folgenden einige Besonderheiten eines Quadrupolkerns in der Festkörper-MAS NMR gezeigt werden.

Im Gegensatz zu Kernen mit einem Kernspin $I = 1/2$ weisen Kerne mit einem Kernspin größer 1/2 eine nicht sphärische (sprich nicht kugelsymmetrische) Ladungsverteilung auf. Es resultiert ein Quadrupolmoment, das mit einem elektrischen Feldgradienten in Wechselwirkung treten kann. Diese Wechselwirkung kann durch die Parameter Quadrupolkopplungskonstante C_Q (bzw. Quadrupolfrequenz ν_Q) und den Asymmetrieparameter η_Q mit $0 \leq \eta_Q \leq 1$ beschrieben werden. Generiert werden elektrische Feldgradienten durch asymmetrische Ladungsverteilungen, hervorgerufen durch die lokalen Bindungsverhältnisse. Das heißt, im exakt kubischen System existiert kein

Feldgradient. Die Quadrupolkopplungskonstante C_Q bzw. das Quadrupolprodukt P_Q und die Quadrupolfrequenz v_Q (bzw. $v_{Q\eta}$) lassen sich gemäß folgenden Gleichungen ineinander überführen.

$$v_Q = \frac{3 \cdot C_Q}{2I(2I-1)}$$ Gleichung 2.6

$$v_{Q\eta} = v_Q \cdot \sqrt{1 + \frac{\eta_Q^2}{3}} \text{ bzw. } P_Q = C_Q \cdot \sqrt{1 + \frac{\eta_Q^2}{3}}$$ Gleichung 2.7

Wenn die Quadrupolwechselwirkung deutlich kleiner ist als die Zeeman-Wechselwirkung resultieren im Spektrum charakteristische Linienformen. Der Operator für die Quadrupolwechselwirkung (H_Q) kann durch Anwendung der Störungstheorie erster oder zweiter Ordnung formuliert werden. Durch Anwendung der Störungstheorie 1. Ordnung ergibt sich (für $H_Q \ll 0.5\ H_Z$):

$$H_Q = \frac{C_Q}{2I(2I-1)} \cdot \frac{1}{2}(3\cos^2\theta - 1 - \eta_Q \sin^2\theta \cos 2\phi) \cdot \frac{1}{2}(3\hat{I}_z^2 - I(I+1))$$ Gleichung 2.8

Für Aluminium mit einem Kernspin $I = 5/2$ (und 2•I+1=6 Niveaus) folgen Energiekorrekturen in Abhängigkeit der Orientierungsquantenzahl m ($<m|H_Q|m>$). Der zentrale Übergang ($<-1/2\leftrightarrow+1/2>$) wird dadurch nicht verändert, aber die inneren und äußeren Satellitenübergänge ($<-5/2\leftrightarrow-3/2>$, $<-3/2\leftrightarrow-1/2>$, $<1/2\leftrightarrow3/2>$, $<3/2\leftrightarrow5/2>$) werden beeinflusst.
Es resultiert eine charakteristische Einhüllende über den Frequenzbereich des Spektrums mit Maxima an den Stellen der Satellitenübergänge und des zentralen Übergangs. Unter MAS-Bedingungen wird diese Einhüllende von den Rotationsseitenbanden nachempfunden (siehe Abbildung 2.4).
Ist $H_Q \ll 0.5\ H_Z$ nicht erfüllt aber $H_Q < H_Z$, muss zu einer Lösung unter Zuhilfenahme der Störungstheorie zweiter Ordnung übergegangen werden. Die Energiekorrekturen betreffen hier auch den zentralen Übergang und führen praktisch im Spektrum zu sehr charakteristischen Linienformen. Diese können computergestützt angepasst und so C_Q (v_Q) und η_Q verlässlich ermittelt werden (siehe Abbildung 2.5).
Auf Grund der Winkelabhängigkeit kann auch die Linienverbreiterung durch Quadrupolwechselwirkungen durch schnelle Rotation um den magischen Winkel reduziert werden, die Anteile können jedoch nicht komplett ausgemittelt werden.

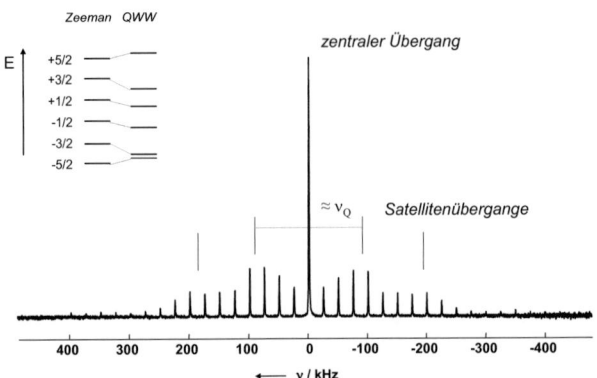

Abbildung 2.4 ^{27}Al MAS NMR Spektrum von η2-AlF$_3$ dargestellt aus Py$_4$AlF$_2$Cl. Dargestellt sind alle Rotationsseitenbanden, die die Einhüllende auf Grund von Quadrupolwechselwirkung (QWW) 1. Ordnung nachempfinden (ν_{rot} = 25 kHz). Das Inset zeigt schematisch die Korrektur der Spinniveaus unter Berücksichtigung der QWW 1. Ordnung.

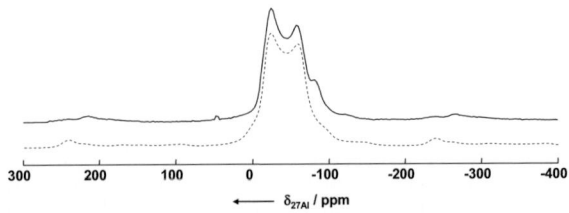

Abbildung 2.5 Zentraler Bereich des ^{27}Al MAS NMR Spektrums von PyHAlF$_4$ (ν_{rot} = 25 kHz). In erster Näherung kann die auf Grund von QWW 2.Ordnung verbreiterte Linie unter Annahme eines Signals mit $\delta_{iso}\approx$-4.5 ppm, $\nu_Q\approx$1262 kHz und $\eta_Q\approx$0.14 angenähert werden - ein Beleg der {AlF$_{4/2}$F$_{2/1}$}-Schichtstruktur dieser Verbindung (siehe „DuPont-Powder-Challenge"[43]), ähnlich der in KAlF$_4$.

Für einen (meist röntgenamorphen) Festkörper mit Verteilungen der Bindungslängen und Bindungswinkel resultiert eine Verteilung der elektrischen Feldgradienten. Das Signal im Aluminium-Spektrum im zentralen Bereich ist in diesem Fall gekennzeichnet von einem steilen Anstieg im Tieffeldbereich des Signals und einem asymmetrischen Abfall im Hochfeldbereich (siehe Abbildung 2.6). Das Signal des zentralen Übergangs ist unter anderem auf Grund von

Quadrupolwechselwirkungen zweiter Ordnung verbreitert. Angenähert werden kann diese Signalform unter Annahme einer Czjzek-Verteilungsfunktion mit NMR-Parametern in Verteilung (chemische Verschiebung, Quadrupol–kopplungskonstante, Asymmetrieparameter). Sind verschiedene Al-Struktureinheiten involviert, kann, wie Abbildung 2.6 zeigt, die Analyse und Extraktion der NMR-Parameter schwierig werden.

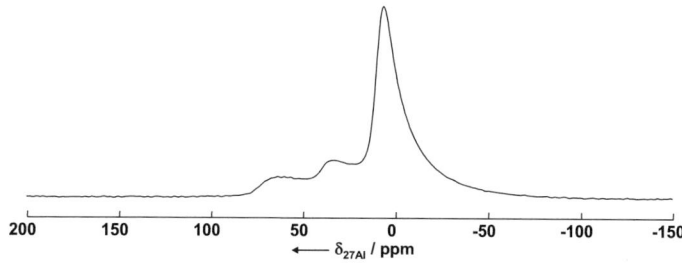

Abbildung 2.6 ^{27}**Al MAS NMR Spektrum mit Signalen verschiedener Al-Struktureinheiten in Verteilung. Gezeigt ist das Spektrum von** γ**-Al(OH)$_3$, das in einer Planetenmühle vermahlen wurde (ν_{rot} = 25 kHz).**

Hier können oft weitere Methoden, wie beispielsweise MAS NMR-Experimente in verschiedenen Magnetfeldern oder *multiple quantum* MAS NMR Experimente, weiterhelfen. Bei letzterer Methode werden die zentralen Übergänge <-1/2↔+1/2> mit den symmetrischen Satellitenübergängen <-n/2↔+n/2> (n = 3, 5, 7, 9) korreliert. Nach Transformation des erhaltenen zweidimensionalen Spektrums (Scherung) können die NMR-Parameter komfortabel aus dem Spektrum entnommen werden. Über die Schwerpunktslagen (δ_{F1}, δ_{F2}) lassen sich δ_{iso} und P_Q berechnen.

$$\delta_{iso} = (17\delta_{F1} + 10\delta_{F2})/27 \qquad \text{Gleichung 2.9}$$

$$P_Q = \frac{\sqrt{85}}{900}\nu_0\sqrt{\delta_{F1} - \delta_{F2}} \qquad \text{Gleichung 2.10}$$

Weiterhin kann die beobachtbare chemische Verschiebung eines Aluminiumkerns formuliert werden als:

$$\delta_{27Al} = \delta_{iso} + \delta_{QIS} \qquad \text{Gleichung 2.11}$$

Werden Experimente in Magnetfeldern mit größerer Magnetfeldstärke durchgeführt, reduziert sich der Beitrag der quadrupolinduzierten Verschiebung δ_{QIS} (siehe Gleichung 2.12).

Kapitel 2

$$\delta_{QIS}^{<m>} = -v_{Q\eta}^2 \cdot \frac{I(I+1) - 3 - 9m(m-1)}{30 v_0^2} \cdot 10^6 \qquad \text{Gleichung 2.12}$$

Die Konsequenz ist, dass sich die beobachtbare chemische Verschiebung für hohe externe Magnetfelder der isotropen chemischen Verschiebung annähert. Die Gleichungen 2.11 und 2.12 bilden weiterhin ein lineares Gleichungssystem mit δ_{iso} als Schnittpunkt mit der Ordinate und einem Anstieg, der proportional zu $v_{Q\eta}^2$ ist (dies entspricht dem Massiotschen SORGE-Plot (SORGE = *second order graphical extrapolation*))[44].

Zusätzlich können bei Kenntnis der Lage des Schwerpunkts des zentralen Übergangs und des Schwerpunkts der (inneren) Satellitenübergänge, wobei letzterer durch Extrapolation der ersten Rotationsseitenbanden auf das Rotationsseitenband nullter Ordnung $n = 0$ im zentralen Bereich gewonnen werden kann, über Gleichung 2.9 und 2.10 δ_{iso} und $v_{Q\eta}$ einer Al-Struktureinheit ermittelt werden.

Zur Beurteilung der Aussage der gefundenen isotropen chemischen Verschiebung kann qualitativ letztlich auf folgende Abbildung sowie die Kapitel 3 und 4 verwiesen werden.

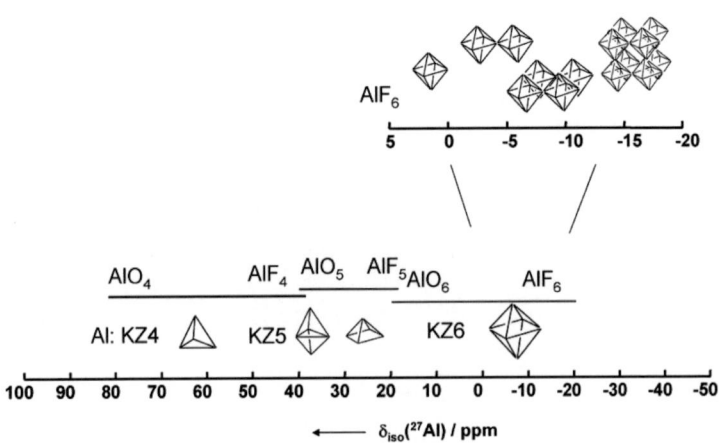

Abbildung 2.7 Struktureinheiten in Al-F-O Verbindungen und ihre isotrope chemische Verschiebung.

3. KRISTALLINE MODELLSUBSTANZEN UND DIE ABLEITUNG VON STRUKTUR-EIGENSCHAFTSBEZIEHUNGEN

3.1. STRUKTURMOTIVE BEKANNTER KRISTALLINER Al-F-VERBINDUNGEN

Bei der Synthese von HS-AlF$_3$ wird nach der fluorolytischen Sol-Gel-Synthese ein Feststoff/Xerogel als Zwischenprodukt isoliert, das ganz allgemein als Aluminiumalkoxidfluorid AlF$_x$(OR)$_{3-x}$ • ROH charakterisierbar ist.[7] Sowohl das Aluminiumalkoxidfluorid als auch HS-AlF$_3$ sind röntgenamorph, so dass mit Röntgenbeugungsverfahren keine Kenntnisse über mögliche Strukturen gewonnen werden können.

Mögliche bekannte kristalline Aluminium-Fluor-Verbindungen (im System Al / F / O / (H)), in denen auch O-Spezies (O^{2-}, OH$^-$, H$_2$O) an der ersten Koordinationssphäre um Aluminium beteiligt sind, sind neben Aluminium–fluorid-Hydraten (α- und β-AlF$_3$ • 3 H$_2$O, AlF$_3$ • 9 H$_2$O) auch Aluminium–hydroxidfluoride (AlF$_x$(OH)$_{3-x}$). In allen Verbindungen sind die Aluminiumkationen sechsfach in einer gemischten O/F-Umgebung koordiniert. Während im Nonahydrat und im α-AlF$_3$ • 3 H$_2$O isolierte $^0_\infty[AlF_{3/1}(H_2O)_{3/1}]$–Baueinheiten vorliegen, sind im β-AlF$_3$ • 3 H$_2$O, das natürlich als Rosenbergit vorkommt, die sechsfach koordinierten Al- Kationen über F-Brücken zu Ketten verknüpft $^1_\infty[AlF_{2/1}F_{2/2}(H_2O)_{2/1}]$. Die Strukturmotive der α- und β-AlF$_3$ • 3 H$_2$O Modifikationen sind in Abbildung 3.1 gezeigt. Die schon bekannten Kristallstrukturen wurden 2006 von Kemnitz et al. durch Neutronen–beugungsexperimente verfeinert.[45]

Die genaue Bestimmung der Bindungsabstände d(Al-O) und d(Al-F) ist trotzdem schwierig, angegebene Bindungsabstände beziehen sich deshalb immer auf gemittelte Werte d(Al(O/F)).

Kapitel 3

Kristallografische Daten (Abstände, Raumgruppe) sind im Anhang zu finden (Tabelle 10.2.1).
Sowohl die H_2O-Moleküle als auch die F-Anionen sind in beiden Strukturen in ein Wasserstoffbrücken-Netzwerk einbezogen.

α-AlF_3 • 3 H_2O $\qquad\qquad\qquad\qquad$ β-AlF_3 • 3 H_2O

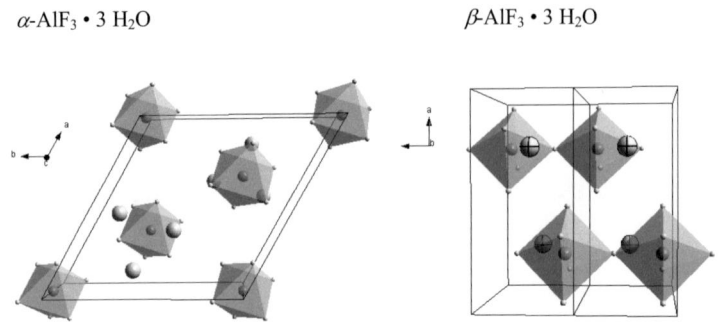

Abbildung 3.1 Kristallstrukturen von α- und β-AlF_3 • 3 H_2O nach [45], hervorgehoben sind die $Al(F/H_2O)_6$-Baueinheiten. Gezeigt sind die Elementarzelle bzw. die doppelte Elementarzelle, hellgraue: F/H_2O für β-AlF_3 • 3 H_2O: die schwarze Markierung kennzeichnet H_2O-Moleküle, die nicht koordinieren; die Positionen der Protonen sind zur Vereinfachung weggelassen.

Aluminiumhydroxidfluoride $AlF_x(OH)_{3-x}$ kristallisieren in kubischer Pyrochlor-Struktur.[11, 46] Die $Al(OH/F)_6$-Baueinheiten ($_\infty^3[Al(F/OH)_{6/2}]$) sind zu einem dreidimensionalen Netzwerk über ihre F/OH-Ecken verknüpft und bilden eine Kanalstruktur (siehe Abbildung 3.2). Diese wird durch kleine eingelagerte Moleküle (H_2O, NH_3) stabilisiert, die über Wasserstoffbrücken mit OH/F wechselwirken. Es gibt kristallografisch genau eine Al- und eine F/OH-Position, wobei die F/OH-Gruppen in der Struktur statistisch verteilt sind. Genaue Bindungsabstände d(Al-F) bzw. d(Al-O) sind auch hier nicht bekannt, gegebene Werte entsprechen gemittelten Abständen d(Al-(O/F)).[11, 47, 48]
Weitere gemischt koordinierte, kristalline Al-O-F-Verbindungen sind zum einen das von Kutoglu isolierte „AlOF"[49], das von Chandross vorgeschlagene AlF_3 • 1 H_2O, das lange Zeit nicht reproduziert werden konnte[50], und das natürlich vorkommende, seltene Mineral Zharchikhit „$AlF(OH)_2$".[51]
Vor kurzem wurde von Dambournet über Aluminiumhydroxidfluoride in β-AlF_3-Struktur [17] und über eine kristalline Defekt-„AlF_3 • H_2O"-Struktur berichtet.[52]

Kapitel 3

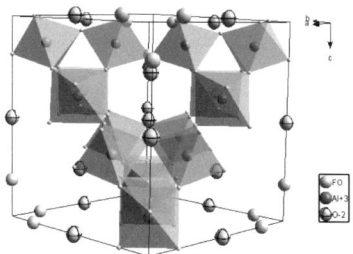

Abbildung 3.2 Kristallstruktur von AlF$_x$(OH)$_{3-x}$ • z H$_2$O nach [46] mit Blick in den Hohlraum. Gezeigt ist die Elementarzelle, hervorgehoben sind die Al(F/OH)$_6$-Baueinheiten. Hellgrau mit schwarzer Markierung: eingelagerte H$_2$O-Moleküle.

Erweitert man die Möglichkeiten und lässt weitere Gruppierungen als mögliche über „O-Brücken"- koordinierende Spezies sowie weitere Fremdatome zu, findet man zahlreiche Veröffentlichungen über kristalline Substanzen aus dem System Al / F / Phosphat oder Alkyl-substituierter Phosphatgruppen (siehe auch Kapitel 3.2 und beispielhaft [53-56]) oder natürlich vorkommende Mineralien, in denen OH-Gruppen (statistisch) durch F-Ionen auf Grund ähnlicher Ionenradien ersetzt sein können, wie Topas, Ralstonit oder Zunyit.
Weitere verwandte Verbindungen sind neben organisch substituierten Aluminiumfluoriden (für eine Übersicht siehe Ref. [57]), auch Donor-stabilisierte Aluminium(alkoxid)fluoride (wie z.B. Al$_3$(O^{i}Pr)$_8$F • DMSO[7], AlF$_2$Py$_4$Cl[58] oder z.B. ((RO)$_2$AlF • THF)$_2$[59]
Nicht in allen Verbindungen sind dabei die Aluminiumkationen sechsfach koordiniert, zusätzlich kann Al auch in den Koordinationszahlen 4 oder 5 auftreten.
Auch in den kristallinen Verbindungen NMe$_4$AlF$_4$ bzw. (NMe$_4$)$_2$AlF$_5$ tritt das AlF$_4^-$ -Anion (Al ist tetraedrisch koordiniert) bzw. das AlF$_5^{2-}$ -Anion (trigonale bipyramidale Koordination des Al) isoliert auf.[60]
In den meisten weiteren komplexen Aluminiumfluoriden (mit Kryolith als dem wichtigsten Vertreter) ist die übliche die sechsfache Koordination mit AlF$_6$-Baueinheiten, die entweder isoliert (M$_3$AlF$_6$, $_\infty^0[AlF_{6/1}]$), zu eindimensionalen Ketten verknüpft (M$_2$AlF$_5$, $_\infty^1[AlF_{4/1}F_{2/2}]$), zweidimensionale Schichten bildend (MAlF$_4$, $_\infty^2[AlF_{2/1}F_{4/2}]$) oder in komplexeren Motiven (wie z.B. im Chiolith Na$_5$Al$_3$F$_{14}$) vorkommen. (siehe z.B. [61, 62])
Die thermodynamisch stabile Modifikation von reinem Aluminiumfluorid (AlF$_3$) ist die α-Form, die im VF$_3$-Strukturtyp kristallisiert.[10, 63] Man beobachtet bei 460 °C einen reversiblen Phasenübergang erster Ordnung in die Hochtemperatur-Modifikation mit einer Kristallstruktur vom kubischen ReO$_3$-Strukturtyp. Neben dieser gut charakterisierten Modifikation sind weiterhin die

21

Kapitel 3

metastabilen β-, η-, ϑ- und κ-AlF$_3$ – Modifikationen bekannt. Allen AlF$_3$-Phasen ist gemein, dass die AlF$_6$-Baueinheiten, die im Falle von α- und η-AlF$_3$ regelmäßigen Oktaedern entsprechen, über ihre Ecken verknüpft sind und ein dreidimensionales Netzwerk bilden. Abbildung 3.3 gibt einen Überblick über die Kristallstrukturen der bekannten kristallinen AlF$_3$-Modifikationen, weitere kristallografische Daten finden sich im Anhang (Tabelle 10.2.1).

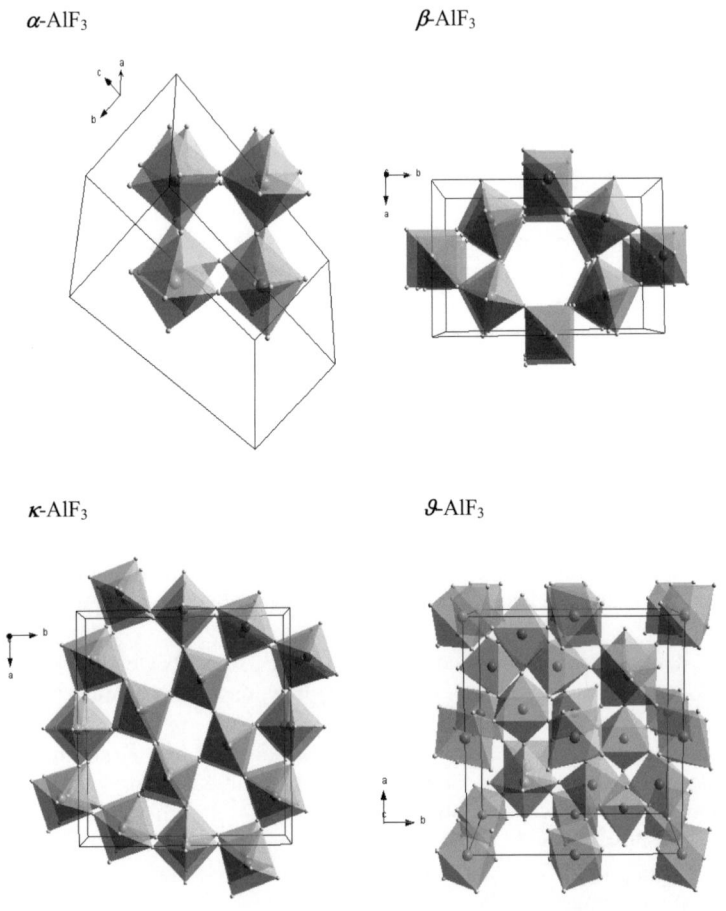

Abbildung 3.3 Kristallstrukturen von α-, β-, κ- und ϑ-AlF$_3$, gezeigt sind jeweils die Elementarzellen und die hervorgehobenen AlF$_6$-Baueinheiten.

Die Kristallstruktur von η-AlF$_3$ ist in Abbildung 3.2 gezeigt: η-AlF$_3$ kristallisiert isotyp zur wasserfreien Variante von AlF$_x$(OH)$_{3-x}$ • z H$_2$O in kubischer Pyrochlor-Struktur.[14]
In Analogie zu Strukturen bekannter Wolframbronzen zeigen die Kristallstrukturen von β-AlF$_3$ regelmäßige hexagonale Kanäle [12] (dies entspricht der HTB-Struktur) bzw. von κ-AlF$_3$ penta-, tetra- und trigonale Kanäle [14] (entsprechend der TTB-Struktur) entlang der kristallografischen c-Achse auf. In der Kristallstruktur von ϑ-AlF$_3$ hingegen sind alle AlF$_6$-Baueinheiten, ähnlich wie im α-AlF$_3$, ohne Kanäle zu bilden, miteinander verknüpft.[13, 14]
Wie hervorgehoben, sind die Eigenschaften von α-AlF$_3$ gut bekannt. Weiterhin wurden die Eigenschaften der β-AlF$_3$ Modifikation in einigen Studien untersucht.[30, 64] Für alle weiteren Phasen ist jedoch, bis auf die Kristall-Strukturdaten und die Beschreibung einiger weniger katalytischen Eigenschaften, nichts bekannt.[65]

3.2. STAND DER LITERATUR: ^{27}Al- UND ^{19}F-NMR-UNTERSUCHUNGEN VON PROBEN IM SYSTEM Al / F / O

Zu Beginn der vorliegenden Arbeit existierten wenige Arbeiten, die Techniken der Festkörper-MAS NMR zur Charakterisierung lokaler Strukturen gemischt O/F- koordinierter Aluminium– oder reiner Aluminiumfluoride eingesetzt haben. Wichtig dabei ist vor allem die möglichst genaue Zuordnung der beobachteten Signale in den Spektren zu möglichen definierten lokalen Strukturen AlF$_x$O$_{6-x}$[b] der untersuchten Substanzen.
Frühe Arbeiten zur Untersuchung von AlF$_3$-Partikeln mit Methoden der NMR stammen von Kimura und Satoh.[66, 67] Im Laufe der Zeit wurden die ursprünglich berichteten Werte der chemischen Verschiebungen korrigiert (siehe Dirken [68]) und letztendlich von Chupas [64] für die kristallinen reinen Fluoride α-AlF$_3$ und β-AlF$_3$ verlässlich bestimmt. Für die α- und die β-Modifikation wurden eine ^{19}F chemische Verschiebung von δ_{iso} = -172 ppm und ^{27}Al Verschiebungen von δ_{27Al} = -16 ppm (α-AlF$_3$) bzw. -15 ppm (β-AlF$_3$) mit Quadrupol-kopplungskonstanten von C_Q = 0.23 MHz (bzw. v_Q = 35 kHz für α-AlF$_3$) und C_Q = 0.8 MHz (bzw. v_Q = 120 kHz für β-AlF$_3$) berichtet.[64]
Die Fluorierung von Aluminiumoxiden führt zu katalytisch aktiven Phasen. Die genaue chemische Struktur ist jedoch oft unbekannt. Infolgedessen berichtete Chupas erstmalig über eine mögliche Korrelation der beobachten ^{19}F chemischen Verschiebung in Abhängigkeit des Verhältnisses O/F in der Umgebung um Aluminium in diesen Verbindungen.[69] Mögliche Koordinationen

---

[b] Wie zuvor erwähnt, tritt Aluminium in diesen Verbindungen hauptsächlich in der Koordinationszahl 6 auf.

reichen dabei von $AlFO_5$ bis AlF_6 oder allgemein AlF_xO_{6-x} mit x = 1...6. Die Basis dafür bildeten MAS NMR-Daten, die für einige kristalline Aluminiumfluoridphosphate berichtet wurden (siehe [70-72]). Eine Zusammenfassung der von Chupas berücksichtigten Substanzen gibt die obere Hälfte von Tabelle 3.2.1.

Ganz allgemein wird mit steigendem Fluor-Anteil x in AlF_xO_{6-x} eine Hochfeld–Verschiebung der Fluor-Signale beobachtet. Die angegebenen Bereiche für bestimmte Baueinheiten AlF_xO_{6-x} sind jedoch sehr breit, mögliche Verschiebungen für AlF_5O sind nicht berücksichtigt. Eine genaue Identifizierung von AlF_xO_{6-x} – Strukturen in unbekannten Proben ist ohne Nutzung weiterer Methoden (EA, Röntgenstrukturanalyse) nicht möglich. Auf Grund großer Linienbreiten (z.B. rückführbar auf Quadrupolwechselwirkungen 2. Ordnung) und einer nicht immer erfolgten Linienformanalyse zur Bestimmungen der Parameter der Al-Kerne (δ_{iso} und ν_Q) ist ein allgemeiner Trend der Parameter für Aluminium in Abhängigkeit von x in AlF_xO_{6-x} nur schwer ableitbar.

Ergänzt wird Tabelle 3.2.1 um einige weitere Beispiele kristalliner Alkyl-substituierter Aluminiumfluoridphosphat-Hydrate, unter anderem mit über Ecken verknüpften AlF_2O_4 – Polyedern als strukturelle Einheit.[73-77]

Für die Aluminiumfluorid-Trihydrate (im Fremdatom-freien System Al / F / O / H) mit AlF_3O_3-Umgebung (α-$AlF_3 \cdot 3\,H_2O$, Nonahydrat) bzw. AlF_4O_2 – Umgebung (Rosenbergit) wurden chemische Verschiebungen für ^{19}F von $\delta_{iso} \approx$ -149 ppm beobachtet.

Tabelle 3.2.1 Übersicht über bekannte ^{27}Al und ^{19}F MAS NMR-Parameter kristalliner Verbindungen mit AlF_xO_{6-x} – Baueinheiten

x in AlF_xO_{6-x}	$\delta_{iso}\,^{19}F$ / ppm Position F		δ_{27Al} / ppm	Referenz	
	μ	t			
1	-115	-121	-8, -12	$AlPO_4$-CJ2 Aluminophosphat	Taulelle, Ref. 70
2		-124			
1	-128		-2	$K[Al_2F(H_2O)_4(PO_4)_2]$	Dumas, Ref. 71
3	-140			MIL-12 Aluminophosphat	Simon, Ref. 72
6	-172		-15, -16	α-AlF_3, β-AlF_3	Chupas, Ref. 64
2	-144			$Al_2[O_3PC_2H_4PO_3](H_2O)_2F_2 \cdot H_2O$	Harvey, Ref. 73
2	-144			$(PrNH_3)\{AlF[(OH)O_2PC_2H_4PO_3]\}$	Harvey, Ref. 74
4	-128 [a]	-150, -160		$(H_3NC_3H_6NH_3)[Al_2F_6(O_3PC_2H_4PO_3)] \cdot H_2O$	Attfield, Ref. 75
2	-139			$Al_2[O_3PC_3H_6PO_3](H_2O)_2F_2 \cdot H_2O$	Harvey, Ref. 76
2	-143		-18,-26,-39	$Al_2[O_3PC_4H_8PO_3](H_2O)_2F_2 \cdot 2H_2O$	Attfield, Ref. 77
1	-132		-2 bis -50	fluorierter Al_{13} Kε-J	Allouche, Ref. 78
1	-134				
3		-148	-2	α-$AlF_3 \cdot 3\,H_2O$	Kemnitz, Ref. 45
3		-150	-3	$AlF_3 \cdot 9\,H_2O$	
4		Maximum: -149	-15	β-$AlF_3 \cdot 3\,H_2O$	

[a] Struktureinheit enthält zwei über eine F-F Kante verknüpfte AlF_4O_2-Polyeder.

Die korrespondierenden Parameter für Al im α-Trihydrat sind $\delta_{27Al} \approx -2.1$ ppm und im β-Trihydrat -15.2 ppm ($B_0 = 9.4$ T).[45] Die tatsächlichen isotropen Werte für Aluminium in diesen Verbindungen können jedoch erst nach Abschätzung oder Bestimmung der Quadrupolfrequenz ermittelt werden.

Nach Fluorierung des Polykations Al_{13} Kϵ-J in wässrigen Lösungen mit NaF konnte Allouche einen Teil verbrückender OH-Gruppen durch F-Ionen austauschen und beobachtete im ^{19}F MAS NMR Spektrum Signale bei -132 und -134 ppm (strukturelle Einheit: $AlFO_5$).[78]

Weiterhin werden Fluorierungsreaktionen von Aluminiumoxiden oder – hydroxiden oder die Dealuminierungen von Zeolithen mit Methoden der Festkörper-NMR verfolgt. In beiden Fällen ist es jedoch schwierig, genaue lokale Umgebungen der involvierten F- oder Al-Spezies anzugeben, da diese oftmals nicht bekannt sind.[79-81] Da diese Reaktionen an der Festkörper-Grenzfläche stattfinden, ist die Bildung terminaler, unverbrückter Al-F-Bindungen (und damit anderer chemischer Umgebungen) nicht ausgeschlossen, wie sie z.B. von Nordin [82] oder Xu [81] formuliert werden.

Oftmals werden bei der Untersuchung von Dealuminierungsprozessen oder Fluorierungen von Zeolithen Aluminium-Spezies in vierfacher Koordination nachgewiesen.[83, 84] Eine genaue Zuordnung zu den strukturellen Baueinheiten ist auch hier nur schwer möglich.

Von Lacassagne wird, zur Erklärung beobachteter Aluminium-Verschiebungen von AlF-Spezies in $NaF/AlF_3/Al_2O_3$-Schmelzen mit unterschiedlicher Zusammensetzung, ein Modell benutzt, das additiv Anteile von AlF_4^- (mit einer chemischen Verschiebung von 38 ppm), AlF_5^{2-} (21 ppm) und AlF_6^{3-} (4 ppm)-Spezies inkrementiert.[85, 86] Den ionischen Spezies $F_3AlOAlF_3^{2-}$ (strukturelle Einheit AlF_3O) und $F_2AlO_2AlF_2^{2-}$ (AlF_2O_2) wurden ^{27}Al-Verschiebungen von 50 ppm bzw. 59 ppm zugeordnet.[85]

Für die diskreten Anionen AlF_4^- (49 ppm) und AlF_5^{2-} (24 ppm) im Festkörper wurden von Groß ähnliche chemische Verschiebungen für die Al-Einheiten, wie von Lacassagne berichtet, gefunden.[60]

Zu Beginn dieser Arbeit existierten noch keine Arbeiten, die hochaufgelöste Festkörper-MAS NMR Untersuchungen an kristallinen definierten Aluminium–hydroxidfluoriden $AlF_x(OH)_{3-x}$ zum Gegenstand hatten.

Wenige Arbeiten beschäftigten sich mit der Vorhersage chemischer Verschiebungen auf der Basis empirischer, semi-empirischer oder *ab initio*-Methoden für fluoridische Systeme.

Das Superpositionsmodell berücksichtigt zur Vorhersage von ^{19}F chemischen Verschiebungen in einer Art Inkrementsystem für reine und komplexe Fluoride die Art und Anzahl der beteiligten Kationen in der ersten Koordinationssphäre um Fluor.[87-89] Einen ähnlichen empirischen Ansatz benutzt Ahrens zur Vorhersage ^{19}F chemischer Verschiebungen komplexer Aluminiumfluoride vom Elpasolith- und Kryolith-Typ.[61] Weiterhin wurden von Body et al. *ab initio*-

Kapitel 3

Methoden zur Berechnung von NMR-Parametern komplexer Fluoroaluminate benutzt.[90-92]
Arbeiten, die sich mit Berechnungen von NMR-Parametern von AlF_xO_y-Einheiten beschäftigen, sind seltener: Zur Berechnung von Geometrien und NMR-Parametern hypothetischer AlF_xO_{KZ-x} (KZ = 4, 5, 6) Spezies in F-haltigen Alumosilikatgläsern nutzte Liu quantenchemische *ab initio*-Methoden.[93] Die Modellierung realer (experimenteller) Bedingungen im Festkörper ist bei allen *ab initio* –Methoden jedoch schwierig und berechnete Werte zeigen oft größere Abweichungen.

3.3. DIE ENTWICKLUNG VON STRUKTUR-EIGENSCHAFTS-BEZIEHUNGEN AM BEISPIEL KRISTALLINER $AlF_x(OH)_{3-x}$-VERBINDUNGEN

Erste Voruntersuchungen zeigten, dass das Xerogel $AlF_x(O^iPr)_{3-x}$ • ^iPrOH noch signifikante Mengen des eingesetzten Lösungsmittels und unumgesetzte Isopropoxid-Gruppen enthält. Erste eigene Festkörper-MAS NMR-Untersuchungen deuteten auf ausschließlich sechsfach koordiniertes Aluminium, wahrscheinlich in einer überwiegend fluoridischen Umgebung.[94] Die Signalform des Aluminiumsignals entspricht der typischen Form, die für Aluminium in stark gestörter Umgebung beobachtet wird, mit einem steilen Anstieg im Tieffeld-Bereich des zentralen Signals und einem asymmetrischen Abfall im Hochfeld-Bereich. Das Amplitudenverhältnis zwischen dem zentralen Signal und den ersten Rotationsseitenbanden, die Form und die spektrale Ausdehnung aller Rotationsseitenbanden im Aluminiumspektrum zeigen typische Charakteristika von Al-Einheiten in amorpher Umgebung, wie sie z.B. für aluminiumhaltige Gläser oft beobachtet werden.[95, 96]
Zusätzlich unterstützen die beobachteten Fluor- und Aluminiumspektren die Vermutung, dass mehr als eine strukturelle Einheit $AlF_x(O^iPr)_{6-x}$ in die Struktur des Xerogels involviert ist.[94] Zusammenfassend lassen sich verschiedene Verteilungen für das Xerogel ableiten:

a) Es tritt vermutlich eine Verteilung von unterschiedlichen $AlF_x(O^iPr)_{6-x}$-Spezies auf, denkbar sind lokale Strukturen von $AlF_3(O^iPr)_3$ bis AlF_6.

b) Es tritt eine Verteilung von Al koordinierenden F/O^iPr-Gruppen in $AlF_x(O^iPr)_{6-x}$ auf.

Man erwartet verschiedene, sich in den Spektren überlagernde Einheiten. Diese sind in einem irregulären Netzwerk (über ihre Ecken) verknüpft.
^1H-MAS NMR Messungen zeigten, dass die restlichen im Xerogel vorhandenen Lösungsmittelmoleküle in H-Brücken-Bindungen involviert sind.[94] Weiterhin ergaben Adsorptions-/Desorptionsmessungen an Aluminiumalkoxidfluorid-

Xerogelen (zuvor getempert bei 150 °C) spezifische Oberflächen im Bereich von 600 m^2/g und größer.
Die Konsequenz dieser Betrachtungen führt zu der Schlussfolgerung, dass eine direkte Zuordnung lokaler Strukturen in den röntgenamorphen Verbindungen nicht möglich ist. Einen Ausweg bietet das Auffinden eines definierten Referenzsystems mit bekannten Strukturen und vergleichbaren Eigenschaften. Ein mögliches kristallines Referenzsystem stellen die Aluminiumfluorid–Hydrate dar. Einige Eigenschaften wurden von Kemnitz et al. zusammengetragen und denen von alkoholischen Aluminiumfluorid-Solvaten gegenübergestellt.[45] Diese haben definierte Strukturen (AlF$_3$O$_3$-Einheiten bzw. AlF$_4$O$_2$–Einheiten), wenngleich F- und H$_2$O-Gruppen in statistischen Verteilungen vorliegen und die Gruppen in ein H-Brücken-Netzwerk eingebunden sind.
Sowohl Cowley [46] als auch Menz [47] berichten über Aluminiumhydroxidfluoride in kubischer Pyrochlor-Struktur (AlF$_x$(OH)$_{3-x}$ • z H$_2$O, Raumgruppe $Fd\bar{3}m$ siehe auch Abbildung 3.2) mit variablen Wassergehalt z und variablen Fluorgehalt x, die je nach Synthese- und Trocknungsbedingungen variieren. Vergleichbar zu möglichen lokalen Strukturen im Xerogel findet man ähnliche strukturelle Eigenschaften für die kristallinen Aluminiumhydroxidfluoride:

(i)   Aluminium ist ausschließlich sechsfach koordiniert;
(ii) Die erste Koordinationssphäre um Al ist gemischt oxidisch/fluoridisch;
(iii) F und OH sind statistisch verteilt und somit die Struktureinheiten;
(iv) In Hohlräume bzw. in Kanäle eingelagerte Moleküle (meistens H$_2$O) sind in ein H-Brücken-Netzwerk eingebunden.[11, 47]

Die Möglichkeit, den Fluorgehalt x in diesen Verbindungen zu variieren, erlaubt zusätzlich jedoch Abhängigkeiten physiko-chemischer Parameter zu studieren und mit den strukturellen Parametern zu korrelieren. Ein bestimmter Fluorgehalt x in AlF$_x$(OH)$_{3-x}$ entspricht einer definierten (gemittelten) lokalen Umgebung AlF$_{2x}$(OH)$_{6-2x}$, da jedes Al-Kation sechsfach koordiniert und über alle sechs Ecken über F/OH-Brücken verknüpft ist.
Durch Reaktion von AlF$_3$ mit Al$_2$(SO$_4$)$_3$ in wässriger Ammoniumhydroxid-Lösung erhielt Cowley Aluminiumhydroxidfluoride AlF$_x$(OH)$_{3-x}$ mit $x \approx 0.5$ bis 2. Diese waren jedoch immer mit erheblichen Mengen von (NH$_4$)$_3$AlF$_6$ verunreinigt.[46] Menz nutzt die Reaktion von basischem Aluminiumacetat Alac$_2$(OH) mit Flusssäure zur Synthese, der „einstellbare" Bereich für den F-Gehalt x ist in den Hydroxidfluoriden jedoch sehr eng ($x \approx 2$).[47]
Zusätzlich wurde 1966 von Johnson ein einfacher Zugang zu Aluminium–hydroxidfluoriden gemäß Gleichung 3.1 vorgestellt.[97] Aluminiumalkoxidfluoride sind auch Zwischenstufen der Synthese von HS-AlF$_3$. Der Sol-Gel Ansatz bietet somit auf den ersten Blick eine einfache Möglichkeit, ein bestimmtes Aluminium-Fluor-Verhältnis, auch in den Hydroxidfluoriden einzustellen.

Kapitel 3

$$Al(O^tBu)F_2 \xrightarrow{200\,°C} AlF_2(OH) + C_4H_8 \qquad \text{Gleichung 3.1}$$

Allgemein bekannt ist die Hydrolyse-Empfindlichkeit von Metallalkoxiden. Ausgehend von Aluminiumalkoxidfluoriden sollte die Hydrolyse verbliebener Alkoxidgruppen und das Verdunsten restlicher Lösungsmittel-Moleküle entsprechend Gleichung 3.2 ebenfalls zu Aluminiumhydroxidfluoriden führen.

$$AlF_x(O^iPr)_{3-x} \cdot z\,^iPrOH \xrightarrow{H_2O,\,Luft} AlF_x(OH)_{3-x} \cdot z'\,H_2O + (3-x+z)\,^iPrOH$$

Gleichung 3.2

Verschiedene Ausgangsstoffmengenverhältnisse wurden getestet und im Falle von F/Al-Verhältnissen größer zwei konnten kristalline Aluminiumhydroxid–fluoride isoliert werden - dies stellt einen neuen Synthese-Ansatz für diese Verbindungsklasse dar.
Tabelle 3.3.1 gibt einen Überblick über die so hergestellten kristallinen Aluminiumhydroxidfluoride. Die Diffraktogramme sowie die Profilanpassung der Diffraktogramms nach Le Bail in der Raumgruppe $Fd\bar{3}m$ sind in Abbildung 3.4 gezeigt.

Tabelle 3.3.1 Synthetisierte Aluminiumhydroxidfluoride und strukturelle Parameter

	Zusammensetzung	durchschnittliche Koordination $AlF_x(OH)_{6-x}$	XRD	Zellparameter a / Å	$d(Al(F/O))$ / Å
a	$AlF_{1.4}(OH)_{1.6} \cdot H_2O$	$AlF_{2.8}(OH)_{3.2}$	eine Phase	9.874	1.851
b	$AlF_{1.7}(OH)_{1.3} \cdot H_2O$	$AlF_{3.4}(OH)_{2.6}$	zwei Phasen	9.882 und 9.835	1.853 und 1.844
c	$AlF_{1.9}(OH)_{1.1} \cdot H_2O$	$AlF_{3.8}(OH)_{2.2}$	eine Phase	9.807	1.839

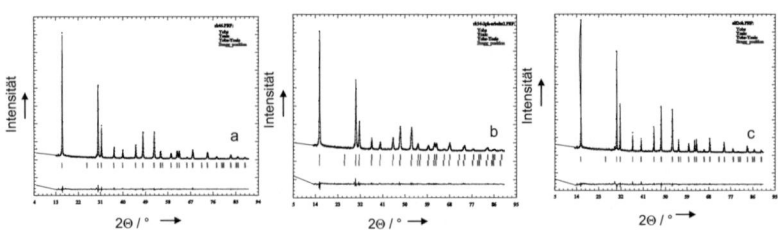

Abbildung 3.4 Diffraktogramme und Anpassungen der Profile der Diffraktogramme für die einzelnen $AlF_x(OH)_{3-x} \cdot H_2O$, a $AlF_{1.4}(OH)_{1.6}$, b $AlF_{1.7}(OH)_{1.3}$, c $AlF_{1.9}(OH)_{2.1}$; Oben: beobachtetes und berechnetes Diffraktogramm, Unten: Abweichung, Mitte: Lage der Bragg-Reflexe.

Aus den elementaranalytischen Daten (siehe Tabelle 8.3.1 im Experimentellen Teil) lässt sich die mittlere Al-Koordination berechnen, welche ebenfalls in Tabelle 3.3.1 gegeben ist. Für alle Verbindungen ergibt sich (elementaranalytisch und thermogravimetrisch) ein Wassergehalt $AlF_x(OH)_{3-x} \cdot z\ H_2O$ von ungefähr $z \approx 1$.

3.3.1. Trendanalysen der ^{19}F chemischen Verschiebungen von kristallinen Aluminiumhydroxidfluoriden

Die nahe liegende Verwandtschaft der röntgenamorphen Aluminiumalkoxidfluoride und kristallinen Aluminiumhydroxidfluoride wird offensichtlich, betrachtet man im Vergleich die ^{27}Al MAS NMR- und die ^{19}F MAS NMR-Spektren.

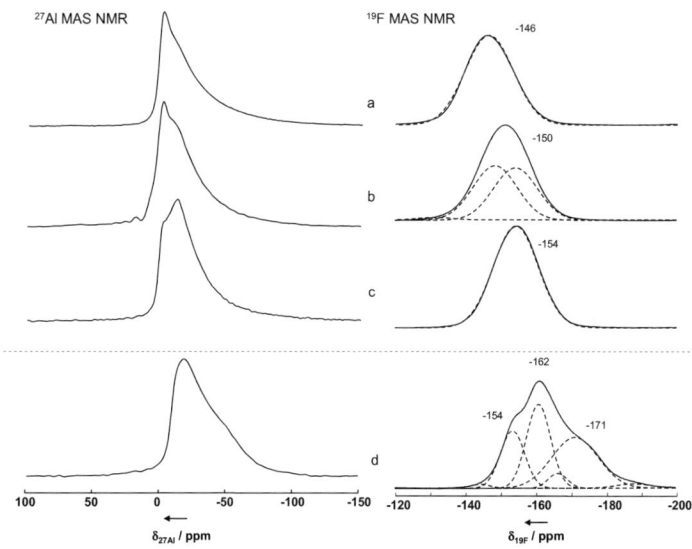

Spektrum 3.1 ^{27}Al und ^{19}F MAS NMR Spektren der $AlF_x(OH)_{3-x} \cdot H_2O$ (a-c). (a: $x = 1.4$, b: $x = 1.7$, c: $x = 1.9$) im Vergleich mit den Spektren für (d) $AlF_x(O^iPr)_{3-x} \cdot z\ ^iPrOH$ (Al : F = 1:3). Für alle gezeigt sind jeweils die zentralen Übergänge, $\nu_{rot} = 25$ kHz, NS (^{27}Al) = 5000 – 15000, NS (^{19}F) = 16 – 64. Für die ^{19}F Spektren ist zusätzlich eine mögliche Zerlegung des Signals (- -) gezeigt.

Auch für die Hydroxidfluoride beobachtet man in den Aluminiumspektren ein Signal mit steiler Tieffeld-Flanke und asymmetrischen Hochfeldabfall. Die

Maxima der Signale (im Bereich von -2 bis -20 ppm) deuten allgemein auf eine gemischt fluoridisch/oxidische Koordinationssphäre, der Verlauf der Signalform (^{27}Al, **a – c**) lässt auf ähnliche strukturelle Baueinheiten in unterschiedlichen Verhältnissen schließen. Die Hochfeldverschiebung des Maximums des Signals in den ^{19}F MAS NMR-Spektren mit steigendem F-Gehalt x in den Verbindungen entspricht ganz allgemein dem von Chupas berichteten Trend.[69] Auch hier zeigt der Vergleich mit dem ^{19}F MAS NMR Spektrum für das Alkoxidfluorid die enge Verwandtschaft. Es lassen sich chemische Verschiebungen im gleichen Bereich beobachten. Auch im Alkoxidfluorid sind sechsfach koordinierte Al(F/OR)$_6$-Baueinheiten involviert. Die lokalen chemischen Umgebungen, sowohl für Fluor als auch für Aluminium sind ähnlich. Die Linienbreiten der ^{19}F-Signale (HWB etwa 5-6 kHz) liegen im Bereich, wie sie auch für die kristallinen Aluminiumfluorid-Hydrate beobachtet wurden (unter gleichen instrumentellen Bedingungen).[45] Zusätzlich zeigen die Signale leichte Asymmetrien.

Korreliert man die Maxima der beobachteten ^{19}F-Signale mit der mittleren Al-Koordination AlF$_x$(O/OH)$_{6-x}$ und nutzt zusätzlich die bekannten ^{19}F chemischen Verschiebung von α- oder β-AlF$_3$ als Endpunkt (-172 ppm für μ_2-F der verknüpften AlF$_6$-Einheiten, im folgenden Diagramm „1")[64], ergibt sich überraschenderweise eine lineare Abhängigkeit.

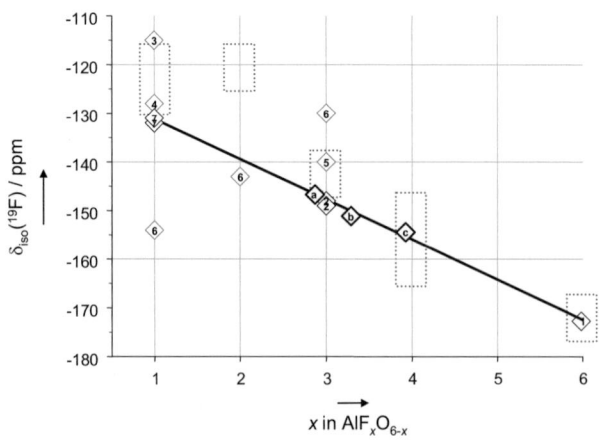

Legende: 1: α-, β-AlF$_3$[64]; 2: α-AlF$_3$ • 3 H$_2$O, AlF$_3$ • 9 H$_2$O[45]; 3: AlPO$_4$-CJ2[70]; 4: KAl$_2$F(H$_2$O)$_4$(PO$_4$)$_2$[71]; 5: MIL-12 [72]; 6: Fluorierung von γ-Al$_2$O$_3$[79]; 7: Al$_{13}$ Kɛ-J (Keggin-Struktur)[78]. Die grauen Rechtecke zeigen das publizierte Diagramm von Chupas.[69]

Abbildung 3.5 Trendanalyse der ^{19}F chemischen Verschiebung kristalliner Verbindungen mit AlF$_x$O$_{6-x}$ – Strukturen. Regression mit den Punkten a, b, c, und 1. Kristalline AlF$_x$(OH)$_{3-x}$ • H$_2$O (a: x = 1.4, b: x = 1.7, c: x = 1.9).

Gleichung der Regressionsgerade:

$$y = -8.3136\,ppm \bullet x(AlF_xO_{6-x}) - 122.04\,ppm \;; R^2 = 0.994 \qquad \textit{Gleichung 3.3}$$

Auch die chemischen Verschiebungen der Aluminiumfluorid-Hydrate (Abbildung 3.5, Punkt 2, AlF_3O_3)[45] und die des fluorierten Keggin-Polykations (Punkt 7, $AlFO_5$)[78] liegen auf der Korrelationsgeraden. Die ^{19}F-Verschiebungen der Phosphat-Gruppen enthaltenen, nicht in H-Brücken involvierten Strukturen sind relativ zur Geraden leicht zu tiefem Feld verschoben. Die von Fischer berichteten Werte für AlF_xO_{6-x} ($x = 1 - 3$) bilden einen gegenläufigen Trend ab.[79] Im Ergebnis lassen sich unter Nutzung des hier abgeleiteten Trends
(i) Für bestimmte lokale Umgebungen AlF_xO_{6-x} Voraussagen über erwartete chemische Verschiebungen treffen und
(ii) In Übertragung dieser Erkenntnisse ^{19}F MAS NMR Spektren sowohl kristalliner als auch röntgenamorpher chemisch verwandter Proben konsistent und genau interpretieren.
Die Vorhersage einer mittleren Koordination und damit verbunden in speziellen Fällen der elementaren Zusammensetzung wird erstmalig möglich.
Die Voraussetzungen dafür, abgeleitet aus den bisherigen Erkenntnissen, sind:
 a) Al ist sechsfach gemischt oxidisch (OH, OR)/fluoridisch koordiniert,
 b) F muss in verbrückender Position sein,
 c) die Strukturen sind involviert in H-Brückenbindungen und
 d) es sollten scheinbar keine weiteren Fremdatome in der Struktur, z.B. Phosphat-Gruppen, involviert sein.
Diese Fortschritte für die Zuordnung von Signalen in ^{19}F Festkörper-MAS NMR Spektren sind im Folgenden kurz an weiteren Beispielen erläutert:
Folgt man der Korrelation, so ergeben sich für bestimmte Werte x in AlF_xO_{6-x} bestimmte chemische Verschiebungen: für $x = 1 \rightarrow -130$ ppm, für $x = 2 \rightarrow -139$ ppm für $x = 5 \rightarrow -162$ bis -165 ppm. Noch nicht in der Graphik 3.5 berücksichtigte Beispiele mit $x = 2$ in AlF_xO_{6-x}-Einheiten sind die in Tabelle 3.2.1 gegebenen Verschiebungen Alkyl-substituierter Aluminiumfluorid–phosphat-Hydrate (siehe Ref. Harvey und Attfield). Die berichteten chemischen Verschiebungen (≈ -140 ppm) stimmen mit der beobachteten Korrelation überein. Wie eingangs erwähnt kommen auch in Mineralien AlF_xO_{6-x} Strukturen vor: Ausgewählte Beispiele, mögliche lokale Strukturen, vorausgesagte chemische Verschiebungen und experimentell bestimmte Verschiebungen gibt die folgende Tabelle 3.3.2.
Diese Ergebnisse deuten an, dass die gefundene Korrelation allgemein gültiger ist und auch auf andere Systeme ausgedehnt werden kann. Weiterhin ist allen Substanzen die Einbindung in ein H-Brücken-Netzwerk gemein.

Kapitel 3

Tabelle 3.3.2 Mineralien und ihre ^{19}F chemischen Verschiebungen

Mineral	Summenformel	strukturelle Einheit	δ_{iso} (^{19}F) / ppm vorhergesagt	experimentell
Topas	$Al_2(F/OH)_2SiO_4$	$AlFO_5$ und AlF_2O_4	-130 bis -140	-130, -134
Zunyit	$Al_{13}Si_5O_{20}(OH/F)_{18}Cl$	$AlFO_5$ und AlF_2O_4	-130 bis -140	-134
Ralstonit	$Na_x(Al/Mg_x)(F/OH)_3$	AlF_3O_3 und Mg_3O_3	-147	-151, -175

Auf der Suche nach alternativen Syntheserouten zur Darstellung kristalliner $AlF_x(OH)_{3-x}$ mit $x \approx 1$ wurde im Rahmen dieser Arbeit ein weiterer neuer Ansatz gefunden: Die mechanochemisch induzierte Reaktion von α-$AlF_3 \cdot 3\,H_2O$ mit γ-$Al(OH)_3$ ergibt in bestimmten Al/F Verhältnissen Aluminiumhydroxidfluoride in kubischer Pyrochlor-Struktur.

$$\alpha\text{-}AlF_3 \cdot 3\,H_2O + \gamma\text{-}Al(OH)_3 \xrightarrow{mech.\ Impakt} AlF_x(OH)_{3-x} \cdot z\,H_2O \qquad \text{Schema 3.4}$$

Abbildung 3.6 zeigt die Diffraktogramme und Abbildung 3.7 zeigt die IR-Spektren in Gegenüberstellung mit IR-Spektren vergleichbarer Verbindungen.

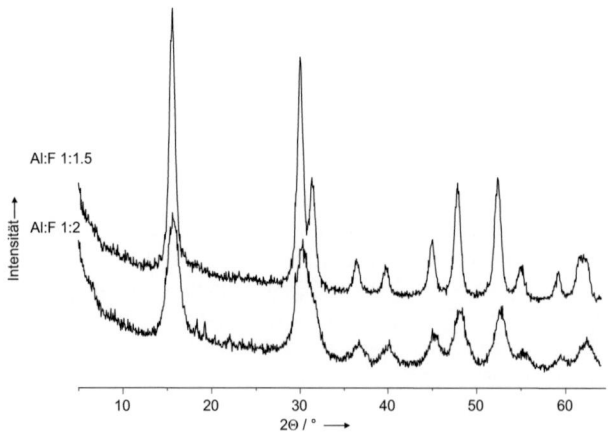

Abbildung 3.6 Diffraktogramme mechanochemisch hergestellter $AlF_x(OH)_{3-x}$.

Aus den Linienbreiten der beobachteten Reflexe im Diffraktogramm lassen sich (unter Berücksichtigung der instrumentellen Verbreiterung durch Bestimmung der Linienbreiten einer gut kristallinen Probe) nach der Scherrer-Formel die Kristallitgrößen abschätzen, die für diese Proben zwischen 15 und 30 nm liegen.

In den ^{19}F MAS NMR Spektren beobachtet man jeweils ein Signal bei δ_{iso} = -145 ppm (HWB = 5.9 kHz, Al : F = 1:1.5) und δ_{iso} = -152 ppm (HWB = 5.7 kHz, Al : F = 1:2) (Spektren sind nicht gezeigt, Signalform leicht asymmetrisch).
Unter Nutzung der Trendanalyse ergibt sich etwa eine mittlere Koordination von $AlF_{2.8}(OH)_{3.2}$ (oder als Summenformel $AlF_{1.4}(OH)_{1.6}$ • z H_2O) beziehungsweise $AlF_{3.6}(OH)_{2.4}$ oder $AlF_{1.8}(OH)_{1.2}$ • z H_2O.
Nach Al- und F-Elementaranalyse ergibt sich $AlF_{1.46}(OH)_{1.54}$ • z H_2O und $AlF_{1.87}(OH)_{1.13}$ • z H_2O. Dies ist in sehr guter Übereinstimmung mit den über die ^{19}F MAS NMR Spektren bestimmten Werten.
Zusätzlich sind im Spektrum 3.1 mögliche Zerlegungen der ^{19}F-Spektren gezeigt. Am Beispiel der Verbindung **b** ($AlF_{1.7}(OH)_{1.3}$ • H_2O) soll diese kurz erklärt werden: Das beobachtete Spektrum lässt sich unter Annahme eines Signals simulieren. Die gefundene Stöchiometrie legt nahe, dass in die Struktur mindestens zwei Spezies AlF_3O_3 und AlF_4O_2 involviert sein sollten, um eine gemitteltes Verhältnis $AlF_{3.4}O_{2.6}$ zu erhalten. Die zu diesen Baueinheiten gehörenden Verschiebungen können für die entsprechenden Polyeder - Zusammensetzungen über die Korrelation bestimmt werden und in die Spektrensimulation einfließen. Das Ergebnis ist im Spektrum 3.1 (^{19}F, **b**) als eine mögliche Lösung gezeigt.

3.3.2. Korrelationen von Protonensignalen in $AlF_x(OH)_{3-x}$-Verbindungen

Die ^{1}H-MAS NMR-Spektren des Alkoxidfluorids werden dominiert von den erwarteten Signalen der involvierten „Organik", d.h. im Fall von ^{i}PrOH als Lösungsmittel und $Al(O^iPr)_3$ als Alkoxid Signale im Bereich von Methylgruppen (1.2 ppm), CHO-Gruppen (4.4 ppm) und auch ROH-Gruppen (8 ppm) im integralen Verhältnis von 6:1:1.[94] Die Protonenspektren der Hydroxidfluoride sind als Spektrum 3.2 gezeigt.
Im Gegensatz zu den Spektren der Alkoxidfluoride, beobachtet man für die Hydroxidfluoride im Wesentlichen eine breite Einhüllende mit einem Maximum bei ungefähr 4 ppm. Für die Probe mit dem größten F-Gehalt (und dem kleinsten (OH)-Anteil) ist das Signal strukturiert und zeigt eine Schulter bei 7.5 ppm und eine Andeutung eines weiteren Signals zwischen 1 und 2 ppm. Schmale Signale in den anderen Proben (insbesondere für **b**) sind wahrscheinlich auf Spuren eingelagerter Lösungsmittelmoleküle zurückzuführen. Im höheren Magnetfeld (B_0 = 21.1 T) lässt sich die Auflösung der Signale deutlich steigern, für alle Proben sind Anteile von Signalen bei ähnlichen chemischen Verschiebungen erkennbar.

Die beobachtbare Verschmälerung (Spektrum 3.2, von **a** nach **c**) folgt aus der Reduzierung von ^{1}H homonuklearen dipolaren Kopplungen, da ganz allgemein der OH-Anteil von **a** nach **c** abnimmt und weniger Protonen pro Volumeneinheit in die Struktur involviert werden. Die Verteilungsbreite von möglichen chemischen Verschiebungen (hervorgerufen z.B. durch leicht unterschiedliche H-Brücken) werden reduziert, dass Signal wird schmaler. Ein Vergleich der Linienbreiten der einzelnen Signale (nicht gezeigt) mit steigendem Magnetfeld ergibt, dass neben den Beiträgen zur Linienbreite, hervorgerufen durch Verteilungen der isotropen Verschiebungen und ^{1}H homonuklearen dipolaren Kopplung, auch Beiträge, verursacht durch Kopplungen der Protonen mit den Quadrupolkernen Al in der Matrix, vorhanden sind.[98, 99]
Eine genaue Zuordnung der einzelnen Signale ist an dieser Stelle deshalb schwierig.

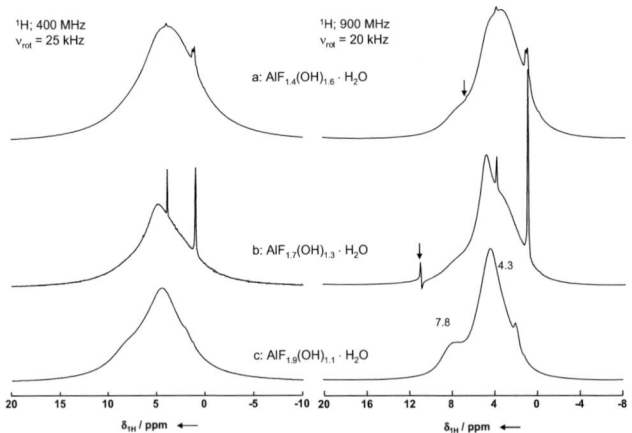

Spektrum 3.2 ^{1}**H MAS NMR Spektren der** $AlF_x(OH)_{3-x} \cdot H_2O$ **(a x = 1.4, b x = 1.7, c x = 1.9) im zentralen Bereich. A:** B_0 **= 9.4 T,** ν_{rot} **= 25 kHz, NS (**^{1}**H) = 32 B:** B_0 **= 21.1 T,** ν_{rot} **= 20 kHz, NS (**^{1}**H) = 128. Der Pfeil markiert die Einstrahlfrequenz.**

Das Signal bei 8 ppm entspricht eher stark verbrückten Protonen, denkbar sind Al-μ_2F···HOH oder Al-μ_2OH···OH$_2$ Spezies, das Signal bei 4 ppm ist eher typisch für Protonen von eingelagertem „Kristallwasser", zwischen 1 und 2 ppm treten eher unverbrückte OH-Gruppen auf. Das Spektrum wird zusätzlich von Signalen von physisorbierten Wasser überlagert. Aus der spektralen Ausdehnung der Rotationsseitenbanden in den ^{1}H MAS NMR Spektren ($\approx$ 80 kHz, nicht im Bild gezeigt) lässt sich lediglich auf das Vorhandensein von H$_2$O schließen.[98]

Die direkte chemische Umgebung eines Protons, das oftmals in eine Wasserstoffbrücke involviert ist, wird stark beeinflusst durch den Abstand der an der Wasserstoffbrückenbindung beteiligten Einheiten (z.B. d(OO) in O-H$\cdots$O). Sowohl die ^{1}H Kernmagnetresonanz, als auch die IR-Spektroskopie sind empfindliche Methoden und Signallagen bestimmter Spezies werden direkt durch die chemische Umgebung beeinflusst. Systematische Arbeiten von Brunner beschäftigen sich mit der Korrelation von beobachteten IR-Banden (νOH) mit der chemischen Verschiebung δ_{iso}(1H) und findet je nach Matrix unterschiedliche lineare Trends (unterschieden werden Zeolith-Systeme mit Si-OH und Al-OH-Bindungen und Verbindungen die Hydratwasser oder C-OH, S-OH bzw. P-OH Bindungen enthalten, wie Hydrogencarbonate, -sulfate und -phosphate).[100] Die Eigenschaften von OH-Gruppen mit hohem anionischem Anteil (wie im Ca(OH)$_2$) werden nicht vom Trend abgebildet. Ganz allgemein findet man für Signale im Tieffeld-Bereich zwischen 10-20 ppm auch Banden der ν_{OH}-Schwingung die zu kleineren Wellenzahlen verschoben sind.[100] Eine Korrelation der beobachteten Signallagen in den NMR-Spektren mit den FT-IR ν_{OH}-Bandenlagen sollte im Prinzip auch für die Aluminiumhydroxidfluoride und Aluminiumfluorid-Hydrate möglich sein, wird aber durch die Signalbreite (siehe Abbildung 3.7) und Überlagerungen von ν_{OH}-Banden verschiedener Spezies (OH, H$_2$O) in diesem Bereich (2500-3700 cm^{-1}) und die Signalbreite in den ^{1}H MAS NMR Spektren erschwert.

Eine Gegenüberstellung von Erwartungswerten für ^{1}H-chemische Verschiebungen geschlussfolgert aus beobachten Maxima der ν_{OH} Bandenlagen in den FT-IR Spektren gibt die folgende Tabelle.

Tabelle 3.3.3 Gegenüberstellung von FT-IR Banden ν_{OH} und ^{1}H-Parametern

	beobachtete Banden ν_{OH} / cm^{-1}			erwartete chemische Verschiebungen δ_{iso} (^{1}H) / ppm						experimentell δ_{iso} (^{1}H) / ppm
				1		2		3		
Probe	1	2	3	M1	M2	M1	M2	M1	M2	
α-AlF$_3$ · 3H$_2$O	3402	3230	2528	**7,1**	**6,6**	9,6	8,2	19,9	14,6	1.1, 4.9, **7.2**
β-AlF$_3$ · 3H$_2$O	3402	3175	2567	**7,1**	**6,6**	10,4	8,7	19,4	14,3	**6.8**[a]
AlF$_{1.9}$(OH)$_{1.1}$ · H$_2$O	3643	3425	2376	**3,5**	**4,4**	**6,8**	**6,4**	22,2	16,0	4.3, 7.8[b]

M1 und M2 Werte unter Nutzung der von Brunner publizierten Korrelationen[100]: M1 für Zeolithe δ(^{1}H)/ppm = 57.1 – 0.0147 · ν_{OH} /cm^{-1}; M2 für S-OH/C-OH/P-OH/H$_2$O: δ(^{1}H)/ppm = 37.9 – 0.0092 · ν_{OH} /cm^{-1}.
[a] entnommen aus [45]
[b] siehe Spektrum 3.2, 21.1 T;
Fett: breite Anteile im Spektrum mit größter Intensität, Unterstrichen: gute Übereinstimmung der vorhergesagten chemischen Verschiebungen mit den experimentellen Werten.

Die IR-Spektren der Aluminiumfluorid-Hydrate zeigen zusätzlich Banden für intramolekulare H-verbrückte, Al koordinierende H$_2$O-Spezies im Bereich von 2540 cm^{-1}, die mit geringer Intensität auch bei den Hydroxidfluoriden nachweisbar sind. Für alle Proben sind Banden der Deformationsschwingung δ_{OH} im Bereich von 1615 bis 1710 cm^{-1} für H$_2$O-Spezies beobachtbar. Asymmetrien dieser Bande bzw. das Auftreten von Überlagerungen von zwei Banden deuten auf die Ausbildung unterschiedlich H-verbrückter H$_2$O-Spezies, wie sie z.B. durch die Spezies Al-μ_2F$\cdots$H$_2$O und Al-μ_2(OH)$\cdots$OH$_2$ erklärt werden können.[101]

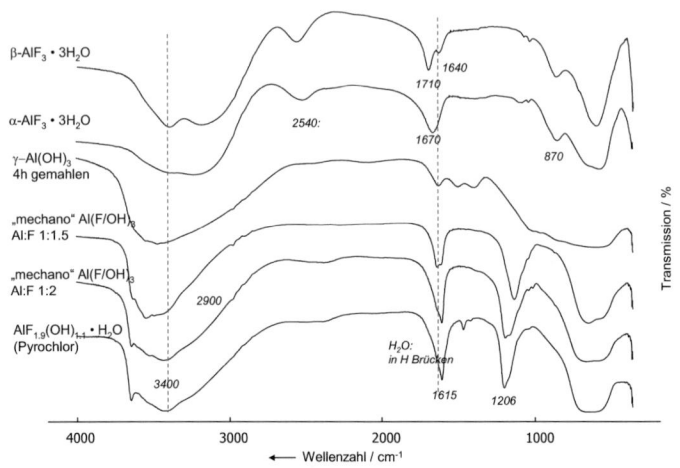

Abbildung 3.7 FT-IR-Spektren ausgewählter Aluminiumhydroxidfluoride und weiterer Referenzen. Von oben nach unten: β-AlF$_3 \cdot$3H$_2$O, α-AlF$_3 \cdot$3H$_2$O, γ-Al(OH)$_3$ gemahlen, mechano-AlF$_x$(OH)$_{3-x} \cdot z$ H$_2$O: Al:F 1:1.5 und 1:2 und AlF$_{1.9}$(OH)$_{1.1} \cdot$ H$_2$O.

Bei den kristallinen Hydroxidfluoriden findet man eine weitere Bande der Deformationsschwingung der Al-OH-Al Gruppen im Bereich von 1200 cm^{-1} für verteilte, in H-Brücken involvierte Spezies.[47, 101] Im Bereich von 870 bis 580 cm^{-1} folgen die Gerüstschwingungen der Al(H$_2$O) -, Al-OH - und Al-F – Bindungen.[30]

Wie aufgeführt, befassen sich einige Arbeiten mit abstandsabhängigen Korrelationen sowohl der IR- als auch der NMR-Parameter. Yesinowski berichtet für eine Vielzahl von Alumosilikaten über eine empirisch gefundene Korrelation der ^{1}H chemischen Verschiebung mit dem Abstand d(OO) von $\delta(^1H) = 79.05$ ppm $- 0.255$ ppm $\cdot d$(O-H$\cdots$O) pm^{-1}. Diese wurde in Folge von Xue auf weitere anorganische Substanzen ausgedehnt. Im Bereich von d(OO)-Abständen kleiner 2.9 Å lässt sich eine lineare Korrelation ableiten $\delta(^1H) = 90.3$ ppm $- 30.4$ ppm $\cdot d$(O-H$\cdots$O) Å^{-1}, für größere OH$\cdots$O-Abstände

(die nicht mehr diesem linearen Trend folgen) beobachtet man im Allgemeinen Verschiebungen zwischen 0 und 4 ppm.[102]
Auf dieser Basis ergeben sich für das Hydroxidfluorid $AlF_{1.9}(OH)_{1.1} \cdot H_2O$ Abstände von $(d(O\cdots F/OH) = 2.7$ Å (7.8 ppm) und $d(O\cdots F/OH) = 2.8$ Å (4.3 ppm)).
Für die von Cowley ermittelten kristallografischen Abstände der in die Pyrochlor-Struktur eingelagerten Wassermoleküle [46] ($d(H_2O\cdots F/OH-Al)$ = 3.1 Å) ergibt sich etwa eine chemische Verschiebung zwischen 1 und 2 ppm.[102]
Auf dieser Basis und ohne genaue Positionen der Protonen in den Kristallstrukturen bleibt eine Korrelation mit den beobachteten ^1H chemischen Verschiebungen der Hydroxidfluoride schwierig. Zusätzlich lassen sich verschiedene Wasser-Spezies, wie physisorbiertes H_2O, Kristallwasser und eventuell koordinierende H_2O-Moleküle, nicht zweifelsfrei spektroskopisch unterscheiden. Signale für verschiedene homonuklear dipolar gekoppelte Spezies und/oder unterschiedlich H-verbrückte Spezies im System $OH/H_2O/F$ überlagern.

3.3.3. Der Einfluss von H-Brücken auf die Fluor-Verschiebung; ^{19}F-Trendanalyse protonenarmer Aluminiumhydroxidfluoride

Um einen möglichen Einfluss von Wasserstoffbrückenbindungen auf die ^{19}F chemischen Verschiebungen der Hydroxidfluoride zu untersuchen, wurden die gut kristallinen Proben bei 250 °C im für zwei Stunden im Vakuum behandelt. Sowohl Menz[47] als auch Fourquet[11] konnten zeigen, dass die Hydroxidfluoride zunächst unter Erhalt ihrer Kristallstruktur Wasser aus den Kanälen abgeben. Erst beim Erreichen von Temperaturen oberhalb 500 °C erfolgt die Zersetzung unter Bildung von Al_2O_3- und AlF_3-Phasen.[47]
Menz weist darauf hin, dass aus kristallografischen Gründen bezogen auf die Stoffmenge von Aluminium nur die Hälfte Wasser in die Struktur eingelagert werden kann. Gefunden werden aber oftmals äquimolare Mengen, d.h. z in $AlF_x(OH)_{3-x} \cdot z\ H_2O$ ist etwa 1.[47]
Abbildung 3.8 zeigt ein für die kristallinen Hydroxidfluoride typisches Thermogramm. Gezeigt sind die Gewichtsabnahme (TG) und der Verlauf des DTA-Signals mit steigender Temperatur. MS gekoppelte DTA/TG Experimente belegen die Abgabe des Kristallwassers (Verlauf der Massenzahlen $m/z = 18$ (H_2O^{+}) und 17 ($OH^{\bullet+}$) im Vergleich zu $m/z = 20$ (HF^{+}) und 19 ($F^{\bullet+}$)) als ersten Teilschritt des thermischen Abbaus von Aluminiumhydroxidfluorid-Hydraten.[47]
In Folge (bei Temperaturen oberhalb von 300 °C) beobachtet man eine weitere Stufe der Wasserabgabe. Dieser Prozess wird begleitet von F/OH-Austausch im Festkörper und der Bildung von Al-O-Al-Bindungen.[47] Oberhalb von 700 °C ist röntgenografisch kristallines α-AlF_3 nachweisbar.

Die einzelnen Teilprozesse des thermischen Abbaus von $AlF_x(OH)_{3-x} \cdot z\ H_2O$ zu AlF_3 und Al_2O_3 überlappen und sind schwer separierbar.[47] Trotzdem ist davon auszugehen, dass bei einer Temperatur bei 250 °C gemäß Gleichung 3.5 (fast) nur Abgabe des Kristallwassers erfolgt. ([47] und siehe folgende Abbildung)

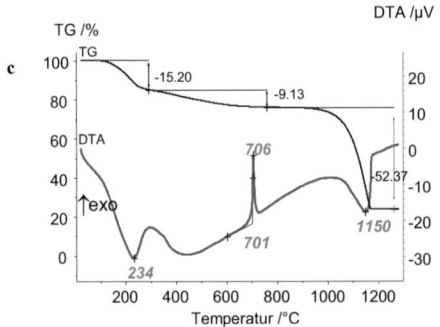

Abbildung 3.8 Typischer Verlauf der TG- (schwarz) und DTA-Kurven (grau) für $AlF_x(OH)_{3-x} \cdot H_2O$ am Beispiel von $AlF_{1.9}(OH)_{1.1} \cdot H_2O$.

$$AlF_x(OH)_{3-x} \cdot z\ H_2O \xrightarrow{250\ °C,\ Vakuum} AlF_x(OH)_{3-x} + z\ H_2O \qquad \text{Gleichung 3.5}$$

Die Röntgendiffraktogramme der durch Temperung erhaltenen Aluminiumhydroxidfluoride zeigen die Reflexe der Referenzphase (PDF 41-0380, hier nicht gezeigt).

Veränderungen werden in den Festkörper-MAS NMR Spektren für alle involvierten Kerne deutlich. Eine Zusammenstellung der ^1H, ^{19}F und ^{27}Al MAS NMR Spektren der „wasserfreien" Hydroxidfluoride gibt folgende Abbildung. Auffällig ist die große Ähnlichkeit der Spektren. Im Gegensatz zu den ^{19}F MAS NMR Spektren der Hydroxidfluorid-Hydrate (Spektrum 3.1) sind die ^{19}F MAS NMR Spektren der getemperten Proben strukturiert und verschiedene Schultern sind erkennbar. Die Maxima der Einhüllenden sind für alle drei Proben Hochfeld verschoben – am deutlichsten für die Probe $\mathbf{a}^*$ von -146 ppm auf -164 ppm. Alle drei erhaltenen experimentellen ^{19}F MAS NMR Spektren lassen sich unter Annahme von Anteilen bei ähnlichen chemischen Verschiebungen annähern – gleichbedeutend mit der Vermutung, dass gleiche lokale Strukturen und –Baueinheiten $AlF_x(OH)_{6-x}$ in die Struktur der Hydroxidfluoride involviert sind. Unterschiedliche Stoffmengenverhältnisse Al:F bedingen in Folge die unterschiedliche Ausprägung der einzelnen Anteile. Zusätzlich sind die erhaltenen Spektren ein deutliches Indiz, dass auch die ^{19}F MAS NMR-Spektren der hydratisierten Proben unter Annahme mehrerer F-Spezies berechnet werden müssen.

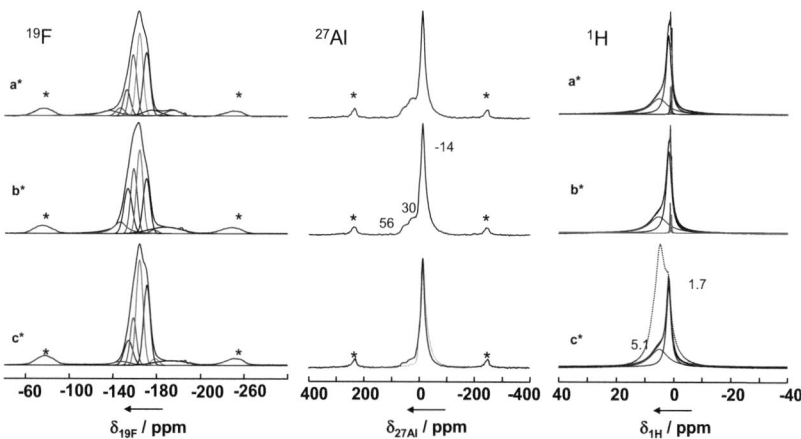

Spektrum 3.3 ^{19}F MAS, ^{27}Al MAS und ^{1}H MAS NMR-Spektren der Kristallwasser freien Aluminiumhydroxidfluoride AlF$_x$(OH)$_{3-x}$: a*-c*, a*: x = 1.4, b*: x = 1.7, c*: x = 1.9. Für alle Spektren: B_0 = 9.4 T; weitere Parameter: ^{19}F: ν_{rot} = 32 kHz, NS = 64, ^{27}Al ν_{rot} = 25 kHz, NS = 4000-8000, ^{1}H ν_{rot} = 25 kHz, NS = 48-64. Zusätzlich sind für die ^{19}F- und ^{1}H-MAS NMR Spektren mögliche Zerlegungen gezeigt. Gepunktete Linie (Spektren für c*) zeigen erhaltene Spektren nach Luftzutritt zur Probe. * kennzeichnen Rotationsseitenbanden.

Tabelle 3.3.4 gibt einen Überblick über wahrscheinliche Zerlegungen der ^{19}F MAS NMR Spektren und eine mögliche Zuordnung der gefunden Anteile zu bestimmten AlF$_x$(OH)$_{6-x}$-Baueinheiten. Die Zuordnung der einzelnen Anteile zu einer bestimmten Baueinheit AlF$_x$(OH)$_{6-x}$ erfolgt zunächst unter der Annahme von ganzzahligen x. Neben breiteren Anteilen in tiefem Feld (HWB 7 kHz) ist eine vollständige Simulation der experimentellen Spektren nur möglich unter Annahme von Anteilen im Bereich von -175 ppm bis -193 ppm. Zwei AlF$_6$-Einheiten verbrückende Fluor-Spezies haben eine Verschiebung von -172 ppm mit deutlich kleinerer Linienbreite für das Hauptsignal (HWB ≈ 3 kHz) (siehe auch Kapitel 3.2). Über das Superpositionsmodell [87, 89] lassen sich für terminale Al-F Bindungen reiner Aluminiumfluoride chemische Verschiebungen im Bereich von -190 ppm ableiten. Liu gibt auf der Basis quantenchemischer Berechnungen theoretische Werte für ^{19}F Verschiebungen terminalem F von AlF$_x$O$_{KZ-x}$ –Spezies (O bedeutet in diesem Fall H$_3$SiO, KZ = 4, 5, 6) im Bereich von -172 bis -216 ppm an.[93] Die zu hohem Feld verschobenen Signale lassen sich demzufolge terminalen Al-F-Bindungen zuordnen.

Tabelle 3.3.4 Wahrscheinliche Zerlegungen der in Spektrum 3.3 gezeigten ^{19}F MAS NMR Spektren der Aluminiumhydroxidfluoride AlF$_x$(OH)$_{3-x}$ a*-c* (a*: $x = 1.4$, b*: $x = 1.7$, c*: $x = 1.9$)

#	δ_{iso} /ppm	HWB /kHz	gl	%	x: AlF$_x$(OH)$_{6-x}$	
			a*			
1	-136,5	7,4	0	6	1	
2	-146,2	3,4	1	3	2	
3	-152,3	2,9	1	9	3	
4	-158,2	2,8	1	22	4	
5	-164,0	2,7	1	28	5	
6	-170,4	2,8	1	22	6	
7	-175,2	6,9	1	5	terminale	F-
8	-194,4	5,7	1	4	sites	
			b*			
1	-145,8	5,3	0,02	10	2	
2	-153,1	3,4	1	17	3	
3	-158,5	2,7	1	20	4	
4	-163,9	2,6	1	25	5	
5	-170,2	2,8	1	18	6	
6	-177,0	3,2	1	1	terminale	F-
7	-187,2	13,1	1	10	sites	
			c*			
1	-147,7	7,1	1	3	2	
2	-154,1	3,4	1	10	3	
3	-158,5	2,6	1	15	4	
4	-164,3	2,8	1	36	5	
5	-171,0	2,7	1	26	6	
6	-178,4	3,2	1	3	terminale	F-
7	-192,9	13,1	1	7	sites	

gl: Gauß-Lorentz-Verhältnis: $x \cdot Gauß/(1 - x) \cdot Lorentz$.

Die abweichenden Werte für das Gauß/Lorentz-Verhältnis und die im Vergleich größeren Halbwertsbreiten der Tieffeld verschobenen Anteile können darauf hindeuten, dass diese Spezies entweder nicht in die Kristall-Struktur involviert sind, die Baueinheiten in einem anderen Verknüpfungstyp vorliegen oder allgemein die Signale anderen lokalen Strukturen zugeordnet werden müssen. Diese Effekte sind wahrscheinlich gekoppelt mit einer Verbreiterung, hervorgerufen durch eine Verteilung der isotropen chemischen Verschiebung dieser Spezies.

Unter Nutzung der relativen prozentualen Anteile einzelner Spezies AlF$_x$(OH)$_{6-x}$ lassen sich ungefähr Al:F Verhältnisse für die Verbindungen abschätzen, die leicht über den Werten der Ausgangsverhältnisse liegen (Al:F ≈ 1:1.9 für **a*** und **b*** und 1:2.2 für **c***).

Die Konsequenz aus dieser Beobachtung (allgemein Hochfeld-Verschiebung und im Besonderen die Zerlegung/Zuordnung der Signale betreffend) ist die Ableitung einer Korrelation der Fluor-Verschiebung vermindert um den Einfluss von H-Brücken-Wechselwirkungen mit x in $AlF_x(OH)_{6-x}$ - gültig für protonenarme Substanzen. Mangels geeigneter definierter (Vergleichs-)Proben lassen sich an dieser Stelle noch keine Aussagen bezüglich der „Gültigkeit" dieses Trends treffen.

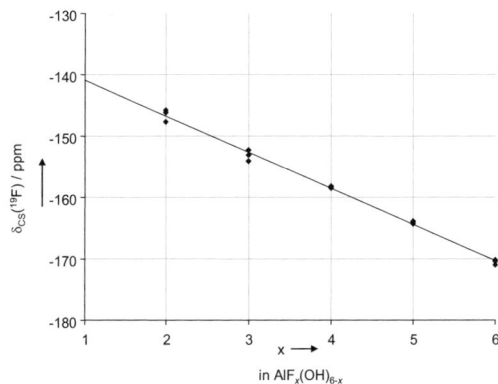

Abbildung 3.9 Korrelation der ^{19}F Verschiebung mit x in $AlF_x(OH)_{6-x}$ für protonenarme Substanzen.

Die ungefähren mittleren Zusammensetzungen von röntgenamorphen Proben, die dem HS-AlF_3 ähnlich sind, sollten sich dennoch mittels dieser Korrelation abschätzen lassen.
Auch die Aluminium- und die Protonenspektren der dehydratisierten Hydroxidfluoride zeigen starke Veränderungen. Die Aluminiumspektren der drei getemperten Proben weisen große Ähnlichkeiten auf. Neben einem schmalen Signal mit einem Maximum bei -14 ppm findet man auch breitere Anteile im Bereich vier- und fünffach koordinierter Al-Einheiten mit Maxima der beobachteten chemischen Verschiebungen bei 56 ppm für Aluminium mit Koordinationszahl 4 und 30 ppm für Aluminium in fünffacher Koordination. Diese sind umso intensiver, je kleiner der F-Anteil und je größer der OH-Anteil in den Hydroxidfluoriden ist. In ^{19}F→^{27}Al CP MAS NMR Experimenten können diese Anteile nicht mehr detektiert werden (nicht gezeigt). Das bedeutet, dass diese Al-Einheiten überwiegend oxidisch koordiniert sein müssen. Ähnliches findet Dambournet für getemperte Aluminiumhydroxidfluoride in β-AlF_3-Struktur.[103]
Durch die generelle Reduktion von Protonenspezies (pro Volumeneinheit) und die damit verbundene Verminderung ^{1}H homonuklearer dipolarer Kopplungen durch Dehydratation sind auch die ^{1}H MAS NMR-Spektren eindeutig ausgeprägt. Zusätzlich zu einem schmaleren Signal bei 1.7 ppm findet man ein

breiteres mit nahezu gleicher Intensität bei 5.1 ppm für alle drei Proben (siehe Spektrum 3.3, ^{1}H). Das erstere lässt sich OH-Gruppen zuordnen, die nicht oder schwach in H-Brückennetzwerke einbezogen sind. Das Signal korreliert etwa mit dem zu erwartenden Signal für Protonen der (Al-μ_2OH···OH$_2$)-Gruppe in AlF$_x$(OH)$_{3-x}$ in Pyrochlor-Struktur mit dem von Cowley berichteten kristallografischen Abstand d(OH···O) $\approx$ 3.1 Å unter Nutzung der von Xue präsentierten Korrelation.[46, 102]

Das Signal bei 4.4 ppm ist eher restlichen Wasser-Spezies zuzuordnen. Auch die spektrale Ausdehnung der Rotationsseitenbanden in den ^{1}H MAS NMR Spektren ($\approx$ 80 kHz, nicht gezeigt) gibt einen Hinweis auf das Vorhandensein von Wasser-Spezies.[98]

Beide Spezies sind trotzdem in sterischer Nähe: ^{1}H Festkörper – EXSY Spektren weisen Spinaustausch zwischen beiden für längere Kontaktzeiten nach (Spektrum nicht gezeigt).

Alle Ergebnisse sind plausibel interpretierbar unter Berücksichtigung der eingangs erwähnten F/OH-Austausch-Prozesse. Für alle Proben ist bereits eine Verschiebung zu größeren Anteilen von Spezies mit höheren F-Gehalten x in AlF$_x$(OH)$_{6-x}$ beobachtbar. Die Ausbildung von vier- und fünffach überwiegend oxidisch koordinierten Einheiten lässt sich entweder auf die beginnende Umlagerung zum Al$_2$O$_3$ rückführen, oder, unter Berücksichtigung der Stabilität der Kristallstruktur in diesem Temperaturbereich, auf Wasser-Spezies, die ähnlich wie in den Aluminiumfluorid-Trihydraten, Aluminium koordinieren (siehe auch Abbildung 3.7, kleine Banden im Bereich von etwa 2500 cm^{-1} für die Hydroxidfluoride). Das Behandeln der Proben bei erhöhten Temperaturen führt dann, neben der Abgabe von physisorbierten Wasser und Kristallwasser, auch zur Abgabe von koordinierenden Wassermolekülen der Spezies AlF$_x$(OH)$_y$(H$_2$O)$_{6-x-y}$. In Folge können vier- und fünffach koordinierte Al-Struktureinheiten NMR spektroskopisch nachgewiesen werden. Das anfangs erwähnte Phänomen, dass aus strukturellen Überlegungen nur etwa 0.5 Äquivalente H$_2$O/Al erlaubt, aber etwa 1 Äquivalent H$_2$O/Al gefunden wird, lässt sich so zum Teil verstehen.

Bemerkenswert ist auch der Einfluss einer Re-Adsorption von Wasser. Dies ist in Spektrum 3.3 für die ^{1}H und ^{27}Al MAS NMR Spektren der Verbindung c* (gepunktete Linie) gezeigt. Das Protonenspektrum wird in Folge dominiert von einer Einhüllenden mit dem Maximum bei 4 bis 5 ppm, die Anteile vier- und fünffach koordinierter Spezies in den Al-Spektren sind verschwunden, das zentrale Signal des ^{27}Al-Spektrums ist leicht in Richtung Hochfeld asymmetrisch verbreitert. H$_2$O adsorbiert und bildet sechsfach koordinierte Al-Spezies. Das beobachtbare ^{19}F MAS NMR Spektrum zeigt die Form einer Einhüllenden mit wieder Tieffeld verschobenem Maximum. Die mittlere AlF$_x$O$_{6-x}$ Koordination x wird kleiner.

Als Konsequenz dieser Beobachtung müssen Proben, die bei 200 °C und höher behandelt wurden strikt in Schutzgasatmosphäre gehandhabt werden. Nur so ist gewährleistet, dass Effekte durch Wasser-Adsorption nicht überdeckt werden und Spektren genau interpretiert werden können.

3.3.4. Trendanalyse der ^{27}Al chemischen Verschiebung von $AlF_x(OH)_{6-x}$ -Strukturen

Die bisher dargestellten Ergebnisse und strukturellen Überlegungen führen zu der Schlussfolgerung, dass in der $AlF_x(OH)_{3-x}$ – Pyrochlor-Struktur verschiedene sechsfach koordinierte $AlF_x(OH)_{6-x}$ -Baueinheiten – verschieden in x – vorliegen müssen. Dies folgt zwangsläufig aus der statistischen Verteilung der F/OH-Gruppen. Die ^{19}F MAS NMR Spektren zeigen eine Einhüllende (B_0 = 9.4 T, siehe Spektrum 3.1), die Fluor-Spektren der getemperten Proben zeigen hingegen deutlich mehrere Signale, die sich verschiedenen $AlF_x(OH)_{6-x}$ – Einheiten zuordnen lassen (Spektrum 3.3).
Auch die ^{27}Al MAS NMR-Spektren weisen mehrere Maxima auf – für die Hydroxidfluoride **a** bis **c** in unterschiedlicher Ausprägung, jedoch mit gleichen chemischen Verschiebungen. Die Berechnung dieser Spektren unter Annahme von nur einer beitragenden Spezies, dessen Signal durch Quadrupolwechselwirkung 2. Ordnung verbreitert ist, wird schwierig. Die Spektren (B_0 = 9.4 T) erhärten die Vermutung der Involvierung von mehr als einer Spezies – können diese aber nicht auflösen. Die Anteile der einzelnen Einheiten, welche zusätzlich durch Quadrupolwechselwirkung 2. Ordnung verbreitert sein können, müssen demzufolge überlagern. Das resultierende Spektrum ist geprägt durch eine Einhüllende. Das Muster der Rotationsseitenbanden ist uncharakteristisch: Maxima mit Frequenzen an den Stellen der Satellitenübergänge ($\pm 5/2 \leftrightarrow \pm 3/2$ und $\pm 3/2 \leftrightarrow \pm 1/2$), wie sie charakteristisch für gut kristalline Verbindungen sind (z.B. für α-Al_2O_3 oder η-AlF_3), können nicht beobachtet werden.
Wie in Kapitel 2.2 beschrieben, muss die beobachtete chemische Verschiebung einer Spezies im Aluminium-Spektrum nicht der isotropen chemischen Verschiebung dieser entsprechen. Die beobachtete Verschiebung (δ_{27Al}) setzt sich vielmehr zusammen aus den Beträgen der isotropen und der Quadrupol-induzierten (δ_{QIS}) Verschiebung.

$$\delta_{27Al} = \delta_{iso} + \delta_{QIS} \qquad \text{Gleichung 3.6}$$

$$\delta_{QIS}^{<m>} = -v_{Q\eta}^2 \cdot \frac{I(I+1)-3-9m(m-1)}{30 v_0^2} \cdot 10^6 \qquad \text{Gleichung 3.7}$$

Aus Gleichung 3.7 ergibt sich für einen gegebenen Übergang m gleichzeitig eine indirekte Abhängigkeit von δ_{QIS} zur Larmor-Frequenz v_0 des Kerns. Diese

wiederum ist direkt proportional zur externen Magnetfeldstärke B_0. ^{27}Al NMR-Experimente in hohen externen Magnetfeldern bedingen eine Reduzierung der Quadrupol-induzierten Beträge. Die beobachtbaren Signallagen verschieben sich in Richtung der isotropen Werte – am deutlichsten für Spezies mit großen Quadrupolfrequenzen (siehe Gleichung 3.7, $\delta_{QIS} \sim \nu_Q^2$).
Damit verknüpft werden die Beiträge, die zu einer Verbreiterung der Signale führen, in höheren Magnetfeldern deutlich reduziert - die Auflösung steigt.

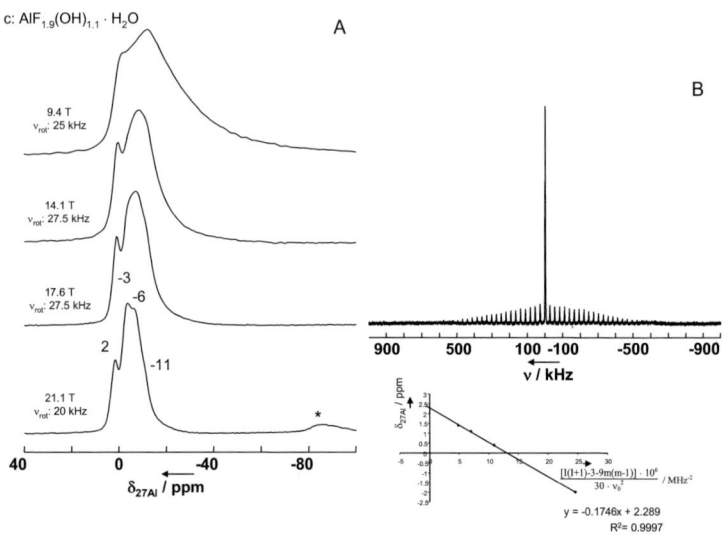

Spektrum 3.4 ^{27}Al MAS NMR Spektren von AlF$_{1.9}$(OH)$_{1.1}$ • H$_2$O in verschiedenen Magnetfeldern. A: gegeben als Bezeichnung sind B_0 und die Rotationsfrequenz ν_{rot}; gezeigt ist jeweils der zentrale Bereich. NS: 64-5400. B: komplettes ^{27}Al MAS NMR-Spektrum inklusive aller Rotationsseitenbanden, B_0 = 17.6 T. Das Inset zeigt die Analyse des nahezu separierten Tieffeld-Signals (abhängig von B_0: -2 bis 2 ppm) nach der SORGE-Methode.

Spektrum 3.4 zeigt die Entwicklung der Einhüllenden im zentralen Bereich mit steigender Magnetfeldstärke. Das ^{27}Al MAS NMR Spektrum, erhalten bei 21.1 T, zeigt neben einem separierten Signal bei δ_{27Al} = 2 ppm weitere Schultern mit Verschiebungen bei -3, -6 und -11 ppm. Diese lassen sich verschiedenen Spezies AlF$_x$(OH)$_{6-x}$ zuordnen. Vergleicht man dieses Spektrum mit den ^{27}Al MAS NMR Spektren der Aluminiumhydroxidfluoride mit kleineren F-Gehalten (x = 1.4 bzw. 1.7, B_0 = 21.1 T), so findet man auch hier Signale mit ähnlichen chemischen Verschiebungen jedoch in unterschiedlichen Anteilen. Spektrum 3.4

Kapitel 3

B zeigt das typische Muster der Rotationsseitenbanden am Beispiel von $AlF_{1.9}(OH)_{1.1} \cdot H_2O$ ($B_0 = 17.6$ T), sowohl die Ausdehnung (etwa 1 MHz) als auch die Form deuten auf die Verteilung von verschiedenen $AlF_x(OH)_{6-x}$-Spezies mit Verteilungen der Quadrupolparameter hin.
Unter Nutzung der Gleichungen 3.6 und 3.7 ergibt sich nach Umstellung eine lineare Gleichung der Form $y = m\,x + n$ mit δ_{iso} als Ordinatenabschnitt und einer Proportionalen des quadrupolaren Produktes $v_{Q\eta}^2$ [c] als Anstieg. Das heißt, die isotrope chemische Verschiebung und die Quadrupolfrequenz, lassen sich grafisch aus dem magnetfeldabhängigen Verlauf der Maxima der beobachtbaren chemischen Verschiebungen dieser Spezies ableiten. Eingeführt wurde dieses Verfahren der Analyse von Massiot (SORGE-Methode, $\underline{S}$econd $\underline{OR}$der $\underline{G}$raphical $\underline{E}$xtrapolation) am Beispiel der Analyse von Spektren von Aluminiumboraten.[44] Mit großer Genauigkeit können Parameter von deutlich separierten Spezies abgeschätzt werden, jedoch nur unter der Annahme einer symmetrischen Linienform (unter Nutzung der Maxima) oder bei Kenntnis der wahren Linienform (unter Nutzung der Schwerpunkte) (siehe Spektrum 3.4, Inset). Sind Signale verschiedener Spezies überlagert und sind die einzelnen Linienformen nicht genau bestimmbar, ist die Methode nur in größeren Fehlergrenzen anwendbar.
In dem gezeigten Beispiel zeigt der SORGE-Plot unter Annahme einer symmetrischen Linienform für die separierte Spezies im Tieffeld-Bereich des Gesamtsignals Linearität. Die abgeleiteten Parameter sind in Tabelle 3.3.6 wiedergegeben. Die Signale aller weiteren Spezies sind insbesondere für die Spektren in tieferen Magnetfeldern stark überlagert.
Eine weitere Methode zur genauen Ableitung der Parameter (δ_{iso} und $v_{Q\eta}$ der einzelnen Al-Spezies) ergibt sich direkt aus den Gleichungen 3.6 und 3.7, wenn man verschiedene Übergänge m betrachtet. Der Schwerpunkt der beiden inneren Satellitenübergänge ($\pm 3/2 \leftrightarrow \pm 1/2$, $\delta_{27Al}^{\pm 3/2 \leftrightarrow \pm 1/2}$) lässt sich durch Approximation der ersten Rotationsseitenbanden, z.B. ausgehend vom Seitenband n = 2 auf das Seitenband nullter Ordnung, n = 0 ermitteln, das komplett mit dem Schwerpunkt der inneren Satellitenübergänge überlappt. Erforderlich ist dabei die Kenntnis der Anzahl aller involvierten Linien (z.B. aus dem Zentralsignal) und eine genaue Analyse des Spektrums. Es lässt sich im Folgenden mit dem Wissen von $\delta_{27Al}^{\pm 3/2 \leftrightarrow \pm 1/2}$ und $\delta_{27Al}^{-1/2 \leftrightarrow 1/2} \equiv \delta_{27Al}$ ein Gleichungssystem mit den unbekannten δ_{iso} und $v_{Q\eta}$ aufstellen. Die ^{27}Al MAS NMR Spektren der Hydroxidfluoride gemessen im hohen Magnetfeld ($B_0 = 21.1$ T) sind strukturiert und damit mit großer Genauigkeit – zunächst unter Annahme einer gemischten Gauß-Lorentz-Funktion als Signalform - simulierbar. (siehe dazu auch Dambournet [17, 52, 101])

---

[c] $v_{Q\eta} = v_Q \cdot \sqrt{1+\eta^2/3}$, $v_{Q\eta}$ beschreibt in erster Näherung v_Q, da der Einfluss des Asymmetrieparameters η (Werte zwischen 0 und 1) zunächst vernachlässigbar ist.

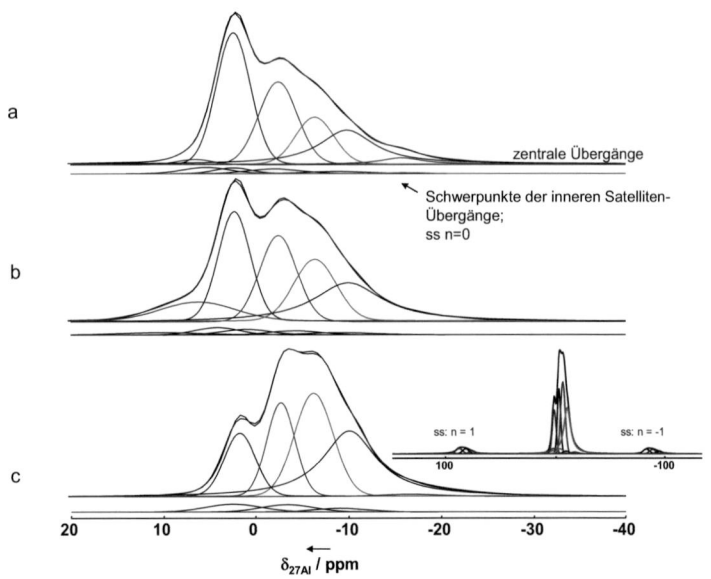

Spektrum 3.5 ^{27}Al MAS NMR Spektren der AlF$_x$(OH)$_{3-x}$ · H$_2$O a-c (a: $x = 1.4$, b: $x = 1.7$, c: $x = 1.9$) im zentralen Bereich ($B_0 = 21.1$ T, NS = 1024). Für alle gezeigt sind experimentelles Spektrum, Simulation und einzelne Anteile, versetzt: die Schwerpunkte der inneren Satellitenübergänge. Diese überlappen mit dem Rotationsseitenband n=0 (siehe Inset).

Die Tabellen 3.3.5 und 3.3.6 geben einen Überblick über die gefundenen und mit beiden Methoden abgeleiteten Parameter, sowie eine mögliche Zuordnung zu lokalen Strukturen AlF$_x$(OH)$_{6-x}$.

Die Gesamtspektren lassen sich gut unter Annahme reiner Gauß-Funktionen für nahezu alle Signale berechnen. Lediglich die Anteile der Hochfeld-Spezies sind etwas überbestimmt, da zur Kompensation des asymmetrischen Linienabfalls im hohen Feld die Funktionen Lorentz-Charakter besitzen.

Trotzdem lassen sich über die relativen integralen Anteile der einzelnen Spezies gemittelte Koordinationen x in AlF$_x$(OH)$_{6-x}$ ableiten (siehe Tabelle 3.3.5, mittlere Koordination über NMR und EA), die jeweils in der Größenordnung liegen, die auch elementaranalytisch gefunden werden - ein Indiz für die Plausibilität des gefunden Modells.

Kapitel 3

Tabelle 3.3.5 Durch Simulation der Hochfeld-Spektren erhaltene ^{27}Al MAS NMR Parameter der Aluminiumhydroxidfluoride a-c (a: $x = 1.4$, b: $x = 1.7$, c: $x = 1.9$), $B_0 = 21.1$ T

Probe	δ_{27Al} / ppm^a	HWB / Hz	gl	Spezies	Intensität / %
a	6,5	1107	1	AlF(OH)$_5$	3,1
	2,3	1016	1	AlF$_2$(OH)$_4$	34,1
	-2,5	1069	1	AlF$_3$(OH)$_3$	24,1
	-6,5	1123	1	AlF$_4$(OH)$_2$	15,9
	-9,9	1644	0	AlF$_5$(OH)	19,7
	-15,8	1254	0	AlF$_6$	3,1
	mittlere			AlF$_x$(OH)$_{6-x}$ (NMR)	3,2
	Koordination (x):			AlF$_x$(OH)$_{6-x}$ (EA)	2,8
b	6,2	2241	1	AlF(OH)$_5$	10,8
	2,2	965	1	AlF$_2$(OH)$_4$	24,9
	-2,5	1096	1	AlF$_3$(OH)$_3$	22,1
	-6,5	1247	1	AlF$_4$(OH)$_2$	17,7
	-10,0	2083	0	AlF$_5$(OH)	24,6
	mittlere			AlF$_x$(OH)$_{6-x}$ (NMR)	3,2
	Koordination (x):			AlF$_x$(OH)$_{6-x}$ (EA)	3,4
c	1,7	934	1	AlF$_2$(OH)$_4$	11,7
	-2,7	840	1	AlF$_3$(OH)$_3$	22,7
	-6,3	1147	1	AlF$_4$(OH)$_2$	29,7
	-10,1	1642	0	AlF$_5$(OH)	34,5
	-16,7	1805	1	AlF$_6$	1,4
	mittlere			AlF$_x$(OH)$_{6-x}$ (NMR)	3,9
	Koordination (x):			AlF$_x$(OH)$_{6-x}$ (EA)	3,8

^{a} Position (Maximum) des zentralen Übergangs.
EA: berechnet aus elementaranalytischen Daten.
gl: Gauß (G)/Lorentz (L) Verhältnis: x · G/(1-x) · L.

Tabelle 3.3.6 Abgeleitete ^{27}Al MAS NMR- Quadrupol-Parameter der einzelnen Baueinheiten AlF$_x$(OH)$_{6-x}$

Spezies	a		b		c	
	δ_{iso}/ppm	$\nu_{Q\eta}$/kHz	δ_{iso}/ppm	$\nu_{Q\eta}$/kHz	δ_{iso}/ppm	$\nu_{Q\eta}$/kHz
AlFO$_5$	11,4	1004	9,7	857	-	-
AlF$_2$O$_4$	4.9 (2.4)^a	737 (512)^a	3.9 (2.4)^a	584 (512)^a	2.3^a	417^a
AlF$_3$O$_3$	1,8	946	0,6	797	1,8	968
AlF$_4$O$_2$	-2,6	894	-4,5	632	-3,7	728
AlF$_5$O	-9,0	443	-9,4	371	-9,2	430
AlF$_6$	n.b.	n.b.	-	-	n.b.	n.b.

^{a} kursiv: $\nu_{Q\eta}$ und δ_{iso} abgeleitet mit der SORGE - Methode ^{44} ($B_0 = 14.1$ T, 17.6 T, 21.1 T).
n.b. geringe Intensität, Wert nicht bestimmt.

Eine Korrelation der bestimmten chemischen Verschiebungen δ_{iso} und δ_{27Al} mit x der AlF$_x$(OH)$_{6-x}$ – Baueinheiten ist in Abbildung 3.10 gezeigt. Ergänzt wird die Grafik um einige wenige verfügbare Referenzpunkte (siehe Legende, u.a. für

Al(OH)$_3$, AlF$_3$), die sich in die Korrelation einfügen. Eine Gegenüberstellung der (isotropen) chemischen Verschiebungen für Al-F/OH-Verbindungen auf der Basis von ^{27}Al MAS NMR Daten mit den lokalen Strukturen ist bisher nicht bekannt. Spektren chemisch verwandter, jedoch röntgenamorpher Aluminiumalkoxidfluoride können nach genauer Analyse der Aluminiumspektren an Hand dieser Korrelation besser verstanden werden.

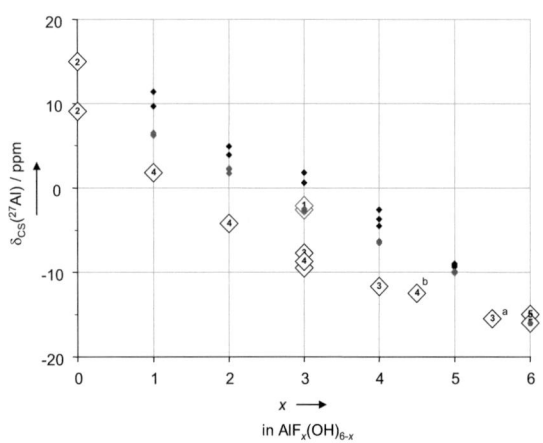

Legende:
1: δ_{27Al}-Werte der Maxima des schmalen Signals für α-AlF$_3$·3H$_2$O und AlF$_3$·9H$_2$O (B_0=9.4 T)[45];
2: δ_{iso} für δ-Al(OH)$_3$ und δ-AlOOH[102]; 3: δ_{iso} für AlF$_x$(OH)$_{3-x}$ in HTB-Struktur, ^{a}gemittelter Wert für AlF$_5$(OH) und AlF$_6$[17]; 4: δ_{iso} für AlF$_x$(OH)$_{3-x}$ in Pyrochlor-Struktur, ^{b}gemittelter Wert für AlF$_4$(OH)$_2$, AlF$_5$(OH) und AlF$_6$[101];
5: δ_{iso} für α-AlF$_3$, β-AlF$_3$[64].

Abbildung 3.10 Trendanalyse der ^{27}Al-chemischen Verschiebungen von Verbindungen mit AlF$_x$(OH)$_{6-x}$-Strukturen. Grau: auf Simulation basierende δ_{27Al} der einzelnen Spezies AlF$_x$(OH)$_{6-x}$ der Hydroxidfluoride, schwarz korrespondierende isotrope chemische Verschiebungen δ_{iso} (siehe auch Tabellen 3.3.5 und 3.3.6).

Auch berücksichtigt sind in Abbildung 3.10 kürzlich von Dambournet berichtete Werte für einzelne Spezies AlF$_x$(OH)$_{6-x}$ in Aluminiumhydroxidfluoriden in HTB- bzw. Pyrochlor-Struktur.[17, 101] Diese Werte sind, bezogen auf eine bestimmte AlF$_x$(OH)$_{6-x}$-Einheit, leicht Hochfeld verschoben bezüglich der Korrelation. Die ^{19}F-chemischen Verschiebungen betragen -161.2 ppm (Pyrochlor AlF$_{1.8}$(OH)$_{1.2}$)[101] und etwa -169 ppm (HTB-AlF$_{2.5}$(OH)$_{0.5}$)[17] – für beide würde man unter Nutzung der in Kapitel 3.3.1 vorgestellten ^{19}F-Korrelation höhere mittlere Al:F-Verhältnisse erwarten, als angegeben. Als Folge würden dann auch die ^{27}Al isotropen Verschiebungen der Spezies genau der Korrelation (Abbildung 3.10) entsprechen.

Nachdem genaue Vorstellungen bezüglich des strukturellen Aufbaus und der Gesamtkomposition an verschiedenen Einheiten $AlF_x(OH)_{6-x}$ in den Pyrochlor-$AlF_x(OH)_{3-x}$ aus den verschiedenen NMR-Spektren abgeleitet und die NMR Parameter der Spezies gefunden wurden, müssen sich auch die bei kleineren Magnetfeldern gemessenen, nicht aufgelösten Spektren (^{27}Al und ^{19}F MAS NMR) mit einem konsistenten Datensatz (für $B_0 = 9.4$ T und alle anderen Magnetfelder) berechnen lassen. Spektrum 3.6 zeigt dies am Beispiel des Hydroxidfluorids $AlF_{1.9}(OH)_{1.1} \cdot H_2O$.

Im Modell lässt sich der grundsätzliche Verlauf des experimentellen ^{27}Al MAS NMR Spektrums unter Annahme von Quadrupol-verbreiterten Linien überraschenderweise in guter Näherung abbilden. Tabelle 3.3.7 gibt das Ergebnis der Berechnung wieder.

Die Summe der durch Simulation gefundenen relativen Anteile stimmt ziemlich genau mit dem elementaranalytischen Befund überein.

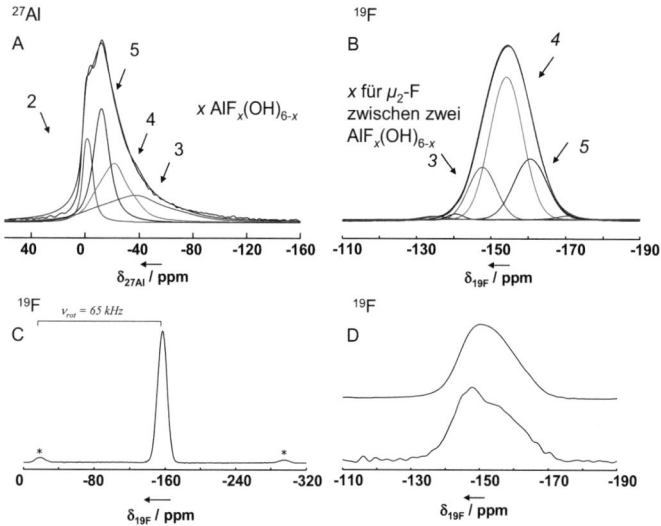

Spektrum 3.6 ^{27}Al MAS und ^{19}F MAS NMR-Spektren für $AlF_{1.9}(OH)_{1.1} \cdot H_2O$; A und B: Simulation der Spektren ($B_0 = 9.4$ T) unter Nutzung eines konsistenten Datensatzes und der erarbeiten Trendanalysen für ^{19}F und ^{27}Al-chemische Verschiebungen. C: Ultra-Highspeed ^{19}F MAS NMR Spektrum mit $\nu_{rot} = 65$ kHz ($B_0 = 11.7$ T, NS = 8); D: Rotorsynchrone Echo-Experimente mit 10 und 20 zusätzlichen Rotorperioden vor Detektion des Signals ($B_0 = 9.4$ T, NS = 256).

Nichtsdestotrotz ist es schwer die einzelnen vermuteten Spezies in den ^{19}F MAS NMR Spektren aufzulösen. Sowohl in höheren Magnetfeldern, als auch unter

Kapitel 3

Ultra-Highspeed-Bedingungen wird keine Auflösung erzielt (siehe Spektrum 3.6, C). Rotorsynchrone *spin echo*-Experimente können unter Ausnutzung des Dephasierungsverhaltens (auf Grund unterschiedlicher T_2-Relaxationszeiten) letztendlich verschiedene Spezies in $AlF_{1.9}(OH)_{1.1} \cdot H_2O$ nachweisen mit angedeuteten Schultern im detektierten Restsignal, die in Übereinstimmung mit der gefundenen ^{19}F-Korrelation stehen (siehe Spektrum 3.6, D).

Tabelle 3.3.7 Durch Simulation erhaltene NMR-Parameter für die MAS NMR Spektren von $AlF_{1.9}(OH)_{1.1} \cdot H_2O$ (B_0 = 9.4 T)

^{27}Al

Spezies	δ_{iso} /ppm	ν_Q /KHz	η_Q	LB^a /Hz	Peak Modell^b	%
$AlF_2(OH)_4$	2,3	417	0	491	Q mas 1/2	14
$AlF_3(OH)_3$	1,8	1080	1	410	Q mas 1/2	27
$AlF_4(OH)_2$	-3,6	729	1	434	Q mas 1/2	29
$AlF_5(OH)$	-6,8	400	1	1158	Q mas 1/2	30
	mittlere Koordination (x):				$AlF_x(OH)_{6-x}$ (NMR)	3,8
					$AlF_x(OH)_{6-x}$ (EA)	3,8

^{19}F

Spezies^c	δ_{iso} /ppm	FWHM /Hz	%
$AlF(OH)_5$	-134,6	2777	1
$AlF_2(OH)_4$	-140,5	1915	1
$AlF_3(OH)_3$	-147,6	3334	18
$AlF_4(OH)_2$	-154,1	3919	56
$AlF_5(OH)$	-160,5	3860	24
AlF_6	-170,6	2600	1
mittlere Koordination (x):	$AlF_x(OH)_{6-x}$ (NMR)	4,0	
	$AlF_x(OH)_{6-x}$ (EA)	3,8	

^{a}LB: Wert der Lorentz-Verbreiterung in Hz.
^{b}Modell der Linie: Quadrupolarer Kern, MAS Bedingungen bei unendlicher Rotationsgeschwindigkeit, berücksichtigt sind nur die zentralen Übergänge.
Alle ^{19}F MAS NMR Signale haben vollen Gauß-Charakter.
^{c}Spezies beschreibt eine über zwei einzelne $AlF_x(OH)_{6-x}$ gemittelte Einheit x mit F in μ_2- verbrückender Position zwischen den Einheiten $AlF_x(OH)_{6-x}$ (x ganzzahlig).
EA: Elementaranalyse.

3.3.5. Strukturelle Einflüsse auf die Quadrupolparameter

Neben den Werten der isotropen chemischen Verschiebungen einzelner $AlF_x(OH)_{6-x}$-Einheiten sind in Tabelle 3.3.6 auch die ermittelten Quadrupolfrequenzen, angegeben als quadrupolares Produkt $\nu_{Q\eta}$, aufgeführt. Eine Auftragung dieser Werte gegen x in $AlF_x(OH)_{6-x}$ ist als Abbildung 3.11 dargestellt.

Kapitel 3

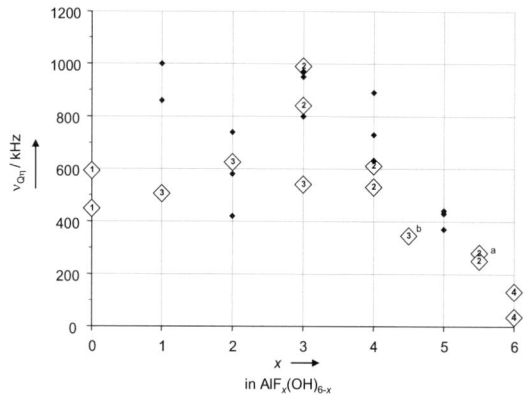

Legende:
1: $\nu_{Q\eta}$ für δ-Al(OH)$_3$ und δ-AlOOH[102]; 2: $\nu_{Q\eta}$ für AlF$_x$(OH)$_{3-x}$ in HTB-Struktur, [a]gemittelter Wert für AlF$_5$(OH) und AlF$_6$[17]; 3: $\nu_{Q\eta}$ für AlF$_x$(OH)$_{3-x}$ in Pyrochlor-Struktur, [b]gemittelter Wert für AlF$_4$(OH)$_2$, AlF$_5$(OH) und AlF$_6$[101];
4: $\nu_{Q\eta}$ für α-AlF$_3$, β-AlF$_3$[64].

Abbildung 3.11 Trendanalyse des quadrupolaren Produktes $\nu_{Q\eta}$ mit x in AlF$_x$(OH)$_{6-x}$ in 3d-raumvernetzten Kristallstrukturen. Schwarze Punkte markieren berechnete Werte für $\nu_{Q\eta}$ der Spezies in kristallinen AlF$_x$(OH)$_{3-x}$•H$_2$O.

Ergänzt wird die Grafik um einige verfügbare Referenzpunkte, wobei sich ein allgemeiner Trend abzeichnet: Die größten Quadrupolfrequenzen bzw. Quadrupolkopplungskonstanten werden für Struktureinheiten gefunden mit $x = 3$ bzw. 4, also AlF$_3$(OH)$_3$ und AlF$_4$(OH)$_2$. Für die überwiegend fluoridisch koordinierten Einheiten AlF$_5$(OH) und AlF$_6$ (Werte für α- bzw. β-AlF$_3$ nach [64]) sind die gefundenen Werte deutlich kleiner. Auch in Richtung der überwiegend (hydr)oxidischen Koordination ist ein ähnlicher Trend zu kleineren Werten $\nu_{Q\eta}$ auszumachen.

Die berechneten Werte der AlF(OH)$_5$-Spezies der hier untersuchten Hydroxidfluoride werden nicht vom allgemeinen Trend abgebildet. Die dazugehörigen Signale (siehe Tabelle 3.3.5) waren jedoch entweder nicht intensiv oder sehr breit, beides erschwert eine genaue Simulation. Die aus diesen Daten berechneten Werte $\nu_{Q\eta}$ können demnach mit einem größeren Fehler behaftet sein.

Zusätzlich besteht die Möglichkeit, dass diese Spezies nicht in die Pyrochlor-Struktur involviert sind. Andere Verknüpfungsmodi der Struktureinheiten (z.B. Kantenverknüpfung der Al(OH)$_6$-Oktaeder wie in γ-Al(OH)$_3$ an Stelle der Eckenverknüpfung) bedingen veränderte Einflüsse auf die elektrische Feldgradienten und damit andere Quadrupolkonstanten bzw. –frequenzen.

Für eine Reihe von Aluminat-Sodalithen, der allgemeinen Formel „$M_8(AlO_2)_{12} \cdot X_2$", (strukturelle Einheit ist hier das AlO_4-Tetraeder) konnte Weller einen eindeutigen Zusammenhang zwischen der Bindungsgeometrie bzw. dem Al-O-Al-Winkel und der Größe der Quadrupolfrequenz der AlO_4-Einheit feststellen.[104]
Ähnliche geometrische Gründe sind wahrscheinlich die Erklärung für das hier beobachtete Phänomen: Beginnend mit der AlF_6-Einheit (ein fast regelmäßiger Oktaeder) wird zunächst durch eine steigende Anzahl von OH-Gruppen in dieser Einheit, die Oktaedergeometrie mehr und mehr verzerrt. Für die meisten kristallinen Al-F-O-Verbindungen mit sechsfach koordinierten AlF_xO_{6-x}-Struktureinheiten und genau bestimmten Atompositionen (siehe dazu Tabelle 10.2.1 in Anhang und Kapitel 3.6) findet man oftmals mittlere Al-F Bindungslängen d(Al-F) ≈ 1.8 Å bzw. mittlere Al-O-Bindungslängen d(Al-O) ≈ 1.9 Å. Für $AlF_3(OH)_3$ sollte die Verzerrung am größten sein, während in Richtung $Al(OH)_6$ die Symmetrie wieder zunehmen sollte. Für zufällig verknüpfte $AlF_3(OH)_3$ -Einheiten ist somit die strukturelle Störung/Verzerrung des Oktaeders die größte (im Vergleich zu den nahezu regelmäßigen Oktaedern AlF_6 bzw. $Al(OH)_6$). Die (F/OH)-Al-(F/OH)-Bindungswinkel weichen am stärksten von denen des regelmäßigen Oktaeders ab. Zusätzlich ergeben sich für ein über eine F-Brücke verknüpftes *$(OH)_3F_2$Al-F-Al$F_2(OH)_3$* –Paar aus zwei $AlF_3(OH)_3$-Einheiten in einem fixierten Koordinatensystem rein kombinatorisch die meisten Möglichkeiten die F/OH-Positionen zu besetzen. (Eine gleich hohe Anzahl von Kombinationsmöglichkeiten findet man auch für ein F-verknüpftes Paar von zwei $AlF_4(OH)_2$-Oktaedern.) Zusammengenommen ergeben sich also für die $AlF_3(OH)_3$-Einheit die größte Abweichung der Bindungsgeometrie und der größte Einfluss durch F/OH-Verteilungseffekte. Diese führen zu einer größeren Verteilung der elektrischen Feldgradienten – gefundene größere Quadrupolfrequenzen mit größeren Verteilungsbreiten können so auf strukturelle Eigenschaften zurückgeführt werden.
Ein weiterer Einfluss auf die Größe der Quadrupolfrequenz ist der generelle Verknüpfungstyp der sechsfach koordinierten Baueinheiten. Wie erstmalig von Müller[62] und später von Body[91] gezeigt, kann man für komplexe Fluoroaluminate folgende allgemeine Tendenz ableiten: ein komplexerer Verknüpfungsgrad ist verbunden mit größeren Werten der Quadrupolfrequenz. Unabhängig von der Größe der Quadrupolfrequenz werden für die chemische Verschiebung der AlF_6-Baueinheit in den verschiedenen komplexen Aluminiumfluoriden immer Werte zwischen 0 und -7 ppm gefunden.[62, 91, 105] Zum Vergleich: Die isotropen ^{27}Al chemischen Verschiebungen der 3d-Raumnetz verknüpften α- und β-AlF_3 betragen für die AlF_6-Einheit -15 bzw. -16 ppm.[64]

Kapitel 3

Tabelle 3.3.8 Gegenüberstellung von Quadrupolfrequenzen komplexer und reiner Aluminiumfluoride mit dem Verknüpfungstyp

Strukturtyp		Beispiel	ν_Q / kHz	Referenz
isoliert	[AlF$_{6/1}$]	Ba$_3$AlF$_9$[a]	75	
		Ba$_3$AlF$_9$[a]	510	
cis verknüpfte Ketten	[AlF$_{4/1}$F$_{2/2}$]	β-BaAlF$_5$	550	Body, Ref. 88
		γ-BaAlF$_5$	1250	
trans verknüpfte Ketten	[AlF$_{4/1}$F$_{2/2}$]	β-CaAlF$_5$	1530	
		α-CaAlF$_5$	1580	
2 dimensionale Schichten	[AlF$_{4/2}$F$_{2/1}$]	α-NH$_4$AlF$_4$	1425	Kao, Ref. 105
		RbAlF$_4$	1950	Müller, Ref. 62
		KAlF$_4$	1800	
		β-NH$_4$AlF$_4$	1800	eigene Arbeit
		PyHAlF$_4$	1260	eigene Arbeit
3 dimensionales Gitter	[AlF$_{6/2}$]	α-AlF$_3$	35	Chupas, Ref. 64
		β-AlF$_3$	132	

[a] kristallografisch verschiedene Al-Positionen.

In diesem Zusammenhang ergeben sich für das Fremdatom freie System Al / F / O (H) als Referenzsystem für röntgenamorphe Aluminiumalkoxidfluoride zwei Fragestellungen:

(i) Gibt es einen ähnlichen Zusammenhang zwischen der Quadrupolfrequenz und dem zu Grunde liegenden Verknüpfungstyp?

(ii) Wie unterscheiden sich die NMR-Parameter (δ_{iso}, $\nu_{Q\eta}$) weiterer kristalliner Aluminiumfluoride von denen der α- bzw. β-AlF$_3$-Modifikation?

Spektrum 3.7 zeigt die ^{27}Al 3QMAS NMR Spektren der Aluminiumfluorid-Trihydrate α- und β-AlF$_3$ · 3H$_2$O. Über die Schwerpunktslagen (δ_{F1}, δ_{F2}) lassen sich mit den Gleichungen 3.8 und 3.9 δ_{iso} und $\nu_{Q\eta}$ berechnen – die berechneten Parameter sind in Tabelle 3.3.9 aufgeführt.

$$\delta_{iso} = (17\,\delta_{F1} + 10\,\delta_{F2}) / 27 \qquad \text{Gleichung 3.8}$$

$$\nu_{Q\eta} = \sqrt{85/900} \cdot \nu_0 \cdot \sqrt{\delta_{F1} - \delta_{F2}} \cdot \frac{3}{(2I-1) \cdot 2I} \qquad \text{Gleichung 3.9}$$

Auch für die Aluminiumfluorid-Trihydrate kann eine ähnliche Tendenz abgeleitet werden, mit steigendem Verknüpfungsgrad beobachtet man größere quadrupolare Produkte. Die Signalformen (siehe Spektrum 3.7) deuten zu dem für beide Substanzen auf eine Verteilung der Quadrupolfrequenzen hin (die Signale verlaufen entlang der QIS-Achse). Die berechneten isotropen chemischen Verschiebungen der Aluminium-Spezies für α-AlF$_3$ · 3 H$_2$O und β-AlF$_3$ · 3 H$_2$O (AlF$_3$O$_3$-Einheit respektive AlF$_4$O$_2$-Einheit) werden zudem sehr gut von der in Kapitel 3.3.4 vorgestellten Trendanalyse für ^{27}Al chemische Verschiebungen wiedergegeben.

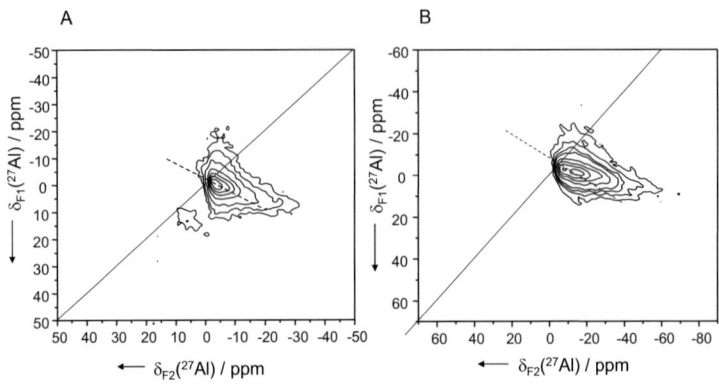

Spektrum 3.7 ^{27}Al 3QMAS-Spektren von A: α-AlF$_3$•3H$_2$O und B: β-AlF$_3$•3H$_2$O; Als Hilfslinien sind die CS- (schwarze Linie) und QIS-Achsen (gestrichelte Linie) eingezeichnet. NS = 5160, TD1 = 128, B_0 = 9.4 T.

Tabelle 3.3.9 NMR-Parameter der Aluminiumfluorid-Trihydrate, abgeleitet aus den ^{27}Al 3QMAS NMR-Spektren

	δ_{F1} /ppm	δ_{F2} /ppm	δ_{iso} /ppm	$\nu_{Qη}$ /kHz	δ_{27Al} /ppm[a]
α-AlF$_3$•3H$_2$O	-0.7	-6.5	-2.8	386	-2.1
β-AlF$_3$•3H$_2$O	-1.4	-18.2	-7.6	657	-15.2

[a] Lage des Maximums des zentralen Signals (δ_{27Al}) im eindimensionalen *single pulse*-Spektrum nach [45].

Ein Vergleich der NMR-Eigenschaften der verschiedenen kristallinen Aluminiumfluoride (erstmalig unter Berücksichtigung der Modifikationen η-, κ-, und ϑ-AlF$_3$) erlaubt eine Abschätzung des Einflusses unterschiedlicher Kristallstrukturen, da für alle, AlF$_6$-Einheiten das Strukturelement darstellen, die über Eckenverknüpfung ein dreidimensionales Raumgitter bilden.

Abbildung 3.12 zeigt die Diffraktogramme und als Inset die FT-IR-Spektren im Bereich von 400 – 1000 cm^{-1}. Es können teilweise strukturierte Banden im typischen Bereich für Deformations- und Streckschwingungen der Al-F-Al-Bindungen, wie für β-AlF$_3$ berichtet,[30] beobachtet werden (siehe IR-Spektren der ϑ- und κ-AlF$_3$).

Spektrum 3.8 stellt die ^{27}Al MAS NMR-Spektren und die ^{19}F MAS NMR-Spektren der Aluminiumfluoride gegenüber. Tabelle 3.3.10 fasst die NMR-Parameter der einzelnen Aluminiumfluorid-Modifikationen zusammen (für β-, κ- und ϑ-AlF$_3$ gemittelt über alle in der Struktur enthaltenen AlF$_6$-Spezies).

Kapitel 3

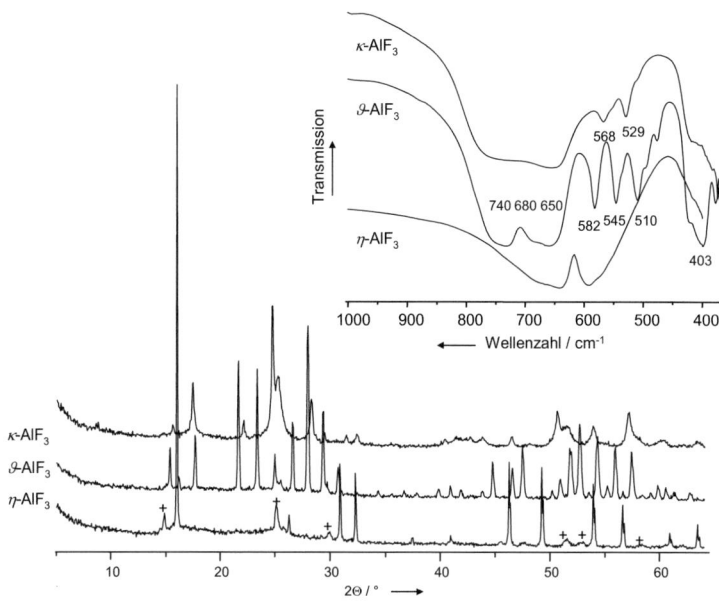

Abbildung 3.12 Diffraktogramme und FT-IR Spektren von κ-, ϑ- und η-AlF$_3$. +markiert Reflexe von β-AlF$_3$, die in dieser Probe als zweite Phase neben η-AlF$_3$ vorliegt.

Zusätzlich sind in Tabelle 3.3.10 Werte einer als η2-AlF$_3$ bezeichneten Phase wiedergegeben. Diese kann nach thermischer Zersetzung aus Py$_4$AlF$_2$Cl erhalten werden und zeigt im IR-Spektrum die Bandenform und -lagen von η-AlF$_3$. Im Diffraktogramm sind jedoch im Vergleich zu η-AlF$_3$ mehrere zusätzliche Reflexe identifizierbar, die sich keiner weiteren AlF$_3$-Phase zuordnen lassen und auf eine erniedrigte Symmetrie in der Kristallstruktur deuten (primitive Kristallstruktur). Die genaue strukturelle Charakterisierung ist noch Gegenstand aktueller Arbeiten.

Unter Berücksichtigung der genauen kristallografischen Al-F Positionen lassen sich die experimentellen Spektren in sehr guter Übereinstimmung berechnen. β- und κ-AlF$_3$ (die Verbindungen mit Kanalstrukturen in Richtung der kristallographischen c-Achse) zeigen beide Verteilungen der Quadrupolparameter (v_Q und η). Das Muster der Einhüllenden der Rotationsseitenbanden ist uncharakteristisch (siehe Spektrum 3.8, Inset A für κ-AlF$_3$, keine lokalen Maxima für Satellitenübergänge), ein Hinweis für die Überlagerung von Spezies mit Verteilungen. Für beide Kristallstrukturen sind zwei kristallografisch nicht äquivalente Al-Positionen nachgewiesen.[12, 14]

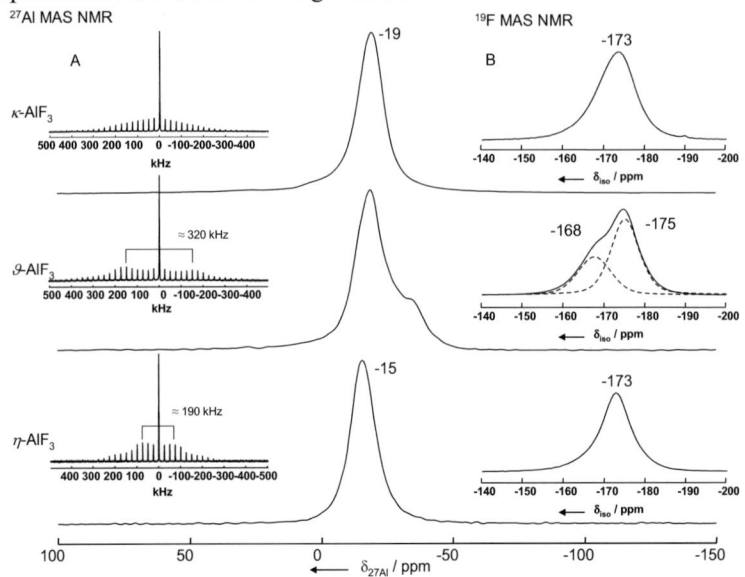

Spektrum 3.8 ^{27}Al MAS NMR und ^{19}F MAS NMR-Spektren der kristallinen Aluminiumfluoride κ-, ϑ- und η-AlF$_3$ gezeigt ist der zentrale Bereich. Insets A: ^{27}Al MAS NMR Spektren inklusive aller Rotationsseitenbanden. Insets B: ^{19}F MAS NMR-Spektren im zentralen Bereich. Für alle: ν_{rot} = 25 kHz; ^{27}Al: NS = 1024-4096; ^{19}F: NS = 16-64.

Für η-AlF$_3$ und ϑ-AlF$_3$ sind lokale Maxima für die Satellitenübergänge beobachtbar. Die quadrupolaren Produkte variieren (insgesamt zwischen 35 kHz und 728 kHz) und werden stark durch die direkte lokale Umgebung in der Kristallstruktur beeinflusst. Zum Beispiel findet man für ϑ-AlF$_3$ mindestens eine AlF$_6$-Einheit, die eine Aufspaltung mit quadrupolarer Wechselwirkung zweiter Ordnung zeigt mit vergleichsweise großer Quadrupolfrequenz.

ϑ-AlF$_3$ weist in der Kristallstruktur vier verschiedene AlF$_6$-Einheiten mit deutlich unterschiedlichen Al-F Bindungslängen von d(Al-F) = 1.75 Å bis 1.85 Å auf [13], während für die restlichen Fluoride die Bindungslängen eng um d(Al-F) = 1.79 Å streuen. Dies drückt sich auch in den ^{19}F MAS NMR-Spektren aus: für alle Phasen findet man eine vergleichbare chemische Verschiebung von -172 bis -173 ppm für μ_2-F zwischen AlF$_6$-Einheiten.

Tabelle 3.3.10 Vergleich der NMR-Parameter bekannter Aluminiumfluorid-Modifikationen

	δ_{iso} / ppm	ν_{Qn} / kHz	HWB / kHz[a]	δ_{iso} / ppm	HWB / kHz[a]
α-AlF$_3$	-15.5	35[e]	0.7[f]	-173	3.1[f]
β-AlF$_3$[c]	-15.4 und -15.4	313 und 212	1	-172	4.0
η-AlF$_3$[b,c]	-14.3	217	1	-173	3.0
$\eta 2$-AlF$_3$[c]	-13.7	230	1	-173	3.3
ϑ-AlF$_3$[c,d]	-14.2 bis -18.0	391 bis 720	1 und -	-168 und -175	3.6 und 3.1
κ-AlF$_3$[c]	-14 und -15.5	358 und 447	1	-173	3.7

[a] Halbwertsbreite von Signalen mit Gauß/Lorentz-Form; ν_{rot} = 25 kHz, B_0 = 9.4 T;
[b] Substanz enthält als weitere Phase β-AlF$_3$;
[c] unveröffentlichte Ergebnisse; R.König et al., Publikation in Vorbereitung.
[d] angegebene Werte beziehen sich auf vier verschiedene überlagerte Signale; Werte für Al entsprechen δ_{27Al}
[e] siehe Chupas, Ref. [64];
[f] eigene Messung.

Für die ϑ-AlF$_3$-Phase (mit 7 kristallografisch unterschiedlichen F-Positionen) findet man zwei Gruppen mit Maxima bei -168 und -175 ppm. Kurze Abstände sollten dabei zu einer größeren Abschirmung der Spins beitragen und Signale im hohen Feld hervorrufen, größere Abstände zu einer Entschirmung, gleichbedeutend mit Signalen im tiefen Feld. Für beide Effekte findet man Beispiele in der Kristallstruktur von ϑ-AlF$_3$.
Auch die „von außen" induzierte Störung der oktaedrischen Baueinheiten verursacht deutliche Veränderungen der Quadrupolwechselwirkungen. Durch Vermahlen von gut kristallinem α-AlF$_3$, mit Kristalliten unterschiedlicher Morphologie und Größen von etwa mehreren 100 nm bis 10 µm, in einer Planetenmühle werden die Kristallitgrößen der α-AlF$_3$-Partikel auf 50 nm und kleiner reduziert.[34] Die Analyse der ^{27}Al MAS NMR-Spektren ergibt eine Verdreifachung der Quadrupolkonstanten auf $\nu_Q \approx$ 90 kHz mit vergrößerter Verteilungsbreite im Vergleich zur Konstanten der gut kristallinen Referenz (siehe Tabelle 3.3.10).

3.4. WEITERFÜHRENDE STRUKTURELLE KORRELATIONEN

Durch Anpassung des Profils des Diffraktogramms der η-AlF$_3$-Phase können für AlF$_x$(OH)$_{3-x}$-Verbindungen in Pyrochlor-Struktur Daten für den Abstand d(Al-F) mit x = 3 gewonnen werden. Zusammen mit den Kristallstrukturdaten der einphasigen Hydroxidfluoride (AlF$_x$(OH)$_{3-x}$•H$_2$O, Tabelle 3.3.1 **a**: x = 1.4 und **c**: x = 1.9) ergibt sich so die Möglichkeit, den Strukturparameter mittlerer Bindungsabstand d(Al-F/OH) mit der mittleren Koordination x in AlF$_x$(OH)$_{6-x}$ für eine definierte Kristallstruktur zu korrelieren.

Kapitel 3

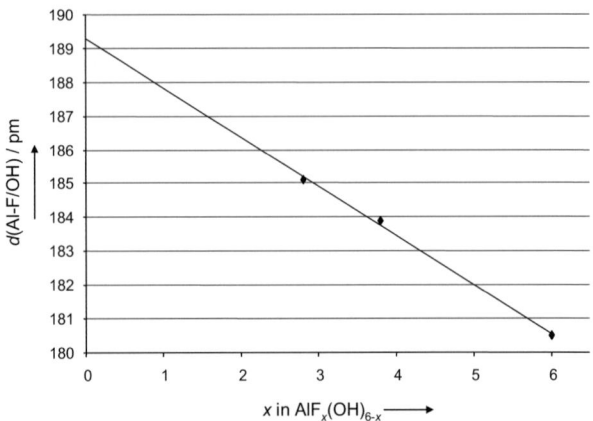

Abbildung 3.13 Korrelation von d(Al-F/OH) mit der mittleren Koordination x in $AlF_x(OH)_{6-x}$ für $AlF_x(OH)_{3-x}$ in Pyrochlor-Struktur mit hypothetischer Verlängerung der Regressionsgeraden für $x<2$. Gleichung der Regressionsgeraden: y /pm = -1.4552x + 189.28, R^2 = 0.997, Punkte der Regression: Strukturparameter für η-AlF_3, $AlF_{1.4}(OH)_{1.6} \cdot H_2O$ und $AlF_{1.9}(OH)_{1.1} \cdot H_2O$.

Für das Hydroxidfluorid $AlF_{1.7}(OH)_{1.3} \cdot H_2O$ ergibt sich ein mittlerer Bindungsabstand d(Al-F/OH) von 184.3 pm. Dieser Wert wird für den Hauptbestandteil dieser Phase auch durch Anpassung ermittelt. Der von Dambournet gefundene Wert für den mittleren Bindungsabstand d(Al-F/OH) = 182.4 pm für $AlF_{1.8}(OH)_{1.2} \cdot H_2O$ in Pyrochlor-Struktur weicht, wie schon zuvor, von der Korrelation ab.[101] Der gefundene Bindungsabstand würde nach dieser Korrelation in Übereinstimmung mit den Trends für ^{19}F- bzw. ^{27}Al-chemische Verschiebungen mit einem mittleren Al:F-Verhältnis von 1:2.4 korrespondieren. Die Projektion der Regressionsgeraden auf $x = 0$ (hypothetisches $Al(OH)_3$ in Pyrochlor-Struktur) ergibt einen mittleren Bindungsabstand von etwa 190 pm – ein nicht unüblicher Bindungsabstand für Al-O-Bindungen in sechsfach koordinierten Einheiten AlO_6 (siehe auch Tabelle 10.2.1).

Diese gefundene Korrelation entspricht im Prinzip der von Rosenberg publizierten Abhängigkeit der Kantenlänge a der kubischen Elementarzelle vom F-Gehalt in $AlF_x(OH)_{3-x} \cdot z\ H_2O$ der Verbindung[106] und eröffnet die Möglichkeit, prinzipielle Korrelationen der beobachtbaren chemischen Verschiebungen (^{19}F und ^{27}Al) mit dem strukturellen Parameter gemittelte Bindungslänge d(Al-F/OH) der sechsfach koordinierten Baueinheiten aufzustellen.

Die realen Bindungsverhältnisse einer Al-F-Al-Brücke im Topas (^{19}F chemische Verschiebung für verknüpfte AlO$_5$F-Einheiten δ_{iso} = -130 und -134 ppm) im Vergleich zur Al-F-Al Brücke in einem Aluminiumfluorid (AlF$_6$ δ_{iso} = -173 ppm) sind nahezu identisch (siehe Tabelle 10.2.1 im Anhang), d.h. die erste Koordinationssphäre für F ist gleich bei stark differierenden chemischen Verschiebungen. Auf der anderen Seite ist die chemische Verschiebung ein direktes Maß für die elektronische Umgebung um den beprobten Kern mit maßgeblicher Beteiligung der ersten Koordinationssphäre.

Wie lässt sich unter Berücksichtigung struktureller Parameter die beobachtete Zunahme der Abschirmung (also eine Hochfeldverschiebung der Signale) mit steigender Anzahl von involvierten Fluorid-Ionen für beide Kerne ^{27}Al und ^{19}F erklären? Betrachtet man nur den Trend für Aluminium, ergibt sich eine mögliche Erklärung aus der größeren Elektronegativität von F- im Vergleich zu O(H)-Spezies?

Durch Vergleich der mittleren Bindungslängen Al-F und Al-O(H) der reinen Verbindungen (AlF$_3$ und Al$_2$O$_3$ bzw. Al(OH)$_3$) findet man für Al-F Bindungen Werte um 1.8 Å und für Al-O-Bindungen Werte um 1.9 Å. Mit der Hypothese, dass die Bindungslängen einer Al-F bzw. Al-OH Bindung auch in den Aluminiumhydroxidfluoriden diesen typischen Bindungslängen entsprechen und unter Ausnutzung des Wissens, dass, wie empirisch gefunden, Struktur und NMR-Parameter korrelieren müssen, sollte sich ein Modell zur Erklärung der chemischen Verschiebungen in Abhängigkeit der strukturellen Parameter entwickeln lassen.

Es wird zunächst vereinfachend ein Modell mit Ionenbindungen angenommen:
1. Für die Aluminium-Verschiebungen von AlF$_x$(OH)$_{6-x}$-Einheiten folgt diese Abhängigkeit direkt aus den aufgeführten Überlegungen. Die Abstände zwischen den elektronegativen Partner O (oder dem Anion OH$^-$ und der maßgeblichen Lokalisation der Elektronen) und den Al^{3+}-Ionen sind größer als die der F-Ionen zu den Al^{3+}-Ionen im Zentrum der Oktaeder. Das Al(OH)$_6$-Oktaeder nimmt ein größeres Volumen ein als das AlF$_6$-Oktaeder. Die sukzessive Einführung von F$^-$ - Anionen verkürzt auch schrittweise die Abstände innerhalb des Oktaeders – die schirmenden Beiträge durch die größere Nähe steigen schrittweise, einhergehend mit dem beobachteten Trend der Hochfeldverschiebung der Signale. Als „Zwischenstufen" resultieren verzerrte/gestörte Oktaeder.
2. Zur Erklärung des gleichen Trends für die ^{19}F chemischen Verschiebung müssen die Abstände zu den nächsten anionischen Nachbarn betrachtet werden. Wie ausgeführt findet man für Fluor in O$_5$Al-F-AlO$_5$ im Topas und F$_5$Al-F-AlF$_5$ im AlF$_3$ nahezu die gleichen Bindungsverhältnisse. Die Abstände der nächsten Anionen d(F-O) im Topas bzw. d(F-F) weichen, unter den getroffenen strukturellen Annahmen, jedoch deutlich voneinander ab: Der Abstand d(F-O) ist größer als der d(F-F) Abstand. Vereinfachend zeigt

dies Abbildung 3.14 (ohne Berücksichtigung der genauen Kristallstrukturen, dargestellt sind im Modell nur die über eine F-Brücke verknüpften Polyeder unter Annahme eines Al-F-Al Bindungswinkels von 180 °).

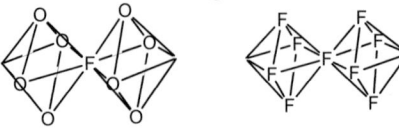

Abbildung 3.14 Schematische Darstellung von zwei verknüpften AlFO₅- bzw. AlF₆-Einheiten mit Hervorhebung der nächsten Nachbarn der F-Brücke.

Durch schrittweises Ersetzen von O-Nachbarn im Polyeder durch F-Nachbarn, folgt auch für den im Modell betrachteten F-Kern in verbrückender Position eine Erhöhung der abschirmenden Beiträge auf Grund geringerer Abstände zu den nächsten anionischen Nachbarn.

Auf dieser Basis sollten sich die ^{19}F chemischen Verschiebungen beliebiger kombinierter F-verbrückter Baueinheiten $AlF_x(O)_{6-x}$ aus den strukturellen Parametern prinzipiell vorhersagen lassen. Für dieses Modell werden dabei folgende Annahmen getroffen:
1. Es gelten feste Beträge für die Bindungslängen d(Al-F) = 1.8 Å und d(Al-O) = 1.9 Å.
2. Die Bindungswinkel in der sechsfach koordinierten Einheit betragen 90 °.
3. Die Einheiten sind in einem Bindungswinkel Al-F-Al von 180 ° über eine F-Brücke verknüpft, der Einfluss der Al-F-Al Bindungswinkel auf die ^{19}F chemische Verschiebung ist vernachlässigbar (siehe dazu auch Tabelle 10.2.1 im Anhang).
4. Die Grenzen werden durch die empirisch gefundenen chemischen Verschiebungen für O₅Al-F-AlO₅ (-130 ppm) und F₅Al-F-AlF₅ (-173 ppm) (unter Einbeziehung von möglichen H-Brückenbindungen) definiert. Es wird ein linearer Zusammenhang angenommen.
5. Als Maß für die Entfernung der nächsten anionischen Nachbarn wird ein über alle Nachbarn gemittelter Bindungsabstand gewählt. Im engen Bereich von d(FF) = 2.541 Å (Abstand zweier F⁻ -Anionen) bis d(FO) = 2.620 Å (unter den vorgestellten Bedingungen berechneter Abstand des verbrückenden F⁻ zu OH⁻) wird eine lineare Abstandsabhängigkeit der Verschiebung angenommen.
6. Es ergibt sich somit folgende Regressionsgerade:

$$\delta_{iso} / ppm = 549.81 \text{ Å}^{-1} \cdot x - 1570.3 \qquad \text{Gleichung 3.10}$$

Tabelle 3.4.1 gibt eine Gegenüberstellung der experimentell gefundenen ^{19}F chemischen Verschiebungen, der strukturellen Parameter $d(FX)$ und der berechneten chemischen Verschiebung.

Tabelle 3.4.1 Strukturelle Korrelation der ^{19}F chemischen Verschiebung an Beispielen

typ. d(Al-X) in KZ 6 / Å		mittlerer Abstand d (FX) / Å	δ_{iso} / ppm
Al-O	1,906	O$_5$AlFAlO$_5$ — 2,620	-130
Al-F	1,797	F$_5$AlFAlF$_5$ — 2,541	-173

				Pyrochlor		Topas	Zunyit
Verbindung	α-AlF$_3$·3H$_2$O^a	β-AlF$_3$·3H$_2$O^a	AlF$_3$·9H$_2$O^a	AlF$_{1.4}$(OH)$_{1.6}$·H$_2$O	AlF$_{1.9}$(OH)$_{1.1}$·H$_2$O	Al$_2$(F/OH)$_2$SiO$_4$	
δ_{iso} / ppm (Exp.)	-147,9	-149,8	-149,5	-146	-154	-130; -134	-134
gem. d(FX) / Å	2.587^b	2,584	2.595^b	2.588^c	2.577^c	2,599	2,652
δ_{iso} / ppm (ber.)	*-147,9*	*-149,6*	*-143,5*	*-147,4*	*-153,4*	*-141,3*	*-112,2* a

^{a}Werte aus Ref. [45]
^{b}Berücksichtigung der Abstände d(FX) der vier nächsten Nachbarn einer isolierten AlF$_3$O$_3$-Baueinheit.
^{c}Berechnet aus den über LeBail-Anpassung ermittelten Werten unter Festsetzung einer Al-F-Bindung.

Die über diese strukturelle Korrelation abgeschätzten Werte entsprechen in sehr guter Näherung den experimentellen Befunden mit Ausnahme der mineralischen Proben. Ein Grund hierfür könnte das Auftreten von Kantenverknüpfung mit den nächsten sechsfach koordinierten Einheiten sein.

Weiterhin kann für jede mögliche Kombination von sechsfach koordinierten Einheiten in Eckenverknüpfung eine chemische Verschiebung abgeschätzt werden. Wie bereits ausgeführt, können für die Hydroxidfluoride in Pyrochlor-Struktur verschiedene Baueinheiten AlF$_x$(OH)$_{6-x}$ nachgewiesen werden. Aus der Verteilung der F/OH-Positionen resultiert eine Verteilung von AlF$_x$(OH)$_{6-x}$-Spezies. Für die Verbindung AlF$_{1.9}$(OH)$_{1.1}$·H$_2$O ist die Annahme von AlF$_4$(OH)$_2$ als wesentliche Baueinheit wahrscheinlich – die Kombination einer AlF$_3$(OH)$_3$ – Einheit und einer AlF$_5$(OH)-Einheit ergibt im Mittel aber auch AlF$_4$(OH)$_2$. Nehmen wir nur diese drei Einheiten als maßgebliche Struktureinheiten an, so resultieren auch die Kombinationen AlF$_3$(OH)$_3$ und AlF$_4$(OH)$_2$ sowie AlF$_4$(OH)$_2$ und AlF$_5$(OH) mit mittleren Verhältnissen der zwei Oktaeder AlF$_{3.5}$(OH)$_{2.5}$ und AlF$_{4.5}$(OH)$_{1.5}$ – jede Einheit mit eigener chemischen Verschiebung (siehe Abbildung 3.15). Unter der Voraussetzung der Gültigkeit des oben angesprochenen Modells resultieren aus kombinatorischen Gründen weitere mögliche Verschiebungen in verschiedener Häufigkeit. Die Beiträge dieser einzelnen Effekte können letztendlich zur Zunahme von Linienbreiten und zur Beobachtung von Asymmetrien der Linienform führen. Es ist vorstellbar, dass die wesentlichen Beiträge bei -147 ppm und -157 ppm (siehe Abbildung 3.15) letztendlich zu einer gemittelten Verschiebung mit einem Maximum um -154 bis -155ppm führen, die dem experimentellen Befund entspricht.

a)

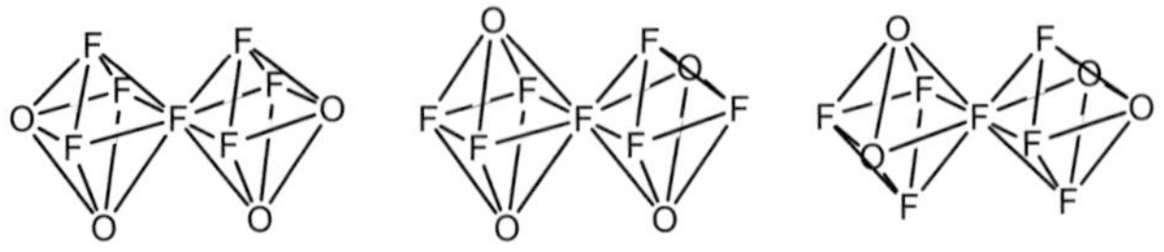

δ_{iso} (^{19}F) (ber.) = *-162.3 ppm*   *-146.8 ppm*   *-156.9 ppm*

kombinatorische
Anordnungsmöglichkeiten: 16   36   48

b)

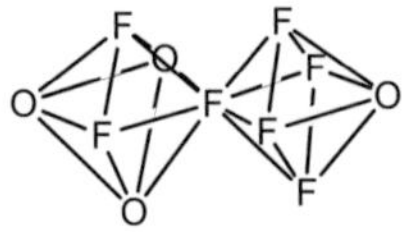

-162.3 ppm

6

Abbildung 3.15 **Mögliche Kombinationen von AlF$_x$(OH)$_{6-x}$ Baueinheiten die zur mittleren Koordination AlF$_4$(OH)$_2$ führen, es existieren a) verschiedene Möglichkeiten der Verknüpfung von zwei AlF$_4$(OH)$_2$-Einheiten oder b) die Kombination von AlF$_3$(OH)$_3$ und AlF$_5$(OH). Kursiv: Berechnete ^{19}F chemische Verschiebung (Struktur-Korrelation) der einzelnen Kombinationsmöglichkeiten, darunter Anzahl der Anordnungsmöglichkeiten der einzelnen Positionen in einem fixierten Koordinatensystem.**

Ziel dieses Unterpunktes ist der Versuch, eine einheitliche Erklärung für die empirisch beobachten Trends der Hochfeld-Verschiebung der Signale, sowohl für Aluminium- als auch für Fluor- chemische Verschiebungen, mit steigendem F-Gehalt x in AlF$_x$(OH)$_{6-x}$ zu finden. Unter Betrachtung rein geometrischer struktureller Parameter, wie vereinfachend im ausgeführten Modell angenommen, ergibt sich ein plausibler Ansatz, die Zunahmen der abschirmenden Beiträge für beide Kerne mit steigendem F-Gehalt zu erklären. Wie in Tabelle 3.4.1 ausgeführt, ergeben sich mit diesem Modell in sehr guter Näherung die experimentell beobachteten ^{19}F chemischen Verschiebungen der Aluminiumhydroxidfluoride und Aluminiumfluorid-Hydrate, während die der mineralischen Proben abweichen. Konsequenterweise lassen sich aus strukturellen Überlegungen für die AlF$_x$(OH)$_{3-x}$-Pyrochlore verschiedene Beiträge bei unterschiedlichen chemischen Verschiebungen für eine bestimmte, aus sechsfach koordinierten AlF$_x$O$_{6-x}$-Einheiten bestehende Polyeder-Kombination ableiten.

Die Übertragung dieser Erkenntnisse zur Abschätzung ^{19}F chemischer Verschiebungen beliebiger Polyeder-Kombinationen (also auch vier- und fünffach koordinierter Al-Einheiten) sollte unter Kenntnis der Bindungslängen und Abstände möglich sein.

3.5. ZUSAMMENFASSUNG

Röntgenamorphe Aluminiumalkoxidfluoride weisen große strukturelle Analogien zu kristallinen Aluminiumhydroxidfluoriden auf. Die Aluminiumkationen liegen jeweils in einer gemischt oxidisch – fluoridischen Koordination vor und sind sechsfach koordiniert. Die Baueinheiten sind über μ_2-F-Brücken verknüpft, die Positionen der OR- (R = Alkyl) bzw. OH-Gruppen und F-Anionen sind in beiden Verbindungsklassen verteilt. Es resultiert für beide eine Verteilung von verschiedenen AlF_xOR_{6-x} – Baueinheiten (R = Alkyl, H).
Sowohl für die Hydroxidfluoride, als auch für die Alkoxidfluoride findet man (Lösungs-mittel-) Moleküle, die über H-Brücken mit der Struktur wechselwirken. Während bei den kristallinen Hydroxidfluoriden kleine Moleküle (z.B. Wasser) in die Kanäle bildende Kristallstruktur eingelagert sind, findet man für die röntgenamorphen Alkoxidfluoride mikro- bis mesoporöse Oberflächenmorphologien und signifikante Mengen von Alkoxid-Gruppen und Alkohol-Molekülen.
Da Aluminiumhydroxidfluoride eine definierte Kristallstruktur besitzen, können ausgehend vom Studium der NMR-spektroskopischen Eigenschaften dieser chemisch verwandten kristallinen Verbindungen, Rückschlüsse auf lokale Strukturen der amorphen Verbindungen gewonnen werden.
Kristalline Aluminiumhydroxidfluoride $AlF_x(OH)_{3-x}\cdot H_2O$ in kubischer Pyrochlor-Struktur sind bekannt für verschiedene F-Gehalte x. Übliche Syntheserouten führen jedoch entweder zu Verbindungen mit einem Stoffmengenverhältnis Al:F $\approx$ 2 [47] oder zu verunreinigten Produkten [46].
Mit dieser Arbeit wurden erstmals zwei neue noch nicht bekannte Syntheserouten zur Darstellung von Aluminiumhydroxidfluoriden beschrieben.

1. Die Sol-Gel Reaktion von $Al(O^iPr)_3$ mit HF, gefolgt von langsamer Verdunstung des Lösungsmittels an Luft und Hydrolyse verbliebener Alkoxid-Gruppen führt zu kristallinen $AlF_x(OH)_{3-x}\cdot H_2O$ in Pyrochlor-Struktur. Der Sol-Gel Ansatz ermöglicht eine einfache Möglichkeit Hydroxidfluoride mit unterschiedlichen Al:F Stoffmengenverhältnissen zu synthetisieren.

$$AlF_x(O^iPr)_{3-x} \cdot z\ ^iPrOH \xrightarrow{H_2O,\ Luft} AlF_x(OH)_{3-x} \cdot z'\ H_2O + (3-x+z)\ ^iPrOH$$

Gleichung 3.11

2. Die mechanochemisch induzierte Reaktion von α-$AlF_3 \cdot 3H_2O$ und γ-$Al(OH)_3$ führt zur Bildung von kristallinem Aluminiumhydroxidfluorid in

kubischer Pyrochlor-Struktur. Auch hier kann in Grenzen das Al:F-Stoffmengenverhältnis durch geeignete Wahl der Stoffmengen der Ausgangsstoffe beeinflusst werden. Die Kristallitgrößen der so synthetisierten Hydroxidfluoride liegen im Bereich von wenigen Nanometern.

$$\alpha\text{-}AlF_3 \cdot 3\,H_2O + \gamma\text{-}Al(OH)_3 \xrightarrow{mech.\ Impakt} AlF_x(OH)_{3-x} \cdot z\,H_2O \qquad \text{Schema 3.12}$$

Unterschiedliche Stoffmengenverhältnisse x in den Verbindungen $AlF_x(OH)_{3-x}$ bedingen verschiedene mittlere Koordinationen $AlF_{2x}(OH)_{6-2x}$, da die sechsfach koordinierten Baueinheiten ausschließlich über F beziehungsweise OH-Gruppen über ihre Ecken verknüpft sind (μ_2F/OH).
In Folge konnten verschiedene Korrelationen der NMR-Parameter in Abhängigkeit von x in $AlF_x(OH)_{6-x}$ abgeleitet werden, wobei die Trends für ^{19}F chemische Verschiebungen und ^{27}Al chemische Verschiebungen hervorzuheben sind. Die Korrelation der isotropen ^{19}F chemischen Verschiebung mit dem F-Gehalt x der Baueinheit $AlF_x(OH)_{6-x}$ zeigt eine nahezu lineare Abhängigkeit. Die allgemeine Tendenz einer zunehmenden Abschirmung der F-Kerne mit zunehmenden Anteil F im Polyeder AlF_xO_{6-x} wird erstmalig von Chupas gezeigt [69]. Die auf der Basis einiger empirischer Daten von kristallinen Aluminiumfluoridphosphaten entwickelte Grafik beinhaltet jedoch breite, überlappende Bereiche und Lücken. Eine genaue Identifizierung von $AlF_x(OH)_{6-x}$-Spezies in Al-F-O-Verbindungen war, nur von diesem Wissen ausgehend, nicht möglich.
Erstmalig konnte mit dieser Arbeit eine nahezu lineare Abhängigkeit der chemischen Verschiebung mit x in $AlF_x(OH)_{6-x}$ belegt werden. Ein umfassender Vergleich mit Literaturdaten, sowie weitere eigene Messungen an natürlichen F-haltigen Mineralien zeigen, dass a) die Signale von Aluminiumfluoridphosphaten leicht Tieffeld verschoben bezüglich der Geraden liegen und sie sich somit nicht als Referenzsystem eignen, und b) ein Großteil der Signale bekannter kristalliner Verbindungen mit AlF_xO_{6-x}-Polyedern als Strukturelement von der Korrelation abgebildet werden. Eine wesentliche Voraussetzung scheint allerdings das Vorhandensein von H-Brückenwechsel–wirkungen zu sein, die zu einer zusätzlichen Entschirmung beitragen.
Weiterhin wird sowohl ein Rückschluss auf lokale Strukturen, die Vorhersage chemischer Verschiebungen für bestimmte $AlF_x(OH)_{6-x}$ und die Abschätzung von Al:F Stoffmengenverhältnissen chemisch verwandter Proben, wie am Beispiel der mechanochemisch hergestellten Hydroxidfluoride gezeigt, nur über die Analyse der Lage der Maxima der ^{19}F MAS NMR-Signale, in guter Näherung möglich. Das gilt ebenso für die Analyse amorpher Proben.[19, 48]
Mit ^{27}Al MAS NMR Experimenten in Magnetfeldern mit hohen Magnetfeldstärken konnte eindeutig der Nachweis des Vorhandenseins verschiedener $AlF_x(OH)_{6-x}$ Struktureinheiten, verschieden in x, in den Hydroxid–

fluoriden erbracht werden. Für alle untersuchten Hydroxidfluoride konnten $AlF_x(OH)_{6-x}$-Einheiten mit $x = 1\text{-}6$ nachgewiesen werden. Verschiedene Al:F Stoffmengenverhältnisse der Hydroxidfluoride bedeuten eine unterschiedliche Ausprägung der Anteile gleicher $AlF_x(OH)_{6-x}$-Einheiten in der Struktur.
Die genaue Interpretation und Zerlegung der Hochfeld-Spektren der verschiedenen Aluminiumhydroxidfluoride und die Ableitung der NMR-Parameter δ_{iso} und $\nu_{Q\eta}$ der Al-Einheiten erlaubt schließlich eine Korrelation der isotropen ^{27}Al chemischen Verschiebung bzw. des Quadrupolparameters mit x in $AlF_x(OH)_{6-x}$.
Zum ersten Mal kann an dieser Stelle für Aluminium eine nahezu lineare Korrelation der isotropen ^{27}Al chemischen Verschiebung für Verbindungen mit $AlF_x(OH)_{6-x}$-Struktureinheiten abgeleitet werden. Die isotrope chemische Verschiebung wird mit steigendem F-Gehalt ins höhere Feld verschoben, man findet auch hier eine Zunahme der Abschirmung mit steigendem F-Gehalt. Die Erklärung dieses Trends allein mit der höheren Elektronegativität des Fluors im Vergleich zum Sauerstoff ist nicht möglich, dies sollte zum gegenteiligen Effekt führen. (Vergleiche z.B. ^{13}C Verschiebungen von CH_3- mit $HR_2C\text{-}O\text{-}$ und z.B. Perfluoralkylgruppen.)
Erste Vergleiche bekannter chemischer Verschiebungen ähnlicher Substanzen (kristalline und röntgenamorphe Aluminiumfluorid-Hydrate)[19] zeigen auch hier, dass die Festkörper-NMR-Spektren dieser Proben an Hand der ^{27}Al-Trendanalyse der chemischen Verschiebung sicherer interpretiert und genauer analysiert werden können.
Zusätzlich können mit dem Wissen um die genaue Zusammensetzung der Hydroxidfluoride aus bestimmten Baueinheiten $AlF_x(OH)_{6-x}$ mit ihren NMR-Parametern, sowie unter Nutzung der zuvor abgeleiteten Trendanalyse für ^{19}F chemische Verschiebungen, sowohl die ^{19}F als auch die ^{27}Al MAS NMR-Spektren, erhalten im tieferen Magnetfeld ($B_0 = 9.4$ T), konsistent berechnet werden. Diese sind oftmals unstrukturiert und von Überlagerungen gekennzeichnet. Die genaue Ableitung von verschiedenen lokalen Strukturen $AlF_x(OH)_{6-x}$ ist von diesem Ausgangspunkt nicht ohne weiteres möglich.
Gleichzeitig eignet sich das gewählte Referenz-System „Pyrochlor" $AlF_x(OH)_{3-x}\cdot H_2O$ zur Untersuchung der Protonen-Spezies und möglicher Einflüsse. Eine Wechselbeziehung zwischen chemischer Verschiebung und beobachtbaren Bandenlagen der ν_{OH}-Schwingung in den IR-Spektren verschiedener Spezies scheint auch für die Aluminium(hydroxid)fluorid-Hydrate ableitbar zu sein, obwohl sowohl die Banden in den FT-IR-Spektren als auch die Signale in den ^1H MAS NMR Spektren sehr breit und unstrukturiert sind.
Der Einfluss von H-Brücken auf beobachtbare chemische Verschiebungen lässt sich am Beispiel der kristallinen Aluminiumhydroxidfluoride durch Tempern der Proben untersuchen. Unter Erhalt der Kristallstruktur wird zunächst das Kristallwasser aus den Kanälen abgegeben. Die beobachtbare Veränderung in

Kapitel 3

den Spektren ist für alle Kerne beeindruckend: Signale in ^{1}H-MAS NMR Spektren können strukturellen Einheiten zugeordnet werden. Die ^{19}F-Spektren zeigen für alle Substanzen Hochfeld verschobene Signale mit Maxima bei gleichen chemischen Verschiebungen, da in allen Hydroxidfluoriden die gleichen strukturellen Einheiten involviert sind. Unter Erhalt der Kristallstruktur beim Tempern ergibt sich eine bestimmte Zuordnung dieser Signale zu bestimmten Einheiten $AlF_x(OH)_{6-x}$ ($x = 1$-6) in ähnlicher mittlerer Zusammensetzung wie für die ungetemperten Proben. Die konsequente Auswertung der Spektren führt zur Ableitung einer Korrelation der ^{19}F chemischen Verschiebung für protonenarme Substanzen.

Die ^{27}Al MAS NMR-Spektren der getemperten Proben zeigen zusätzlich neue Spezies, die überwiegend oxidisch koordinierten Einheiten in vier- oder fünffacher Koordination zugeordnet werden können. Ein Hinweis auf die Annahme von $AlF_x(OH)_y(H_2O)_{6-x-y}$-Einheiten in der Pyrochlor-Struktur, die durch IR-Spektren zum Teil belegt werden können.

Die Re-Hydratation getemperter Proben führt zum einen zum Verschwinden der vier- und fünffach koordinierten Al-Einheiten, zum anderen auch zu deutlichen Veränderungen der Fluor- und Protonen-Spektren. Für das ^{19}F-Signal beobachtet man eine Tieffeldverschiebung des Maximums des Signals, sowie den Verlust der Strukturierung. Die Protonenspektren werden in Folge dominiert von einem alle anderen Signale überdeckenden, breiten Signal mit einem Maximum bei etwa 4 ppm.

Verschiedene strukturelle Einflüsse auf die Quadrupolparameter der Al-Spezies wurden an Beispielen diskutiert und studiert. Deutliche Effekte zeigen:

(i) Die Anzahl umgebender F/OH-Gruppen im System $AlF_x(OH)_{3-x}$-Pyrochlor.

(ii) Der Verknüpfungstyp der strukturellen Einheiten (isoliert, Kette, Schicht, Raumgitter).

(iii) Für diskrete Baueinheiten: die genaue lokale Struktur in der Kristallstruktur, studiert am Beispiel ausgewählter Aluminiumfluoride.

(iv) Induzierte Störungen der lokalen Struktur, z.B. hervorgerufen durch mechanischen Impakt.

Die Festkörper-NMR spektroskopischen Eigenschaften, sowie die IR-Spektren der selteneren AlF_3-Modifikationen η-, ϑ- und κ-AlF_3 werden mit dieser Arbeit erstmalig beschrieben.

Abschließend wurde diskutiert, dass sich die beobachtbaren NMR-Parameter auf lokale strukturelle Geometrien zurückführen lassen können. Unter Annahme geometrischer Voraussetzungen sind sowohl für ^{19}F als auch für ^{27}Al die Zunahme der Abschirmung durch Zunahme des F-Gehalts mit x in $AlF_x(OH)_{6-x}$ konsistent erklärbar, wie sie empirisch durch die entsprechenden Korrelationen belegt ist.

Kapitel 3

Unter Nutzung der mit dieser Arbeit abgeleiteten Korrelationen und Struktur-Eigenschaftsbeziehungen und der chemischen Verwandtschaft der verschiedenen Al-F Verbindungen ist es in Folge möglich:

(i) Festkörper-MAS NMR Spektren röntgenamorpher Proben genauer zu analysieren. Dies betrifft die konsistente Zuordnung gefundener Signale zu bestimmten lokalen Strukturen auf der Basis der abgeleiteten ^{19}F- und ^{27}Al-Korrelationen.

(ii) Einflüsse von H-Brücken und den Effekt der Reduzierung dieser Strukturen bei der Nachfluorierung auf z.B. ^{19}F MAS NMR-Spektren zu verstehen und einzuordnen – dies gilt auch für getemperte Aluminiumalkoxidfluoride.

(iii) Mögliche strukturelle Einflüsse auf die Quadrupolparameter der Spezies besser zu verstehen.

Die aufgeführten Überlegungen stellen die „Hilfsmittel" dar, die zu einer genauen Interpretation der Spektren amorpher Verbindungen führen und eine Entwicklung verlässlicher Strukturmodelle ermöglichen.

Wissenschaft ist die eine Hälfte, Glauben die andere!

Novalis

4. Der fluorolytische Sol –Gel Prozess – vom Al(O^{i}Pr)$_3$ zum Xerogel AlF$_{2.3}$(O^{i}Pr)$_{0.7}$•z ^{i}PrOH

4.1. Vorbetrachtungen: Oxidische und fluoridische Sol-Gel Chemie im Vergleich

In einer kolloidalen Dispersion (bzw. Suspension im Falle eines Feststoffes) sind die Partikelgrößen der dispergierten Teilchen so klein (1-1000 nm), dass Schwerkräfte vernachlässigbar und Wechselwirkungen zwischen den Teilchen überwiegend von schwachen Kräften, wie z.B. von van der Waals-Kräften, dominiert werden. Als *Sol* bezeichnet man eine kolloidale Suspension eines Festkörpers in einer Flüssigkeit (vgl: Aero*sol* als Überbegriff für die „kolloidalen" Dispersionen/Suspensionen Nebel (flüssig in gasförmig) und Rauch/Staub (fest in gasförmig)). Bilden die Sol-Partikel größere dreidimensionale Netzwerke, z.B. initiiert durch partielles Entfernen des Lösungsmittels, kommt es zur Gelierung. Unterscheidbar sind z.B. Hydrogele und Alkogele, je nach eingelagerter Flüssigkeit. Auch hier können verschiedene Wechselwirkungen zwischen den Partikeln auftreten.

Das nahezu vollständige Entfernen des Lösungsmittels aus einem Gel (bzw. die Trocknung eines Gels) führt zur Bildung meist röntgenamorpher Xero- oder Aerogele. Als Aerogele bezeichnet man dabei Festkörper, bei denen im Wesentlichen die Netzwerk-Struktur des feuchten Gels erhalten bleibt. Treten bei der Trocknung größere strukturelle Veränderungen auf, verbunden mit einer deutlichen Volumenabnahme und Verringerung der Porösität, spricht man von Xerogelen.

Einen umfassenden Überblick über allgemeine Aspekte der Sol-Gel-Chemie und die chemischen und physikalischen Eigenschaften verschiedener Systeme geben Brinker und Scherer.[107]

Die Bildung oxidischer Sole und Gele lässt sich auf „einfache" Teilprozesse zurückführen, die, ausgehend von molekularen Vorstufen, die ersten Schritte eines Sol-Gel Prozesses darstellen. Oft wird von einfachen Metallalkoxiden als „Precursoren" ausgegangen.

Die Hydrolyse dieser Vorstufen führt zur Bildung von M-OH – Gruppen gemäß Gleichung 4.1:

Hydrolyse $\qquad M\text{-}(OR) + H_2O \rightarrow M\text{-}(OH) + ROH$

Gleichung 4.1

Dieser Schritt ist oft säurekatalysiert, darauf folgende Reaktionen, z.B. von zwei M-OH-Bindungen, führen zur Bildung vernetzter Strukturen. Abhängig vom Metall M (und der Stabilität der entsprechenden Hydrat-Komplexe) lassen sich generell Olations-Reaktionen unter Ausbildung verbrückender Hydroxid-Gruppen unterscheiden von Oxolations-Reaktionen unter Bildung von Oxo-Brücken.[107] Einige beispielhafte mögliche Reaktionen sind im Folgenden aufgeführt:

Olation $\qquad M\text{-}(OH) + M\text{-}(OH_2) \rightarrow M\text{-}(OH)\text{-}M + H_2O$

Gleichung 4.2

Oxolation/Kondensation $\qquad M\text{-}(OH) + M\text{-}(OR) \rightarrow M\text{-}O\text{-}M + ROH$

Gleichung 4.3

$\qquad M\text{-}(OH) + M\text{-}(OH) \rightarrow M\text{-}O\text{-}M + H_2O$

Gleichung 4.4

Durch geeignete Wahl von Syntheseparametern (pH-Wert, Zusätze, Lösungsmittel, Stoffmengenverhältnisse) lassen sich die Randbedingungen der vorgestellten Reaktionen 4.1 bis 4.4 beeinflussen. Werden z.B. Kondensationsprozesse durch entsprechende Wahl der Reaktionsparameter begünstigt, können Gele resultieren, die sich in ihrer Beschaffenheit (z.B. bezüglich eines unterschiedlichen Vernetzungsgrades) unterscheiden. Damit können die Eigenschaften der resultierenden Festkörper (Porösität, Oberflächenmorphologie, Partikelgröße) schon bei der Synthese vorbestimmt werden.

Für die fluorolytische Sol-Gel Synthese lassen sich in Analogie ähnliche Teilprozesse formulieren; die Fluorolyse terminaler oder verbrückender Alkoxid-Gruppen führt formal zur Substitution OR⁻ gegen F⁻. Die nachfolgende Vernetzung kleinerer Fragmente führt zur Bildung von Sol-Partikeln oder eines Gel-Netzwerks. Konkurrierend sind im Gegensatz zum vorgenannten oxidischen Fall hierbei F⁻ und ROH / RO⁻ als mögliche Liganden, so dass zum einen keine Bildung eines Metallfluorid-Präzipitats (z.B. im Fall von M = Al^{3+}, Mg^{2+})

beobachtet wird, und zum anderen die resultierenden Gele/Sole signifikante Mengen an restlichen Alkoxid/Alkohol-Gruppen enthalten. Eine mögliche formale Vernetzungs-Reaktion stellt Gleichung 4.7 dar.[4, 8, 108]

Fluorolyse	M-(OR) + HF → M-F + HOR	*Gleichung 4.5*
	M-(OR) + HF → (H)RO-M-F	*Gleichung 4.6*
Vernetzung	M-F + M-(OR) → M-F-M-(OR)	*Gleichung 4.7*

Die direkte Beobachtung und Identifizierung lokaler Strukturen und Zwischenstufen, die während der Sol-Gel-Reaktion auftreten, ist für beide hier angesprochenen Varianten jedoch schwierig. Eine Entwicklung von Reaktionsmechanismen ist deshalb meist nur in generalisierter Form möglich.
Methoden unter Nutzung der Kleinwinkel-Röntgenstreuung *(SAXS)* an Solen und Gelen bieten die Möglichkeit, Partikelgrößen und Agglomerationsverhalten zu untersuchen. Aussagen über die involvierten lokalen Strukturen können so nicht gewonnen werden.
Im Falle isolierbarer kristalliner Zwischenstufen lassen sich nach Strukturanalyse zumindest Ansätze möglicher Reaktionsmechanismen entwickeln. Wuttke *et al.* konnten zeigen, dass als Intermediat die kristalline Zwischenstufe $MgF_2(OMe)_{10}(MeOH)_{14}$ für kleine F-Gehalte bei der Fluorolyse von $Mg(OMe)_2$ in den Mg-F-MeOH-Solen immer durchlaufen wird.[109]
Im Falle der Fluorolyse von $Al(O^iPr)_3$ konnten Rüdiger *et al.* nach Zugabe von DMSO für einen kleinen F-Gehalt (Al : F = 1 : 1.33) einkristallines $Al_3(O^iPr)_8F \cdot DMSO$ isolieren, dessen Struktur in folgender Abbildung gezeigt ist.[7]

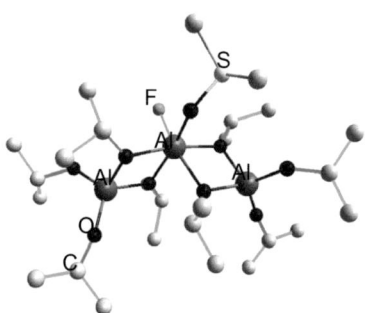

Abbildung 4.1 Struktur von $Al_3(O^iPr)_8F \cdot DMSO$ im Kristall, Protonen sind zur Vereinfachung weggelassen; grau: Al, dunkelgrau: O, hellgrau: C, F, S.

Dieses Intermediat konnte jedoch in Folge nicht reproduziert werden. Der Nachweis der Bildung ähnlicher Spezies in Aluminiumisopropoxidfluorid-Solen oder -Gelen ohne weitere Zusätze (DMSO, Pyridin) ist bisher nicht gelungen. Die Natur und Art der tatsächlich bei der fluorolytischen Sol-Gel-Synthese in $AlF_x(O^iPr)_{3-x}$ auftretenden lokalen Strukturen konnten bis jetzt nicht aufgezeigt werden.

Diese kristallinen Intermediate, die bei sehr geringen F-Gehalten auftreten, bieten Anhaltspunkte für Mechanismen, die den Beginn der Sol-Gel-Synthese beschreiben. Die lokalen Strukturen dieser kristallinen Zwischenstufen können jedoch deutlich von denen der ungeordneten Gele abweichen. Unter Umständen stellen isolierte kristalline Verbindungen energetische „Mulden" dar, die nur unter bestimmten Voraussetzungen (Zugabe von stärker donierenden Molekülen, Hydrolyse und/oder Ausbildung von Oxo-Brücken) erreicht werden. Auf der Basis der isolierten Struktur $(Al_3(O^iPr)_8F \cdot DMSO)$ schlugen Rüdiger et al. mögliche Zwischenstufen der Fluorolyse von $Al(O^iPr)_3$ vor.[7]

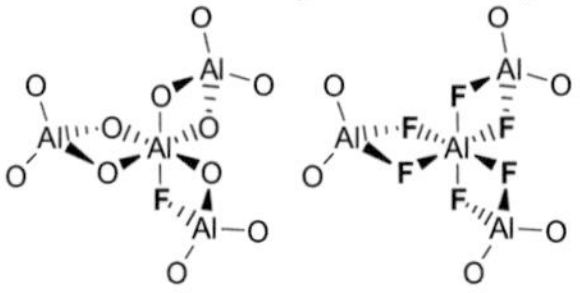

Abbildung 4.2 Postulierte Zwischenstufen der Fluorolyse von $Al(O^iPr)_3$ nach [7] (O: O^iPr).

Eine direkte Beobachtung lokaler Strukturen bzw. das Verfolgen von Veränderungen dieser ist mit Techniken der Kernmagnetresonanzspektroskopie prinzipiell möglich. Schwierig an dieser Stelle sind die oftmals hohen Agglomerisationsgrade der zu untersuchenden Partikel und die Immobilisierung der interessierenden Spezies in einem Gel-Netzwerk oder in Sol-Partikeln.

Im statischen Fall führen homo- und heteronukleare dipolare Kopplungen, oder im Speziellen für Aluminium quadrupolare Wechselwirkungen, zu Linienverbreiterungen. Zusätzlich besteht ein irreguläres, gestörtes Gel-Netzwerk wahrscheinlich aus verschiedenen, das Netzwerk bildende Einheiten. Aus diesem Grund können die NMR-Parameter dieser Einheiten wiederum von Verteilungen und/oder Anisotropien geprägt sein, weitere Effekte, die zu einer Verbreiterung der Linien beitragen. Die Resonanzen interessierender Spezies können also mit den klassischen Methoden der Flüssig-NMR (unter nahezu statischen Bedingungen) nicht mehr detektiert werden, oder die entsprechenden Signale sind so breit, dass eine Auswertung und Separation von der Basislinie oder eine Separation einzelner Signale nur schwer möglich ist.

Erste Untersuchungen unter Nutzung von ^{27}Al Flüssig - NMR beschäftigten sich mit dem klassischen Yoldas-Prozess (Sol-Gel Synthese von Al_2O_3 ausgehend von einem Aluminiumalkoxid, siehe z.B. [110]) und weisen in Solen existente Spezies nach.[111-113] Probleme ergeben sich aus den beobachteten Linienbreiten und der meistens nicht quantitativen Anregung aller vorhandenen Al-Spezies (nach [107], Seite 75). Bilden sich größere Agglomerate oder Gele, können Informationen nicht mehr mit den Methoden der Flüssig NMR gewonnen werden. Weitere Informationen über lokale Strukturen werden dann meist nur von den festen Folgeprodukten (Xerogele, Aerogele) unter Nutzung von Festkörper-MAS NMR Methoden erhalten.[113, 114]

Obwohl der Gelzustand als Zwischenstufe des Sol-Gel Prozesses auftritt, sind nur wenige Arbeiten bekannt, die die direkte Untersuchung lokaler Strukturen dieser zum Gegenstand haben. Über Kernmagnetresonanz-Untersuchungen an Hydro- oder Alkogelen unter Probenrotation im magischen Winkel zur generellen Reduktion der Linien-verbreiternden Beiträge wird selten berichtet. Devreux nutzte die ^{29}Si MAS NMR (gekoppelt mit SAXS-Experimenten), um Kondensationsprozesse in Silizium-Oxid-Gelen zu untersuchen.[115, 116] Die Rotations-frequenzen betrugen allerdings nur 3 kHz. Arbeiten von Pozarnsky beschäftigten sich mit dem Wachstum von Vanadat-Polymeren unter Nutzung von ^{17}O MAS NMR und ^{51}V MAS NMR Experimenten an V_2O_5-Gelen. In Si_3N_4-Rotoren (Doty) wurden Rotationsgeschwindigkeiten von 10 kHz erreicht.[117]

Ein Grund für die seltene Anwendung von MAS NMR-Untersuchungen an Hydro- oder Alkogelen ist wahrscheinlich das unberechenbare Verhalten eines feuchten Gels unter den extremen Bedingungen der Probenrotation (bis zu 10000 und mehr Umdrehungen in der Sekunde) und die damit verbundene Gefahr von Schäden am Spektrometer oder MAS NMR-Probenkopf (verursacht z.B. durch eine Rotor-„Explosion").

Veröffentlichungen, die NMR Methoden zur Strukturaufklärung fluoridischer Sole bzw. Gele nutzen, sind bis jetzt nicht bekannt.

4.2. EXPERIMENTE AN GELEN UNTER MAS-BEDINGUNGEN – EIGENE INSERTS UND TIEFE TEMPERATUREN

Die Entwicklung von Inserts

Um die generelle Gefahr von unkontrollierten MAS Experimenten mit Gelen zu vermeiden und Schäden am Probenkopf vorzubeugen, können Experimente an „feuchten" Gelen unter Nutzung von speziellen, verschließbaren Inserts durchgeführt werden.

Kommerzielle Systeme (z.B. der Firma Bruker) haben jedoch ein sehr kleines Probenvolumen und nutzen „Spacer" auf PTFE- oder Kel-F Basis – störend für ^{19}F MAS NMR Experimente an fluoridischen Gelen.

Kapitel 4

Ein weiteres System nutzt Inserts (kommerziell: Pyrex), die durch Epoxy-Kleber verschlossen werden, wie von Giammatteo für 7 mm-Rotoren vorgestellt.[118] Hier sprechen auf der einen Seite mögliche störende Signale von Aluminium-Spezies aus dem Glas, und auf der anderen Seite die Verwendung des Klebers, der nicht resistent gegen Lösungsmittel ist (im Falle der hier untersuchten Alkogele flüchtiges ^{i}PrOH), gegen eine Anwendung des Systems für Routine-Untersuchungen. Zusätzlich bekannt sind Glas-Inserts, die durch Hitze verschlossen (abgeschmolzen) werden[119-121] oder Kel-F-Inserts, die ebenfalls durch Verschmelzen geschlossen werden.[122] Auch hier besteht die Schwierigkeit in der Flüchtigkeit des Lösungsmittels.

Im Zuge der vorangegangenen Diplomarbeit [94] konnten verschiedene eigene Insert-Systeme entwickelt werden. Diese sollten

a) möglichst einfach nutzbar und möglichst wieder verwendbar sein,
b) das Arbeiten unter Schutzgas-Bedingungen erlauben,
c) chemisch beständig sein,
d) um die gewünschte Auflösung zu erzielen, Rotationsfrequenzen bis zu 12 kHz für das 4 mm System erlauben (d.h. die Inserts müssen möglichst passgenau sein),
e) möglichst wenige interferierende Spezies (bezüglich der hier interessanten Kerne ^{27}Al, ^{13}C, ^{19}F) enthalten.

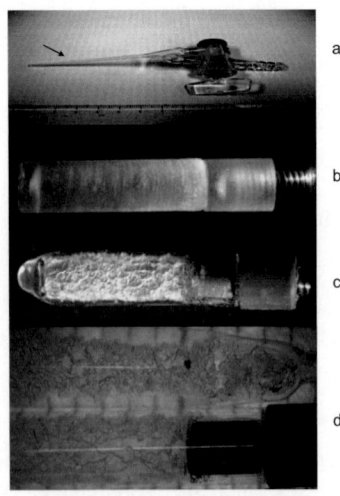

Abbildung 4.3 Entwickelte Inserts und ihre Anwendung: **a: Glas-Insert, b: Prototyp eines Kunststoff-Inserts (hier PMMA); c: gefülltes Quarz-Insert mit PVC-Kappe c und d: Auch nach den Experimenten unter MAS – Bedingungen bis zu 12 kHz bleibt die Gel-Struktur erhalten (keine Trocknung).**

Auf den Ergebnissen der Diplomarbeit aufbauend wurden mit dieser Arbeit Quarz-Inserts entwickelt und getestet, die mit Plastikkappen (je nach Anwendungsfall PVC oder PTFE) verschlossen werden. Diese erlauben MAS NMR Experimente mit Rotationsfrequenzen von bis zu 10 kHz. Einige der selbst entwickelten Inserts sind in Abbildung 4.3 gezeigt.

Tieftemperaturexperimente

Ein zweiter Ansatz zur sicheren Spektroskopie von Hydro- oder Alkogelen ist das Einfrieren der Gel-Matrix. Bei temperaturabhängigen Festkörper-MAS NMR – Experimenten kann die Probentemperatur direkt durch Kühlen oder Beheizen des *bearing*-Gasstroms (dieser hält den Rotor im Stator in Schwebe) geregelt werden.

Um ein Einfrieren der Gel-Matrix zu erreichen, muss im Falle von ^{i}PrOH als Lösungsmittel der Rotor auf Temperaturen unterhalb von -88 °C (185 K) gekühlt werden. Zur Kühlung wird der *bearing*-Gasstrom durch eine Kühlschlange in einem Dewar-Gefäß geleitet, welches z.B. mit flüssigem Stickstoff gefüllt ist.

Ein Betrieb mit technischer Druckluft (oftmals der Standard zum Betreiben von MAS Pneumatik-Einheiten) ist nicht gefahrlos möglich, da zwangsläufig Sauerstoff kondensiert und der *bearing*-Gasstrom abrupt enden kann. Auch hier sind Folgeschäden am Probenkopf nicht ausgeschlossen.

Um diese Probleme zu vermeiden, wurde mit dieser Arbeit erstmalig in Deutschland in Zusammenarbeit mit der Firma „cmc Instrumente GmbH" ein Stickstoff-Generator für den Betrieb einer pneumatischen Einheit eines MAS NMR Spektrometers in Betrieb genommen. Durch direkte Kühlung des *bearing*-Gasstroms können nun gefahrlos MAS NMR Experimente bei Temperaturen bei 150 K und tiefer (tiefste Temperatur bisher 120 K) durchgeführt werden.[123] Die Kalibrierung der Temperatur-Skala kann durch Aufnahme von (temperaturabhängigen) chemischen Verschiebungen einer geeigneten Substanz („NMR"-Thermometer) geschehen. In diesem Fall wurde $Sm_2Sn_2O_7$[124, 125], das erstmalig mechanochemisch hergestellt wurde (siehe Punkt 10.3 im Anhang), genutzt.

Spektrum 4.1 zeigt beispielhaft die Anwendung der ausgeführten und neu entwickelten MAS NMR Techniken an einem fluoridischen Alkogel, der Vorstufe des Xerogels $AlF_x(O^iPr)_{3-x} \cdot z \, ^iPrOH$. Die Spektren werden näher im Kapitel 4.6 diskutiert. Hier sollen nur die Vergleichbarkeit und die Notwendigkeit der Probenrotation im Generellen gezeigt sein.

Kapitel 4

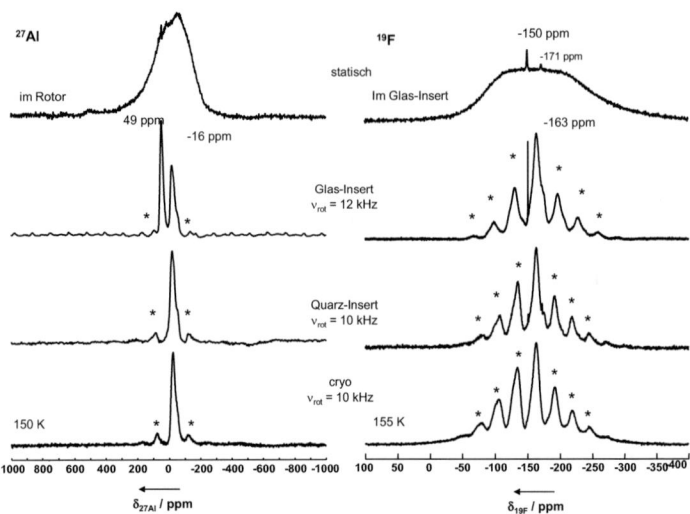

Spektrum 4.1 ^{27}Al - und ^{19}F (MAS) NMR Spektren des Alkogels AlF$_x$(O^{i}Pr)$_{3-x}$• z ^{i}PrOH. Von oben nach unten: statisch, im Glas-Insert ν_{rot} = 12 kHz, im Quarz-Insert ν_{rot} = 10 kHz und nach Einfrieren der Gel-Matrix bei einer Temperatur von 155 K ν_{rot} = 10 kHz. * markieren Rotationsseitenbanden.

Zwei neue Arbeitstechniken wurden erarbeitet, um NMR Experimente an Alkogelen unter MAS Bedingungen durchzuführen. Dies ist notwendig, da auf Grund homonuklearer dipolarer Wechselwirkungen, heteronuklearer dipolarer Wechselwirkungen, Quadrupolwechsel-wirkungen und Anisotropien der chemischen Verschiebungen im statischen Fall eine Interpretation der Spektren und Linienseparation nur schwer möglich ist. Sowohl neu entwickelte Quarz-Inserts als auch MAS NMR Experimente bei Temperaturen unterhalb von 185 K eignen sich, um fluoridische Gele und/oder Sole erstmalig strukturell mit Methoden der Kernmagnetresonanz zu charakterisieren.

4.3. Strukturen der Ausgangsstoffe

Startpunkt der fluorolytischen Sol-Gel Synthese von AlF$_x$(OR)$_{3-x}$-Xerogelen stellen auf der einen Seite die Aluminiumalkoxide und auf der anderen Seite die verschiedenen HF-Lösungen dar. Um Veränderungen lokaler Strukturen während der Fluorolyse verfolgen zu können bzw. Signale der Ausgangsstoffe in Zwischenprodukten identifizieren zu können, ist es unumgänglich, auch die

Ausgangsstoffe zu charakterisieren. Tabelle 4.3.1 und Tabelle 10.2.2 (im Anhang, ^{19}F chemische Verschiebungen verschiedener HF•LM-Lösungen) geben eine Übersicht über wesentliche ^{1}H und ^{13}C Verschiebungen der hier betrachteten Ausgangsstoffe.

Tabelle 4.3.1 Übersicht über ^{1}H- und ^{13}C chemische Verschiebungen einiger Ausgangsstoffe

	$\delta_{iso}(^{13}C)$ / ppm		$\delta_{iso}(^1H)$ / ppm			formale Koordination
	$(CH_3)_2CX$H-	CH_3	OH	CHOR	CH_3	von X
^{i}PrOH ^{a}	63.5	25.1	5.8 d 1H	4.4 d sep 1H	1.6 d 6H	2
^{i}PrOH • HF ^{a}	66.1	23.6	9.0 s 2H	4.5 sep 1H	1.7 d 6H	"3"
^{i}PrNH$_2$ ^{b}	43.0	26.5	-	-	-	3
^{i}PrNH$_3^+$ ^{b}	46.5	23.2	-	-	-	4
Al(O^{i}Pr)$_3$ *im Festkörper*						
terminale O^{i}Pr	63.4 27.6 - 29.9		-	4.4 br	1.2 br	2
verbrückende O^{i}Pr	66.1 25.5 - 28.2		-			3
Al(O^{i}Pr)$_3$ *in Lösung* ^{c}						
terminale O^{i}Pr	63.2 27.7; 27.9		-	4.3 sep 1.1 d; 1.1 d		2
verbrückende O^{i}Pr	66.1 25.3; 26.4		-	4.5 sep 1.3 d; 1.5 d		3
Alkogel						
AlF$_x$(O^{i}Pr)$_{3-x}$ • ^{i}PrOH^a	63.5	25.1	5.8 br 1H	4.4 br 1H	1.6 br 6H	2
AlF$_x$(O^{i}Pr)$_{3-x}$ • ^{i}PrOH^d	63.7	25.2	5.0 br 1H	3.8 br 1H	1.0 br 6H	2
Xerogel						
AlF$_{2.3}$(O^{i}Pr)$_{0.7}$ • z ^{i}PrOH^d	64.4; 67.6; 68.8	23.0; 24.6	10.3; 7.8 br 1H	4.4 br 1H	1.2 br 6H	"3"

^{a} - sekundärer Standard CDCl$_3$ (im „lock in"-Röhrchen oder außerhalb eines 4mm *PP*-Röhrchens für HF-Lösungen),
^{b} - siehe auch ^{126},
^{c} - gelöst in CDCl$_3$,
^{d} - siehe Ref. ^{123} (gemessen mit dem FK- Spektrometer).
s - Singulett; *d* - Duplett, *sep* – Septett, *br* – breit.

Strukturen von HF-Molekülen in stabilisierenden Lösungsmitteln (Amine, Alkohole, Ether) unterschiedlicher Art werden kontrovers diskutiert. Ionische Modelle (insbesondere basierend auf dem IR-spektroskopischen Nachweis des FHF$^-$ -Anions oder nachgewiesener erhöhter Leitfähigkeit von HF-Lösungen[127]) konkurrieren in neuerer Zeit in Diskussionen mit längerkettigen oder zyklischen (Poly-) HF-Komplexen unter Einbeziehung von H-Brücken.[128, 129]
Rein formal lassen sich dabei vereinfachend folgende allgemeine Grenzstrukturen für HF in Lösung annehmen (hier beschrieben im Falle von ^{i}PrOH als stabilisierendes LM):[108]

Kapitel 4

$$^i PrOH_2^+ HF_2^- \cdots (H\text{-}F \cdots H\text{-}F \cdots)_n \rightleftarrows {}^i PrOH \cdots (HF \cdots HF \cdots)_{n+2} \quad \text{Gleichung 4.8}$$
$$(I) \qquad\qquad (II)$$

Insbesondere der Vergleich der Daten der isopropanolischen HF-Lösung mit denen von ^{i}PrOH zeigt, dass zumindest auf der NMR-Zeitskala (im µs-Bereich) Zustand (I) mit Meerwein-artigem Kation ^{i}PrOH$_2^+$ formulierbar ist. Für ^{i}PrOH • HF – Lösungen sind für die Kohlenstoff-Signale der ^{i}PrOH-Moleküle Verschiebungen im Vergleich zu den Kohlenstoff-Signalen für reines ^{i}PrOH beobachtbar: Man findet eine Tieffeld-Verschiebung für das Signal des mittleren C-Atoms bzw. eine Hochfeld-Verschiebung des Methyl-Gruppen-Signals. In Analogie dazu kennt man für ^{i}PrNH$_2$ und das protonierte Pendant entsprechende Verschiebungen der Kohlenstoff-Signale mit Protonierung.[126] Die Integration der Protonen-Signale von HF • ^{i}PrOH ergibt ein ungefähres Verhältnis von CH$_3$:CHO:CHOH 6:1:2 – zwei Indizien für das Vorliegen von Assoziaten ähnlich Zustand (I). Die formale Koordination von Sauerstoff in ^{i}PrOH$_2^+$ erhöht sich dabei um eins (ausgehend von ^{i}PrOH).

Interessanterweise lässt sich das gleiche Phänomen auch am Beispiel von Aluminiumisopropoxid, das üblicherweise als Standard-Precursor für die Synthese von HS-AlF$_3$ genutzt wird, diskutieren. Ganz allgemein lassen sich in den oligomeren und polymeren Aluminiumalkoxiden terminale und verbrückende Alkoxid-Einheiten unterscheiden. Im Falle des tetrameren Aluminiumisopropoxids ist das Verhältnis dieser eins. Für die terminalen Einheiten ergibt sich eine formale Koordinationzahl für O von zwei, für verbrückende Isopropoxid-Einheiten eine formale Koordinationzahl für O von drei. Sowohl für Al(O^{i}Pr)$_3$ im Festkörper[94, 130] als auch in Lösung (^{1}H-^{13}C COSY NMR)[131] konnten beobachtbare ^{1}H- und ^{13}C- Verschiebungen eindeutig terminalen bzw. verbrückenden Alkoxidgruppen im Alkoxid zugeordnet werden. Auch für diese Beispiele (siehe Tabelle 4.3.1; Einträge für Al(O^{i}Pr)$_3$) beobachtet man im „äußeren" Bereich der ^{13}C-NMR Spektren die Signale der verbrückenden Spezies (KZ für O = 3), im „inneren" Bereich die Signale der terminalen Spezies (KZ = 2).

Abbildung 4.4 zeigt in schematischer Darstellung mögliche, bekannte Strukturen von Aluminiumalkoxiden auf molekularer Ebene. Auf Grund der Bedeutung einiger Alkoxide als molekulare Precursoren für Oxide (Zersetzung oder Sol-Gel) und insbesondere der Bedeutung von Al(O^{i}Pr)$_3$ als (Lewis-saurer) Katalysator z.B. für Polymerisationsreaktionen[132-134], sind die molekularen Strukturen der Aluminiumalkoxide in Lösung wiederkehrend Gegenstand wissenschaftlicher Arbeiten.

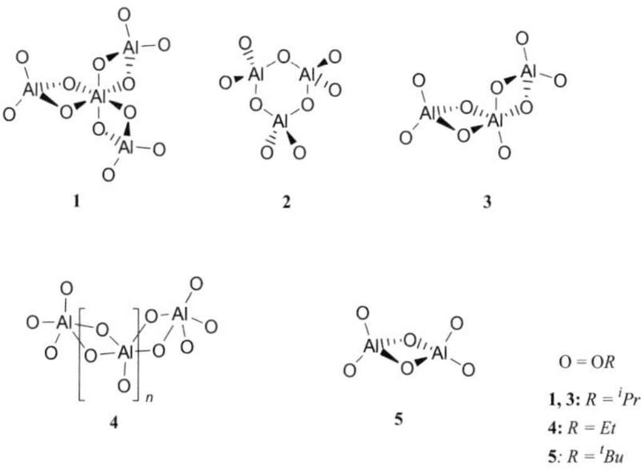

$O = OR$
1, 3: $R = {}^iPr$
4: $R = Et$
5: $R = {}^tBu$

Abbildung 4.4 Schematische Darstellung möglicher Strukturen im Festkörper oder in Lösung von Aluminiumalkoxiden Al(OR)₃ nach [130] und [135].

Für Aluminiumisopropoxid wird in Lösung und im Kristall die tetramere Struktur **1** (Abb. 4.4) vorgeschlagen.[136-138] Eine sehr symmetrische sechsfach koordinierte Al(O^{i}Pr)₆-Einheit ist umgeben von drei vierfach koordinierten Al(O^{i}Pr)₄-Einheiten, verbrückt über μ_2-O^{i}Pr-Gruppen. Nichtsdestotrotz kann die (Ko-)Existenz möglicher Trimere **2** und **3** (Abb. 4.4) in Lösung nicht ausgeschlossen werden. Vorangehende eigene Arbeiten konnten zeigen, dass insbesondere in isopropanolischer Lösung fünffach koordiniertes Al und weitere vier- und sechsfach koordinierte Al-Einheiten nachweisbar sind, und damit Hinweise auf Trimere wie **3**, das auch in Al(O^{i}Pr)₃-Schmelzen die dominierende Spezies ist, gegeben werden.[94, 131]

Überraschenderweise beschäftigten sich lange Zeit keine Arbeiten mit einer strukturellen Charakterisierung der festen, oftmals kristallinen Aluminium–alkoxide, beispielsweise mit Methoden der hochaufgelösten Festkörper-MAS NMR Spektroskopie. Nahezu zeitgleich mit eigenen Arbeiten[94] (2006) wurde von Abraham über MAS NMR Spektroskopie an einigen Aluminiumalkoxiden berichtet.[130] Diese konnten für Aluminiumisopropoxid die tetramere Struktur des Alkoxids im Festkörper spektroskopisch belegen.[94] Das Intensitätsverhältnis des Signals der vierfach koordinierten Einheiten und des Signals der symmetrischen Al(O^{i}Pr)₆-Einheit ist nach Korrektur [139] etwa 3 : 1.

Auch das in Lösung in dimerer Struktur vorliegende Aluminiumtertbutoxid [135, 136] zeigt die gleiche dimere Struktur im Festkörper (siehe Abb. 4.4, Typ **5**).[130] Für Aluminiumethoxid wird eine polymere Kettenstruktur (Abb. 4.4, Typ **4**) mit ausschließlich fünffach koordinierten Al-Kationen angenommen.[130] Eigene Beobachtungen (Unlöslichkeit des Ethoxids in Methanol und Isopropanol) und eigene ^{27}Al MAS NMR Messungen können dies bestätigen (siehe Spektrum 4.2, **b**). Nach Turova [140] liegt Al(OEt)₃ in einem Strukturtyp ähnlich Al(OH)₃

Kapitel 4

(Bayerit bzw. Gibbsit) vor. Das kann, nur auf Basis der ^{27}Al MAS NMR Spektren der hier untersuchten Substanz, nicht bestätigt werden.
Auch die ^{13}C NMR Spektren Al(O^{s}Bu)$_3$ und Al(O^{n}Bu)$_3$ zeigen Signalpaare, die sich verbrückenden und terminalen Alkoxid-Gruppen zuordnen lassen. Die ^{27}Al-NMR Spektren dieser Alkoxide (Al(OR)$_3$ gelöst in C$_6$D$_6$) weisen jedoch, im Vergleich zu den Spektren des Tertbutoxids, auch Aluminium in sechsfacher (für R = ^{s}Bu) bzw. fünffacher und sechsfacher Koordination (für R = ^{n}Bu) auf. Die molekularen Spezies Al(OR)$_3$ weichen also für das Sekbutoxid bzw. Butoxid von der in Abb. 4.4, **5** gezeigten Struktur ab.

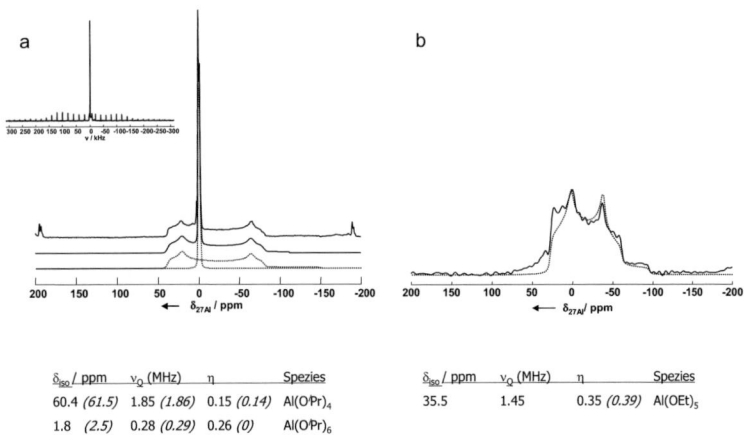

δ_{iso} / ppm	ν_Q (MHz)	η	Spezies	δ_{iso} / ppm	ν_Q (MHz)	η	Spezies
60.4 *(61.5)*	1.85 *(1.86)*	0.15 *(0.14)*	Al(O^{i}Pr)$_4$	35.5	1.45	0.35 *(0.39)*	Al(OEt)$_5$
1.8 *(2.5)*	0.28 *(0.29)*	0.26 *(0)*	Al(O^{i}Pr)$_6$				

Spektrum 4.2 ^{27}Al MAS NMR Spektren von a: Al(O^{i}Pr)$_3$ (ν_{rot} = 20 kHz, NS = 65000) und b: Al(OEt)$_3$ (ν_{rot} = 25 kHz, NS = 4000) im Bereich der zentralen Signale. Das Inset a zeigt das Gesamtspektrum von Al(O^{i}Pr)$_3$. Unterhalb der Spektren a und b sind mögliche Zerlegungen (gepunktete Linien) der zentralen Signale angegeben. Zum Vergleich sind kursiv und in Klammern, wenn abweichend, Werte nach Abraham[130] angegeben.

Die genauen Strukturen dieser Alkoxide sind bislang nicht bekannt. Die ^{27}Al NMR und die ^{13}C NMR Spektren sind im Anhang gezeigt (siehe Anhang, Spektrum 10.1).

4.4. EXPERIMENTE AN ALUMINIUMALKOXIDFLUORID-SOLEN UND –GELEN

Auf der Basis von ^{19}F-, ^{1}H-, ^{13}C- und ^{27}Al- NMR Messungen an Aluminiumisopropoxidfluorid-Solen und -Alkogelen wurde in eigenen vorangegangenen Arbeiten [94, 131] der als Abbildung 4.5 dargestellte Reaktionspfad der fluorolytischen Sol-Gel Synthese von $AlF_x(O^iPr)_{3-x} \cdot z\ ^iPrOH$ vorgeschlagen. Der Initialschritt ist die Protonierung einer verbrückenden Isopropoxid-Einheit. Als protonierende Spezies kann der in Gleichung 4.8 als Zustand (*I*) gezeigte HF-Komplex in Frage kommen. Der Initialschritt konnte sowohl durch eigene Arbeiten NMR-spektroskopisch belegt [94, 131] als auch mittels erster DFT-Rechnungen unserer Arbeitsgruppe (siehe Abbildung 4.6) gestützt werden[131]. In Übereinstimmung wurde auch für die Fluorolyse von $Mg(OMe)_2$ diese Reaktion an einer verbrückenden Methoxid-Einheit als ersten Reaktionsschritt gefunden.[4, 109]

Im Laufe der Fluorolyse von $Al(O^iPr)_3$ wird ein lockeres Gel-Netzwerk gebildet, überwiegend bestehend aus sechsfach koordinierten $AlF_x((H)O^iPr_{6-x})$ – Einheiten. Gemeinsam mit den Ergebnissen der DFT-Rechnungen legen die NMR-Ergebnisse nahe, dass die aus protonierten Alkoxid-Gruppen hervorgegangenen Isopropanol-Moleküle in der Koordinationssphäre des Al verbleiben.

Definierte molekulare Zwischenstufen sind auf dieser Basis schwer zu identifizieren. In Analogie zu Aluminiumfluorid-Spezies in wässrigen Lösungen können jedoch sowohl monomere sechsfach koordinierte $AlF_x(^iPrOH)_{6-x}^{3-x}$ (x = 2-4), als auch größere oligomere Einheiten (wie z.B. die Zwischenstufen **b** - **e**, Abb. 4.5) angenommen werden. Die ^{19}F NMR Spektren von Aluminium–isopropoxidfluorid-Solen mit Al:F Stoffmengenverhältnissen bis zu 1:2 zeigen schmale Signale bei δ_{iso} = -156, -161, -163 und -165 ppm in unterschiedlichen relativen Intensitäten. Für sehr kleine F-Gehalte treten zusätzliche Signale bei -147 ppm auf, diese können durch angesprochene molekulare Einheiten erklärt werden. Eine Zunahme der Halbwertsbreiten mit zunehmenden Fluorierungs–grad deutet auf die zunehmende Bildung größerer Einheiten hin.

Zum Vergleich: In wässrigen Lösungen, die Al- und F-Ionen enthalten, kann die Existenz verschiedener $AlF_x(H_2O)_{6-x}^{3-x}$ Spezies angenommen werden.[141-144] Nach Vernetzung dieser Spezies (in diesen Fällen bilden sich kristalline Festkörper, die als Präzipitate isolierbar sind) fällt pH-Wert abhängig, für $x \approx 2$, Aluminiumhydroxidfluorid in Pyrochlor-Struktur aus. Für höhere F-Konzentrationen mit möglichen ionischen Spezies in Lösung $AlF_x(H_2O)_{6-x}^{3-x}$ ($x \approx 3$) können die Aluminiumfluorid-Hydrate (α-, β-$AlF_3 \cdot 3\ H_2O$, $AlF_3 \cdot 9\ H_2O$) isoliert werden.

Mit steigendem Fluor-Gehalt (Al:F 1:1 und 1:2) steigt der spektrale Anteil breiter Signale ($\delta_{iso} \approx$ -160 ppm). Diese Fluorsignale müssen rückführbar auf Fluor-Spezies in größeren vernetzten Einheiten, wahrscheinlich überwiegend in verbrückender Position, sein (Zustand **e** und Gelzustand, Abb. 4.5).

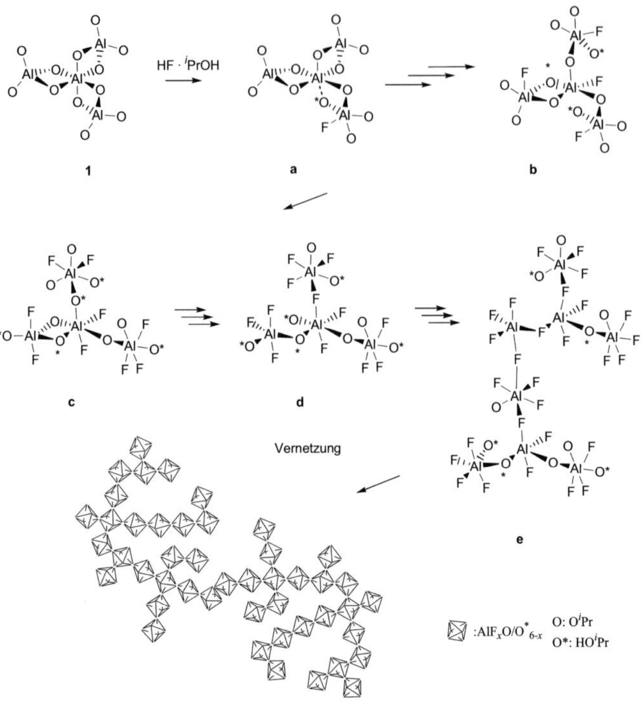

Kapitel 4

Abbildung 4.5 Vorgeschlagener möglicher Reaktionspfad der Fluorolyse von Al(O^{i}Pr)$_3$ nach [131].

Die Entwicklung der Aluminium-Spektren zeigt klar den Abbau der tetrameren Ausgangsstruktur. Eine direkte Korrelation mit den identifizierten Fluor-Spezies ist nur schwer möglich. Mit dem Aufbau des Gel-Netzwerks und den dominierenden breiten Signalen in den Fluor-Spektren zeigen die entsprechenden Aluminiumspektren ebenfalls breite Signale im Bereich für Aluminium-Spezies in sechsfacher Koordination, neben Signalen im Bereich fünffach und vierfach koordinierter Einheiten. Für die Signale im Bereich der sechsfach koordinierten und vierfach koordinierten Einheiten ist eine Hochfeld-Verschiebung der Signale mit steigendem F-Gehalt beobachtbar (siehe Spektrum 4.3, **a** und Abb. 4.5, **c** nach **d**).

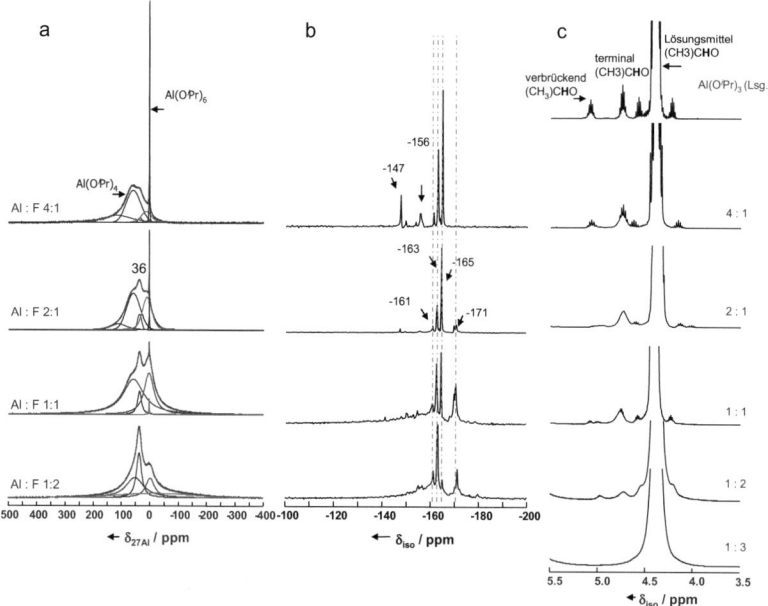

Spektrum 4.3 NMR Spektren von Aluminiumisopropoxidfluorid-Solen und Gelen. a: ^{27}Al NMR Spektren mit möglicher Zerlegung in Einzelkomponenten, b: ^{19}F NMR Spektren, c: ^{1}H NMR Spektren im Bereich der CH$_3$C$\underline{H}$O-Region. Als zusätzlich Beschriftung ist das Stoffmengenverhältnis Al(O^{i}Pr)$_3$: HF gegeben.

Lokale Strukturen in Alkogelen mit einem Al : F Verhältnis wie 1:3 können, wie in Kapitel 4.2 ausgeführt, nicht allein aus flüssig ^{19}F – oder ^{27}Al-NMR – Experimenten abgeleitet werden. Hier sind Experimente unter MAS Bedingungen unbedingt erforderlich.

Im Gegensatz zu den Aluminium- und Fluor-Spektren zeigt die Entwicklung der Signale in den ^{1}H- und ^{13}C-NMR Spektren (ausgehend von Lösungen/Solen mit einem Stoffmengenverhältnis Al:F = 4:1), auch für die viskosen Alkogele mit einem Stoffmengenverhältnis Al:F = 1:3 als „Endpunkt", die nahezu vollständige Überführung terminaler und verbrückender ^{i}PrO-Gruppen in ^{i}PrOH-Moleküle während der Fluorolyse (siehe Spektrum 4.3, **c**).

Der als Abb. 4.5 gezeigte mechanistische Vorschlag der Fluorolyse von Al(O^{i}Pr)$_3$ fasst alle Beobachtungen in einem möglichen Reaktionsschema zusammen.

Kapitel 4

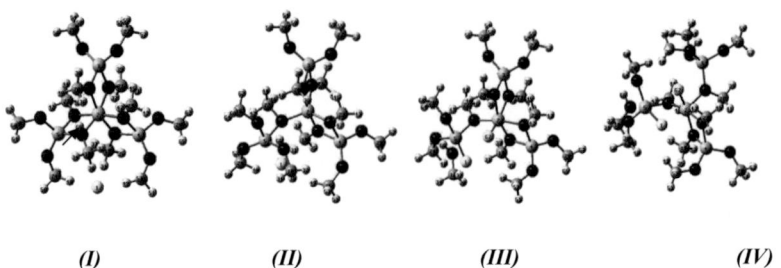

(I)   *(II)*   *(III)*   *(IV)*

Abbildung 4.6 *Snapshots* möglicher Zwischenstufen der Fluorolyse von Al(O^{i}Pr)$_3$ basierend auf DFT-Rechnungen.[131] Pfeil: Protonierung einer μ_2-O^{i}Pr-Gruppe als Initialschritt; Grau: Al; Dunkel: O; Hell: F; Sonst: C,H. Für die Berechnungen wurde ^{i}Pr durch Me ersetzt.

Die ^{27}Al NMR Spektren eines AlF$_x$(O^{i}Pr)$_{3-x}$-Gels mit einem F:Al Stoffmengenverhältnis größer eins zeigen eine deutlich sichtbare Resonanz bei 36 ppm (siehe Spektrum 4.3) und weitere Schultern im Hochfeld- und Tieffeldbereich des Hauptsignals.

Um Einblicke in die Natur dieser und weiterer bei der Fluorolyse von Al(O^{i}Pr)$_3$ auftretenden Spezies zu gewinnen, wurden an ausgewählten Aluminium–isopropoxidfluorid-Solen Tieftemperatur-Festkörper-MAS NMR Experimente durchgeführt.

Spektrum 4.4 und Spektrum 4.5 zeigen ^{27}Al- und ^{19}F (MAS) NMR Spektren von zwei Aluminiumisopropoxidfluorid-Solen mit unterschiedlichen F-Gehalten bei tiefen Temperaturen. Beiden gemeinsam ist das im ^{27}Al – Ausgangsspektrum vorhandene Signal bei 36 ppm. Betrachtet man im Vergleich die ^{27}Al Spektren der Sole, sind, in Analogie zu früheren Ergebnissen, größere Anteile an sechsfach koordinierten Spezies im Sol mit höherer F-Konzentration ableitbar.

Die Tieftemperatur- ^{27}Al MAS NMR Spektren beider Proben werden von einem Signal bei δ_{27Al} = 13 ppm geprägt, das vorher nicht auftritt. Wahrscheinlich ist, dass die Spezies, die dieses Signal hervorruft, erst durch Koordination und Immobilisierung von Solvat-Molekülen bei tieferen Temperaturen gebildet wird. Auf Grund der beobachteten chemischen Verschiebung und in Übereinstimmung mit der Trendanalyse für ^{27}Al chemische Verschiebungen sechsfach koordinierter AlF$_x$O$_{6-x}$-Einheiten (siehe Kapitel 3.3.4) kann dieses Signal AlO$_6$-Einheiten in der eingefrorenen ^{i}PrOH-Matrix zugeordnet werden (O ist in diesem Falle O^{i}Pr und HO^{i}Pr). Diese müssen demzufolge aus AlO$_5$-Einheiten hervorgegangen sein. Die Koordination eines zusätzlichen Solvat-Moleküls ist reversibel: Beim „Auftau"-Prozess kann mit Abnahme der Intensität des Signals bei 13 ppm eine Zunahme der Intensität des Signals bei 36 ppm beobachtet werden. Das Signal bei 13 ppm zeigt zu dem typische Charakteristika eines Festkörper-Signals. Es zeigt Seitenbanden und eine bevorzugte Anregung mit kurzen Pulslängen im Vergleich zu Signalen von mobileren Spezies (siehe Spektrum 4.4, ^{27}Al, 303 K, $p1 = 4.5$ µs ($\approx \pi/2$) und $p1 = 1$ µs ($\approx \pi/9$).

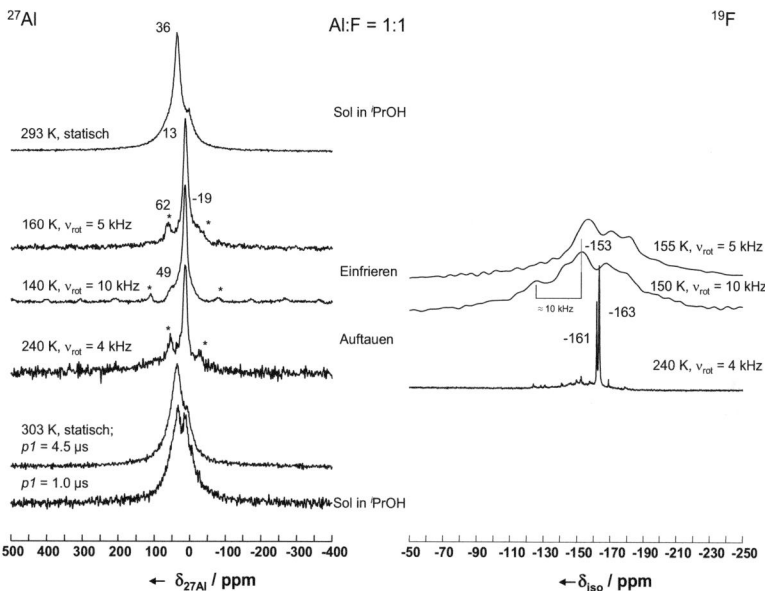

Spektrum 4.4 Tieftemperatur (MAS) NMR Spektren eines AlF$_x$(O^{i}Pr)$_{3-x}$ • z ^{i}PrOH – Sols. Stoffmengenverhältnis Al:F = 1:1; zusätzlich angegeben sind neben einer generellen Beschreibung des Gel-Zustands die Probentemperatur und Rotationsgeschwindigkeit. (^{27}Al: NS = 1000-2500; ^{19}F: NS = 32-96).

Fluoridisch koordinierte Spezies sind nur schwer zu identifizieren und offenbaren sich im Wesentlichen nur in den ^{19}F Spektren der nicht gefrorenen Sole und in breiten Schultern im Hochfeld-Bereich der Aluminium-Signale (Spektrum 4.4). Bei geringen F-Konzentrationen sind die Tieftemperatur-Fluor-Spektren von breiten Signalen gekennzeichnet, die mit ihren Seitenbanden überlagern. Eine Zuordnung von Signalen ist nur unter Vorbehalt möglich. Für das Isopropoxidfluorid-Sol mit dem Stoffmengenverhältnis Al:F = 1:1 (Spektrum 4.4), können wahrscheinlich zwei Signale mit Maxima bei etwa -153 und -165 ppm identifiziert werden. Ein kleiner Anteil eines weiteren Signals lässt sich der Verschiebung $\delta_{iso} \approx$ -143 ppm zuordnen. ^{27}Al-Signale der korrespondierenden Aluminium-Einheiten könnten in der Tieffeld-Schulter bei etwa 49 ppm und in der angedeuteten Hochfeld-Schulter im Bereich von -10 bis

Kapitel 4

-20 ppm verborgen sein (siehe Spektrum 4.4, ^{27}Al MAS NMR Spektren bei 140 K und 160 K).

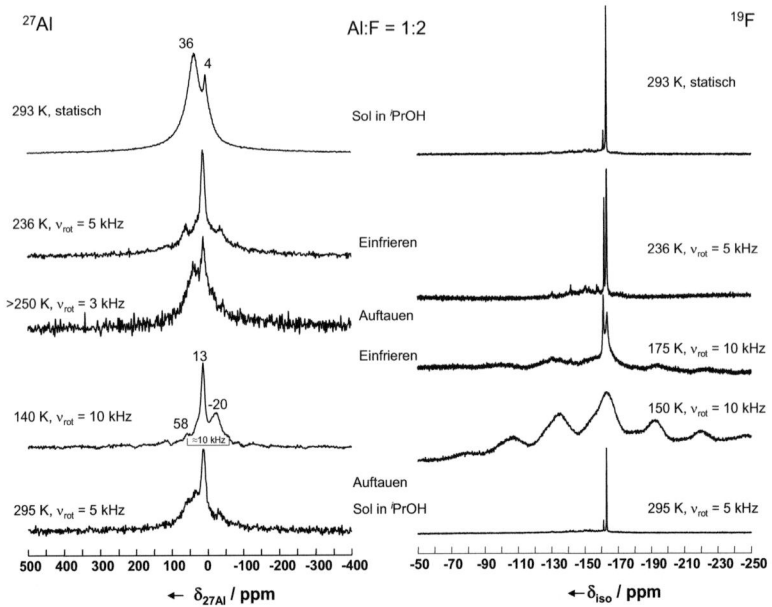

Spektrum 4.5 Tieftemperatur (MAS) NMR Spektren eines AlF$_x$(O^{i}Pr)$_{3-x}$ • z ^{i}PrOH – Sols. Stoffmengenverhältnis Al:F = 1:2; zusätzlich angegeben sind neben einer generellen Beschreibung des Gel-Zustands die Probentemperatur und Rotationsgeschwindigkeit. (^{27}Al: NS = 1000-2500; ^{19}F: NS = 32-96).

Dies wird deutlich, betrachtet man im Vergleich die als Spektrum 4.5 gezeigten Tieftemperatur MAS NMR Spektren des Sols mit höherer F-Konzentration (Al : F = 1 : 2). Bei einer Temperatur von 140 K ist, neben dem Signal bei 13 ppm und einer kleinen Schulter bei etwa $\delta_{27Al} \approx 25$ ppm, deutlich ein weiteres Signal mit einem Maximum bei $\delta_{27Al} = -20$ ppm identifizierbar. Dieses liegt im Bereich sechsfach koordinierter Al-Einheiten in einer gemischten O/F-Umgebung. Das korrespondierende Fluor-Spektrum (Spektrum 4.5, ^{19}F, 150 K; die verzerrte Basislinie ist wahrscheinlich auf die extremen Messbedingungen rückführbar) zeigt eine Einhüllende mit einem Maximum bei $\delta_{iso} = -164$ ppm und einer Schulter bei etwa $\delta_{iso} = -154$ ppm. Da diese im Wesentlichen mit sechsfach koordinierten Al(O/F)$_6$-Einheiten korrespondieren, sind auf der Basis der abgeleiteten ^{19}F-MAS NMR Trendanalyse (siehe Kapitel 3.3.1) für die zwei

Signale AlF$_x$((H)O^{i}Pr)$_{6-x}$-Einheiten in vernetzten Strukturen mit $x = 4$ und 5 ableitbar.
In Kapitel 3.3 wurde dargestellt, dass sich die beobachtbaren ^{19}F MAS NMR Signale der festen kristallinen Aluminiumfluorid-Hydrate mit isolierten AlF$_3$(H$_2$O)$_3$-Einheiten (α-AlF$_3$ • 3 H$_2$O und AlF$_3$ • 9 H$_2$O) in die allgemeinen Trends der ^{19}F- und ^{27}Al-Verschiebungen in Abhängigkeit von AlF$_x$(O)$_{6-x}$ für Festkörper einordnen. Die ^{19}F-Verschiebungen der molekularen Spezies AlF$_x$(H$_2$O)$_{6-x}$$^{3-x}$ hingegen findet man in einem relativ engen Bereich um -150 ppm.$^{45,\ 142-144}$ Eine Ursache kann die starke Einbindung in H-Brücken im Festkörper der Aluminiumfluorid-Hydrate sein.
Treten vergleichbare AlF$_x$(^{i}PrOH)$_{6-x}$$^{3-x}$-Spezies als Zwischenstufen bei der Fluorolyse von Al(O^{i}Pr)$_3$ auf, so ist es wahrscheinlich, dass diese Spezies in der eingefrorenen Matrix ebenfalls in H-Brücken (z.B. mit weiteren Lösungsmittel-Molekülen) involviert sind. Die in den ^{19}F Tieftemperatur-MAS NMR Spektren identifizierten Spezies würden somit einen direkten Hinweis auf die möglichen Spezies AlF$_x$(^{i}PrOH)$_{6-x}$$^{3-x}$ in den Solen geben. Zusätzlich erreicht man durch die MAS NMR Experimente die Auflösung des vorhandenen, sonst sehr breiten Untergrunds in den ^{19}F Spektren der Gele, hervorgerufen durch stärker vernetzte AlF$_x$(^{i}PrOH/^{i}PrO)$_{6-x}$-Einheiten. Dieser Untergrund trägt ab einem Al:F Stoffmengenverhältnis von 1:1 im Sol/Gel bis zu 80 % zur Gesamtintensität aller vorhandenen F-Spezies bei und ist in Folge (Al:F = 1:3) das einzige nachweisbare Fluor-Signal.^{131}
Wie schon mehrmals erwähnt ist dieser Anteil in den Spektren der Sole nicht direkt sichtbar. Diese werden vielmehr durch schmale Signale zwischen -147 ppm und -170 ppm geprägt, während die vernetzten Anteile in diesen Spektren im Untergrund verschwinden.
Das folgende Spektrum 4.6 zeigt die Entwicklung der schmalen ^{19}F-Signale von AlF$_x$(O^{i}Pr)$_{3-x}$ • z ^{i}PrOH Solen im Bereich zwischen -120 und -200 ppm nach Zugabe weiterer Teile Al(O^{i}Pr)$_3$.
Diese zeigen deutlich, dass die Spezies, die in Lösung im Alkoxidfluorid-Sol die schmalen Signale in ^{19}F Spektren verursachen, in verschiedenen Gleichgewichten stehen müssen. Mit abnehmender Fluor-Konzentration verändern sich die relativen Intensitäten und Positionen der detektierbaren Signale. Sole mit gleichen Al:F Verhältnissen zeigen auch Signale in den ^{19}F Spektren mit etwa gleicher relativer Intensität (Al:F = 1:2 + 1 Teil Al(O^{i}Pr)$_3$ und Al:F = 1:1). Bei sehr geringen F-Gehalten treten zusätzliche Signale auf (δ_{iso} = -146 ppm und -154 ppm), die auch in Solen mit einem Al:F Stoffmengenverhältnis wie 4:1 identifiziert werden können.

Kapitel 4

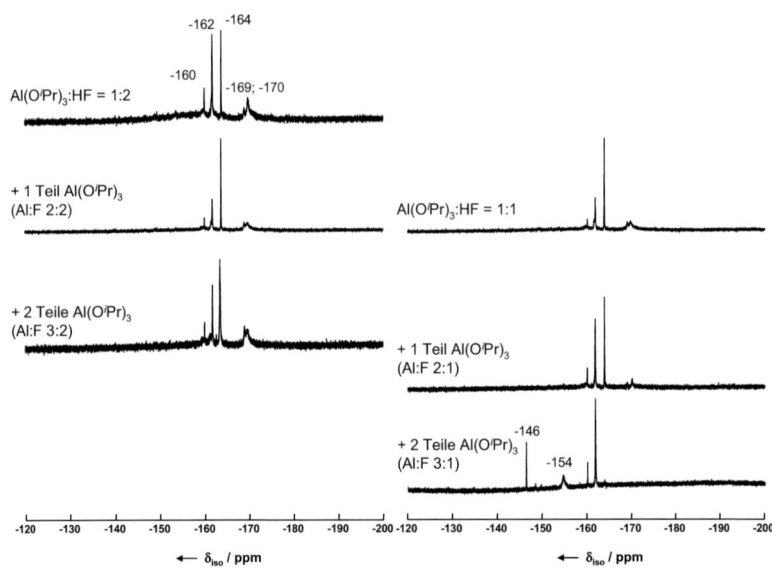

Spektrum 4.6 ^{19}F NMR Spektren von $AlF_x(O^iPr)_{3-x} \cdot z\ ^iPrOH$ Solen (Al:F 1:2 und Al:F 1:1) und nach Zugabe von weiteren Äquivalenten $Al(O^iPr)_3$. Von oben nach unten abnehmender F-Gehalt, wobei die Darstellung in einer Zeile ein gleiches Al:F Verhältnis im Sol bedeutet.

Petrosyants ordnet den Spezies $AlF_3(H_2O)_3$, $AlF_2(H_2O)_4^+$ und $AlF(H_2O)_5^{2+}$ in wässrigen Lösungen (zusätzlich enthalten diese NCS$^-$ Anionen) ^{19}F chemische Verschiebungen von -151, -153 und -155 ppm zu, vernetzten $(H_2O)_5Al$-F-$Al(H_2O)_5^{5+}$- Einheiten hingegen ordnet er eine Verschiebung von etwa -157 ppm zu.[142]

In diesem Fall lassen sich die Signale bei -146 und -154 ppm wahrscheinlich eher niedrig fluorierten $AlF_x(^iPrOH)_{6-x}^{3-x}$-Spezies zuordnen (z.B. mit $x = 1$ oder 2). Der Signalgruppe von -160 bis -164 ppm würden dann eher $AlF_x(^iPrOH)_{6-x}^{3-x}$ Spezies mit x zwischen 2 und 4 entsprechen. Breitere Signale könnten mit möglichen dimeren F-verbrückten Einheiten korrespondieren.

Auf Grund der schwierigen Zuordnung der einzelnen Signale würde die Formulierung möglicher Gleichgewichtsreaktionen oder die Ableitung von Gleichgewichtskonstanten sehr spekulativ sein.

Zusammenfassend und ergänzend zu den bisherigen Ergebnissen [94, 131] können weitere lokale Strukturen in $AlF_x(O^iPr)_{3-x} \cdot z\ ^iPrOH$ - Solen und Gelen abgeleitet werden. Eindeutig ist der Nachweis von AlO_5-Einheiten (36 ppm), die durch zusätzliche Koordination von ^iPrOH in eingefrorener Sol/Gel-Matrix AlO_6-

Einheiten bilden und durch ihre Resonanz in den ^{27}Al Tieftemperatur MAS NMR Spektren nachweisbar sind. Mögliche molekulare Spezies in Lösung, die AlO$_5$ – Einheiten als Strukturelement enthalten, können Zwischenstufen wie z.B. das in Abbildung 4.6 als *II* gezeigte, mögliche Intermediat sein (das zentrale Al ist nach Öffnung einer verbrückenden O^{i}Pr-Gruppe fünffach von Sauerstoff-Spezies koordiniert). Auch trimere Al(O^{i}Pr)$_3$-Spezies (siehe Abbildung 4.4, **3**) enthalten eine fünffach koordinierte AlO$_5$-Einheit (zentrales Al). Diese können in Lösung im Gleichgewicht mit tetrameren Al(O^{i}Pr)$_3$ – Molekülen vorliegen, möglich ist aber auch die Bildung dieser trimeren Spezies während der Fluorolyse.

Das Auftreten von AlF$_x$(^{i}PrOH)$_{6-x}$$^{3-x}$–Spezies in Aluminiumisopropoxidfluorid-Solen mit niedrigem F-Gehalt (schmale Signale in den ^{19}F NMR Spektren, interpretiert in Analogie zu ^{19}F NMR Spektren wässriger Lösungen, die AlF$_x$(H$_2$O)$_{6-x}$$^{3-x}$-Spezies enthalten^{142}), ist möglicherweise Bedingung für die überwiegende Bildung der trimeren Al(O^{i}Pr)$_3$-Spezies gemäß folgendem Reaktionsschema, wobei die dargestellte Reaktion als Nebenreaktion der Fluorolyse aufgefasst werden kann:

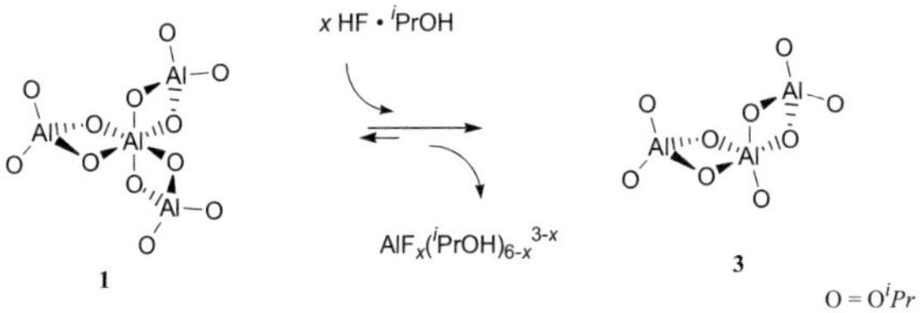

Abbildung 4.7 Mögliches Reaktionsschema eines Nebenprozesses der Fluorolyse zur Bildung trimerer Al(O^{i}Pr)$_3$-Spezies.

Hauptprodukte der Fluorolyse sind stark vernetzte Einheiten, die in den Fluorspektren der Aluminiumisopropoxidfluorid-Sole ab einem Stoffmengenverhältnis F : Al größer eins mehr als 80% der Gesamtintensität aller Fluor-Spezies ausmachen.^{131} Diese führen zu breiten Signalen, die unter statischen Bedingungen nicht, aber durch MAS NMR Untersuchungen aufgelöst werden (siehe Kapitel 4.2, Spektrum 4.1 und Kapitel 4.6). Lokale strukturelle Einheiten, die diese Signale verursachen, entsprechen wahrscheinlich denen in Abbildung 4.5 vorgestellten, möglichen Zwischenstufen.

Die Reaktion von Trimeren **3** (Abb. 4.7) mit weiterem Fluorid könnte unter Umständen zur Bildung von Spezies ähnlich der isolierten kristallinen Struktur Al$_3$F(O^{i}Pr)$_8$ • DMSO^7 führen (siehe Abbildung 4.1).

4.5. Untersuchungen an festen Aluminium–isopropoxid-fluoriden mit unterschiedlichen F-Gehalten

Die vorgestellten NMR-Untersuchungen an den Aluminiumisopropoxidfluorid-Solen erlauben eine erste Ableitung eines möglichen Reaktionspfades der Fluorolyse von Aluminiumisopropoxid. Auf Grund der relativ breiten Signale in den ^{27}Al flüssig NMR Spektren der Sole und Gele mit stark überlagerten Anteilen einzelner Spezies, ist jedoch nur schwer ein Rückschluss auf definierte lokale Strukturen, die während der Fluorolyse von Al(O^{i}Pr)$_3$ auftreten, möglich. Deshalb wurden an den festen, aus Trocknung der Sole und Gele hervorgegangenen Aluminiumisopropoxidfluoriden Festkörper-MAS NMR Experimente durchgeführt. Diese sollten möglichst umfassend (^{1}H, ^{13}C, ^{19}F und ^{27}Al) auftretende lokale Strukturen in den festen Phasen erfassen und somit a) das Verfolgen von Veränderungen lokaler Strukturen während der Fluorolyse von Al(O^{i}Pr)$_3$ ermöglichen, b) eine genaue Identifizierung lokaler Strukturen erlauben und c) aus den vorherigen Punkten ableitend, Rückschlüsse auf einen möglichen Reaktionspfad der Fluorolyse von Al(O^{i}Pr)$_3$ eröffnen. Lokale Strukturen, die in den Festkörpern nachweisbar sind, eröffnen auch Rückschlüsse auf Zwischenstufen, die während der Sol-Gel Synthese durchlaufen werden. Ein Vergleich mit dem bereits vorgestellten Mechanismus der Fluorolyse von Al(O^{i}Pr)$_3$ (Abbildung 4.5) ist im Prinzip möglich.

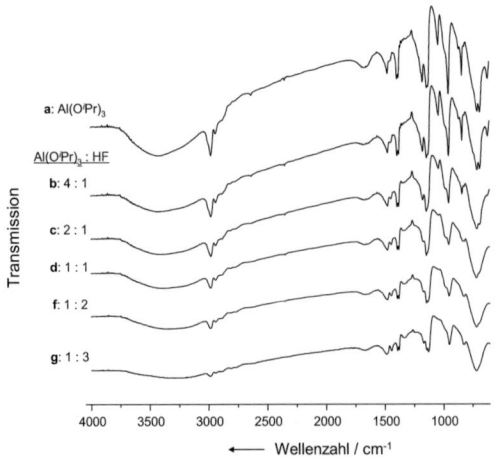

Abbildung 4.8 FT-IR Spektren fester AlF$_x$(O^{i}Pr)$_{3-x}$ • z ^{i}PrOH mit variierendem Fluor-Gehalt. Zusätzlich angegeben ist das Ausgangsstoffmengenverhältnis Al(O^{i}Pr)$_3$ zu HF.

Informationen über lokale Strukturen sind auch für die Aluminiumisopropoxidfluoride mit unterschiedlichen Fluor-Gehalten nur schwer aus Röntgenpulverdiffraktogrammen oder IR-Spektren ableitbar. Abbildung 4.8 zeigt die FT-IR Spektren ausgehend vom Al(O^{i}Pr)$_3$ (**a**) und endend beim Xerogel, das üblicherweise den Ausgangsstoff von HS-AlF$_3$ darstellt (**g**, Al : F = 1 : 3).
Es treten keine neuen Banden auf, alle Spektren sind im Wesentlichen von den Schwingungen der enthaltenen HO^{i}Pr- und O^{i}Pr-Fragmente geprägt. Die beobachteten Bandenlagen entsprechen bekannten Werten für Al(O^{i}Pr)$_3$ (siehe z.B. [145]). Die Röntgendiffraktogramme der Proben zeigen keine Reflexe – die Proben sind röntgenamorph. Die verschiedenen Isopropoxidfluoride werden im Folgenden einheitlich bezeichnet: ausgehend von Al(O^{i}Pr)$_3$ (**a**) und mit steigendem F-Gehalt bis **b** bis **g** (Al : F = 4 : 1 bis Al : F = 1 : 3). Die Angabe Al : F bezeichnet nachfolgend immer das Stoffmengenverhältnis der Ausgangsstoffe Al(O^{i}Pr)$_3$ zu HF. Weitere experimentelle Parameter sind im Experimentellen Teil (Tabelle 8.3.1) aufgeführt.

Single pulse MAS NMR Spektroskopie

Spektrum 4.7 und Spektrum 4.9 zeigen die ^{1}H- und ^{1}H→^{13}C CP-MAS NMR Spektren bzw. die ^{27}Al- und ^{19}F -MAS NMR Spektren der Aluminiumisopropoxidfluoride, jeweils mit steigendem Fluor-Gehalt.
Aus den Protonen-Spektren allein sind schwer Informationen gewinnbar. Offensichtlich ist zunächst nur die Zunahme von Signalen im Bereich zwischen etwa 8 und 10 ppm. Weiterhin lassen sich die Resonanz der CH$_3$-Gruppen (1.2 ppm) und die Resonanz der C$\underline{H}$O-Protonen (4.4 ppm) unterscheiden. Das Verhältnis der relativen Intensitäten der Signale CH$_3$:CHO:OH entspricht letztlich 6:1:1 (**g**, Al:F =1:3), analog dem Protonenverhältnis von reinem Isopropanol. Zusätzlich lässt sich scheinbar eine leichte Verschiebung der Signale mit steigendem Fluorierungsgrad ins tiefe Feld beobachten. Für Al : F Stoffmengenverhältnisse von etwa 1:1 sind weiterhin Schultern angedeutet, die auf leicht verschiedene (H)O^{i}Pr-Einheiten hindeuten und durch Hochfeld MAS NMR-Experimente (B_0 = 21.1 T, siehe auch Spektrum 10.2) bzw. *spin echo* MAS NMR Experimente bestätigt werden konnten. Eine generelle Unterscheidung von terminalen und verbrückenden Isopropoxid-Einheiten untereinander und dieser von Lösungsmittel-Molekülen ist mit den ^{1}H MAS NMR Spektren allein nur schwer möglich. Größere Veränderungen mit steigendem Fluorierungsgrad zeigen die ^{1}H→^{13}C CP MAS NMR Spektren.
Bis zu einem Al:F Stoffmengenverhältnis von 2:1 ist noch deutlich das Signalmuster des Ausgangsstoffes Al(O^{i}Pr)$_3$ zu erkennen. Die Zuordnung der Signale erfolgt in Anlehnung an die publizierte Zuordnung der Signale von Abraham.[130] Bereits erkennbar sind zusätzliche Signale in den äußeren Bereichen δ_{13C} > 66 ppm und δ_{13C} < 25 ppm.

Kapitel 4

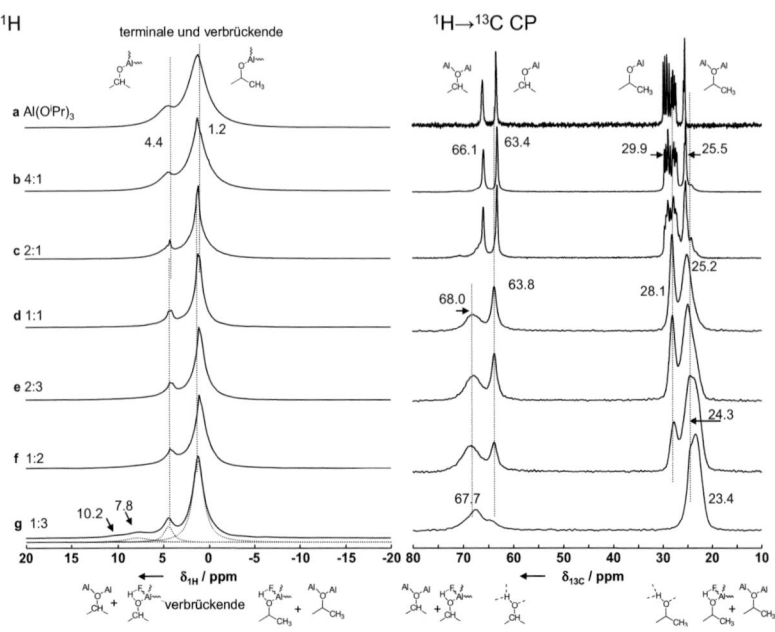

Spektrum 4.7 ^{1}H und ^{1}H→^{13}C CP MAS NMR Spektren der AlF$_x$(O^{i}Pr)$_{3-x}$ • z ^{i}PrOH von a bis g mit steigendem F-Gehalt. ^{1}H MAS NMR: ν_{rot} = 25 kHz, NS = 16-32. ^{1}H→^{13}C CP MAS NMR: ν_{rot} = 10 kHz, NS = 8 (a) bis 800 (b-g) (B$_0$ = 9.4 T).

Für das Isopropoxidfluorid mit dem Stoffmengenverhältnis Al:F = 1:1 und mit steigendem Fluor-Anteil sind in Folge nur noch zwei Signalpaare detektierbar. Den Signalen bei δ_{iso} = 28.1 und 63.8 ppm mit abnehmender Intensität bei zunehmenden Fluorierungsgrad werden Tabelle 4.3.1 folgend, terminale Isopropoxid-Einheiten zugeordnet, während den Signalen bei δ_{iso} ≈ 24 und 67 ppm verbrückende Isopropoxid-Moleküle (μ_2-O^{i}Pr) oder stark H-verbrückte Isopropanol-Moleküle zuzuordnen sind (siehe Tabelle 4.3.1). Unterschieden werden kann auch nicht zwischen möglichen, Al koordinierenden ^{i}PrOH-Molekülen und verbrückenden Isopropoxid-Einheiten (für beide ist die Koordinationszahl von O drei). Die Andeutungen von Schultern lassen mindestens zwei verschiedene Spezies vermuten. In ^{19}F→^{13}C CP MAS NMR Experimenten zeigt sich, dass alle Isopropanol-Spezies zumindest in der Nähe von Fluorid sein müssen. Auf Grund heteronuklearer dipolarer Kopplung mit Protonen sind die detektierten Signale jedoch sehr breit – es resultiert eine Einhüllende (siehe Spektrum 4.8).

Kapitel 4

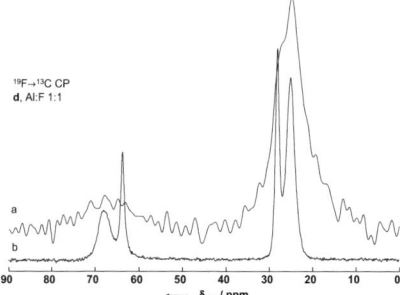

Spektrum 4.8 $^{19}F \rightarrow {}^{13}C$ CP MAS NMR Spektrum (a) im Vergleich zum $^{1}H \rightarrow {}^{13}C$ CP MAS NMR Spektrum (b) des Aluminiumisopropoxidfluorids d (Al:F 1:1). Die Aufnahme eines $^{1}H \rightarrow {}^{13}C$ CP Spektrums beinhaltet Protonenentkopplung. $^{19}F \rightarrow {}^{13}C$ CP: ν_{rot} = 5 kHz, NS = 12000; $^{1}H \rightarrow {}^{13}C$ CP: ν_{rot} = 10 kHz, NS = 800.

Stellt man die Aluminium- und Fluor-MAS NMR-Spektren der Aluminiumisopropoxidfluoride $AlF_x(O^iPr)_{3-x} \cdot z \, {}^iPrOH$ mit steigendem Fluorierungsgrad gegenüber (siehe Spektrum 4.9), sind strukturelle Veränderungen offensichtlich. Beginnend mit den ^{27}Al MAS NMR Spektren der Isopropoxidfluoride mit niedrigem Fluor-Gehalt ist zunächst deutlich das Signal-Muster von reinem $Al(O^iPr)_3$ erkennbar. Dieses besteht aus zwei Signalen für $Al(O^iPr)_4$- und $Al(O^iPr)_6$-Einheiten, die auf Grund von Quadrupolwechselwirkungen 2.Ordnung verbreitert sind. Zusätzlich ist ein weiteres Signal bei δ_{27Al} = 38 ppm offensichtlich. Die korrespondierenden ^{19}F-MAS NMR Spektren zeigen mehrere schmale Signale im Bereich von δ_{iso} = -156 ppm (Maximum) mit Schultern im Hochfeld- und Tieffeld-Bereich dieses Signals. Zusätzliche Signale werden bei δ_{iso} = -123 ppm und δ_{iso} = -188 ppm beobachtet. Eine Spezies-Identifikation und genaue Zuordnung der Signale ist an dieser Stelle noch schwierig. Die Lage des Signals in den Aluminium-Spektren (δ_{27Al} = 38 ppm) wäre ganz allgemein eher typisch für vier- oder fünffach koordinierte Al-Einheiten. Im Bereich von -188 ppm bis -200 ppm erwartet man die chemische Verschiebung von F in terminalen Al-F-Bindungen (Al-F^t) im Festkörper (z.B. abgeschätzt nach dem Superpositionsmodell [87, 146]). Zum Vergleich: Bekannt sind die Aluminium- und Fluor-Verschiebungen des AlF_4^--Anions in Lösung (AlF_4^-: ^{19}F: δ_{iso} = -194 ppm; δ_{27Al} = 49.2 ppm) [147] bzw. die Aluminium-Verschiebungen diskreter AlF_4^- bzw. AlF_5^{2-}-Anionen im Festkörper (AlF_4^-: δ_{27Al} = 48.9 ppm; AlF_5^{2-}: 23.5 ppm).[60] Wie schon beschrieben findet man die isotrope chemische Verschiebung einer AlO_5-Einheit ebenfalls im Bereich um 35 ppm.

Kapitel 4

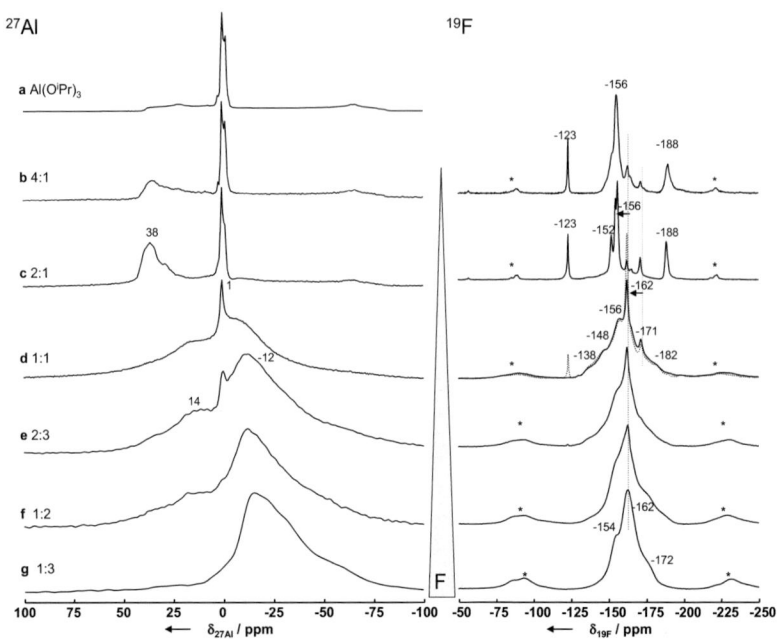

Spektrum 4.9 ^{27}Al und ^{19}F MAS NMR Spektren der AlF$_x$(O^{i}Pr)$_{3-x}$ • z ^{i}PrOH mit steigendem F-Gehalt (a bis g); ^{27}Al und ^{19}F (b-g): ν_{rot} = 25 kHz, ^{27}Al: NS = 15000 – 120000, ^{19}F: NS = 192, ^{27}Al (a) ν_{rot} = 20 kHz. Die Spektren sind im zentralen Bereich gezeigt, * markieren Rotationsseitenbanden.

Das schmale Signal in den ^{19}F Spektren (δ_{iso} = -123 ppm) tritt nur auf, wenn die Sole längere Zeit im Glasgefäß gelagert wurden. Das Fluor-Spektrum der Probe **d** (Al : F = 1:1, Spektrum 4.8) vergleicht die ^{19}F MAS NMR-Spektren eines gealterten Sols (Alterungszeit etwa 100 Tage, gepunktete Linie) und eines „jüngeren" Sols (Alterungszeit etwa 3 Tage). Während ansonsten alle Resonanzen in beiden Spektren beobachtbar sind, ist für das Sol mit üblicher Alterungszeit kein Signal bei -123 ppm beobachtbar. Eine übliche Interpretation dieses Signals sind F$^-$-Komplexe unter Einbeziehung weiterer Kationen (z.B. Na$^+$ oder K$^+$ aus dem Glas), die in Hohlräumen des Festkörpers eingelagert sein können. Diese Signale und Spezies treten beispielsweise auch bei Dealuminierungen von Zeolithen unter Nutzung von NH$_4$F auf.[84, 148, 149] Auch das solvatisierte F$^-$-Anion einer wässrigen NaF-Lösung hat eine Resonanz in der Nähe von δ_{iso} = -120 ppm (eigene Messung). Das ^{19}F-Signal bei δ_{iso} = -156 ppm kann zunächst nicht zugeordnet werden, auffällig sind jedoch die (für Festkörper vergleichsweise) geringen Linienbreiten der Signale.

Die Spektren des Aluminiumisopropoxidfluorids mit dem Stoffmengen–verhältnis Al:F = 1:1 (Spektrum 4.9, **d**) zeigen, gegenüber denen der voran–gegangenen Proben, eine deutliche Veränderung. Sowohl das Aluminium- als auch das Fluor-Spektrum sind von einer sehr breiten Einhüllenden geprägt, die für das Aluminiumspektrum einen Bereich von 75 ppm bis -75 ppm umfasst. Übertragen auf bekannte chemische Verschiebungen von AlF_xO_y - Baueinheiten entspricht das einem Bereich, der die Verschiebungen von AlO_4-Einheiten (60 bis 80 ppm) bis hin zur Verschiebung von AlF_6-Einheiten (0 bis -16 ppm) beinhaltet. Mit Sicherheit kann aus dem Aluminium-Spektrum abgeleitet werden, dass vier- und/oder fünffach koordinierte Aluminium-Einheiten vorhanden sind und dass mindestens eine sechsfach gemischt koordinierte $AlF_x(O^iPr)_{6-x}$-Einheit in gestörter Umgebung involviert ist. Dies lässt sich aus der Lage des Maximus im höheren Feld ($\approx$ -5 ppm) und dem asymmetrischen Hochfeldabfall ableiten. Diese Linienform wird für die folgenden Isopropoxidfluoride mit höherem Fluor-Gehalt deutlicher und ist typisch für Aluminium-Einheiten in lokal gestörter Umgebung.[96] Das schmale Signal mit einem Maximum bei δ_{27Al} = 1 ppm deutet wahrscheinlich auf verbliebene symmetrische $Al(O^iPr)_6$ – Einheiten, ähnlich denen in der tetrameren $Al(O^iPr)_3$-Ausgangsstruktur. Mit steigendem Fluor-Gehalt nimmt der Anteil der Al-Spezies, der vier- und/oder fünffach koordinierten Al-Einheiten zuzuordnen ist, in den Aluminium-Spektren ab. Für das „Standard"-Xerogel (Al : F = 1 : 3) wird letztlich ein breites Signal mit einem Maximum bei $\delta_{27Al} \approx$ -20 ppm mit asymmetrischen Hochfeld-Abfall und einer Schulter bei $\delta_{27Al} \approx$ -50 ppm beobachtet. Wie bereits dargestellt, deutet dies allgemein auf sechsfach koordinierte $AlF_x((H)O^iPr)_{6-x}$-Einheiten in gestörter Umgebung. Die Ausdehnung der Rotationsseitenbanden ($\approx$ 1 MHz), das Amplitudenverhältnis der Rotationsseitenbanden zum zentralen Übergang und die Tatsache, dass keine ausgeprägten Satellitenübergänge im Spektrum beobachtbar sind, sind weitere Hinweise auf die hoch gestörte Umgebung um die Aluminium-Kerne und damit verbunden auf Verteilungen der Quadrupolparameter. Wie in Kapitel 3.3.5 am Beispiel von kristallinem α-AlF_3 dargelegt, verursacht eine durch mechanischen Impakt hervorgerufene Störung der Umgebung der Aluminium-Kerne („von außen") einen ähnlichen Effekt: Die spektrale Ausdehnung der Rotationsseitenbanden wird größer (Verteilung der Quadrupolkonstanten), Satellitenübergänge sind nicht mehr sichtbar und das Amplitudenverhältnis Zentralsignal/erste Rotationsseitenbande vergrößert sich.[34]

Interessanterweise zeigt das Spektrum des $AlF_x(O^iPr)_{3-x} \cdot z\ ^iPrOH$ **d** (Al:F = 1 : 1) fast keine Rotationsseitenbanden, das Muster der Rotations–seitenbanden der Isopropoxidfluoride **b** (Al:F = 4:1) und **c** (Al:F = 2:1) hingegen entspricht im Wesentlichen dem des reinen Isopropoxids (siehe Spektrum 4.10).[94]

Kapitel 4

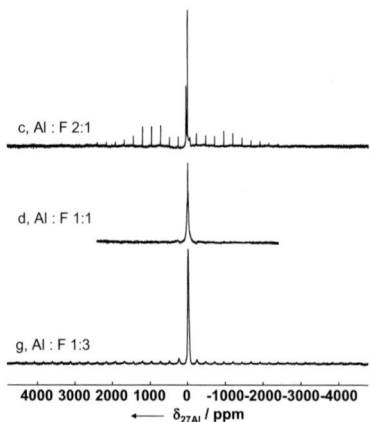

Spektrum 4.10 ^{27}Al MAS NMR Spektren ausgewählter AlF$_x$(O^{i}Pr)$_{3-x}$ • z ^{i}PrOH inklusive aller Rotationsseitenbanden.

Auch die ^{19}F-Spektren der Aluminiumisopropoxidfluoride zeigen deutliche Veränderungen zu den vorhergehenden Spektren ab einem Al:F - Stoffmengenverhältnis von etwa 1:1 (siehe Spektrum 4.9). Neben zwei schmalen Signalen bei δ_{iso} = -162 und -171 ppm ist zunächst eine breite Einhüllende mit einem Maximum bei -156 ppm beobachtbar. Weiterhin sind mehrere Schultern, sowohl im Tieffeld-Bereich als auch im Hochfeld-Bereich, um das Maximum angedeutet.
Die Schultern im Hochfeldbereich können als Hinweise auf eine Vielzahl von verschiedenen Fluor-Spezies, die terminaler Natur sein können (Anteile mit Verschiebungen kleiner -182 ppm), interpretiert werden. Schultern im tiefen Feld entsprechen eher verbrückenden F, die verschiedene Aluminium-Einheiten verknüpfen. Verschieden kann in diesem Sinn verschiedene sechsfach koordinierte AlF$_x$(O^{i}Pr)$_{6-x}$ – Einheiten (siehe zum Vergleich Kapitel 3.3.1), als auch vier- und/oder fünffach koordinierte Al-Einheiten umfassen.
Mit steigendem Fluorierungsgrad wird die HWB der Einhüllenden in den ^{19}F-Spektren ab einem F/Al-Verhältnis größer eins wieder schmaler. Sowohl die Anteile der schmalen Signale (δ_{iso} = -162 und -171 ppm), als auch die der Tieffeld-Schultern nehmen ab. Das ^{19}F MAS NMR Spektrum des Xerogels (Al : F = 1 : 3) zeigt zuletzt hauptsächlich drei sich überlagernde Signale bei δ_{iso} = -154, -162 und -172 ppm. Da das Xerogel-Netzwerk maßgeblich aus sechsfach koordinierten AlF$_x$((H)O^{i}Pr)$_{6-x}$-Einheiten gebildet wird, lassen sich, über die in Kapitel 3.3.1 gezeigte Korrelation, mittlere Koordinationen der Al-Einheiten abschätzen: AlF$_4$((H)O^{i}Pr)$_2$ und AlF$_5$((H)O^{i}Pr). Nicht ausgeschlossen

sind demnach aber auch AlF$_6$-Einheiten (δ_{iso} = -172 ppm). Desgleichen deutet sich hier an, dass die detektierten Signale im Hochfeld-Bereich der Aluminium-Spektren (Al:F = 1:2 bis 1:3) eine Summe der Signale mehrerer Spezies darstellen.
Eine genaue Identifizierung oder eine Ableitung der NMR-Parameter (isotrope chemische Verschiebung und Quadrupolfrequenz) dieser Al-Einheiten ist an dieser Stelle jedoch noch nicht möglich.
Um Änderungen lokaler Strukturen mit steigendem Fluorierungsgrad verfolgen zu können, ergeben sich damit folgende Fragestellungen:

(i) Welche vier- und/oder fünffach koordinierten Al-Einheiten sind involviert, wie lassen sich diese unterscheiden und sind diese fluoriert?

(ii) Mit welchen Fluor-Signalen korrelieren dann die gefundenen Aluminium-Signale?

(iii) Welche (erweiterten) Aussagen ergeben sich aus diesen Erkenntnissen bezüglich des fluorolytischen Sol-Gel Mechanismus?

Die Identifizierung von Aluminium-Einheiten AlF$_x$(O^{i}Pr)$_y$[d] – weiterführende MAS NMR Experimente

Um den Einfluss und die Nachbarschaft von Fluor- und Aluminium-Spezies zu untersuchen, können neben zweidimensionalen Korrelationsexperimenten zuerst Experimente mit Polarisationstransfer oder Entkopplungsexperimente durchgeführt werden. Bei ^{19}F→^{27}Al CP MAS NMR Experimenten werden Fluor-Kerne angeregt, diese übertragen ihre Polarisation auf die sie umgebenden Aluminium-Kerne, deren Signal letztendlich detektiert wird. Al-Kationen, die direkt von Fluor-Anionen umgeben sind (bei kurzen Kontaktzeiten für den Polarisationstransfer) oder Al-Kationen, die einfach in räumlicher Nähe von Fluorid sind, können so von Al-Einheiten, die überwiegend oder ausschließlich (in diesem Fall) Sauerstoff- koordiniert sind, unterschieden werden. Bei den Entkopplungsexperimenten wird der Einfluss der heteronuklearen dipolaren Kopplung zwischen Al und F qualitativ durch Veränderungen der Halbwertsbreiten der Al-Signale erfasst. Für dieses System konkurrieren hier der Linien verschmälernde Effekt der Fluor-Entkopplung mit den für dieses Experiment notwendigen, Linien verbreiternd wirkenden, niedrigen MAS-Rotationsfrequenzen, die eine zunehmende Überlagerung des zentralen Signals mit den ersten Rotationsseitenbanden bedingen. Ab einer bestimmten Drehfrequenz wird die heteronukleare dipolare Kopplung ausmittelt, und eine

---

[d] (O^{i}Pr) meint in den folgenden Kapiteln vereinfachend sowohl Isopropoxid-Gruppen als auch Isopropanol-Moleküle.

Fluor-Entkopplung zeigt keinen Effekt.[32] D.h., die Linienbreite des zentralen Signals ändert sich ab einer bestimmten MAS-Frequenz nicht mehr wesentlich. Bei hinreichend schmalem Zentralsignal kann dieses Experiment jedoch wichtige Zusatzinformationen liefern. Dies zeigt z.B. der Vergleich der ^{27}Al MAS NMR Spektren von α-AlF$_3$ mit (ν_{rot} = 3 kHz) und ohne F-Entkopplung (ν_{rot} = 25 kHz).[34]

Die ^{19}F$\rightarrow$^{27}Al CP MAS NMR Spektren und ^{27}Al{^{19}F} MAS NMR Spektren einiger Alkoxidfluoride sind als Spektrum 4.11 gezeigt.

Für die Isopropoxidfluoride mit geringem F-Gehalt ergibt sich im ^{19}F$\rightarrow$^{27}Al CP MAS NMR Spektrum im Vergleich zum *single pulse*-Spektrum eine deutliche Veränderung. Die Signale von Al(O^{i}Pr)$_4$-Einheiten und Al(O^{i}Pr)$_6$-Einheiten von nicht umgesetzten Al(O^{i}Pr)$_3$ werden nicht mehr detektiert - deutlich sind dagegen das Signal bei δ_{27Al} = 38 ppm und ein vorher verdecktes Signal mit einem Maximum bei $\delta_{27Al} \approx$ -6 ppm. Das letztere trägt die Charakteristika (ungefähre Signallage und Form) des später dominierenden Signals im Aluminium-Spektrum des „Standard"-Xerogels (Al:F = 1 :3).

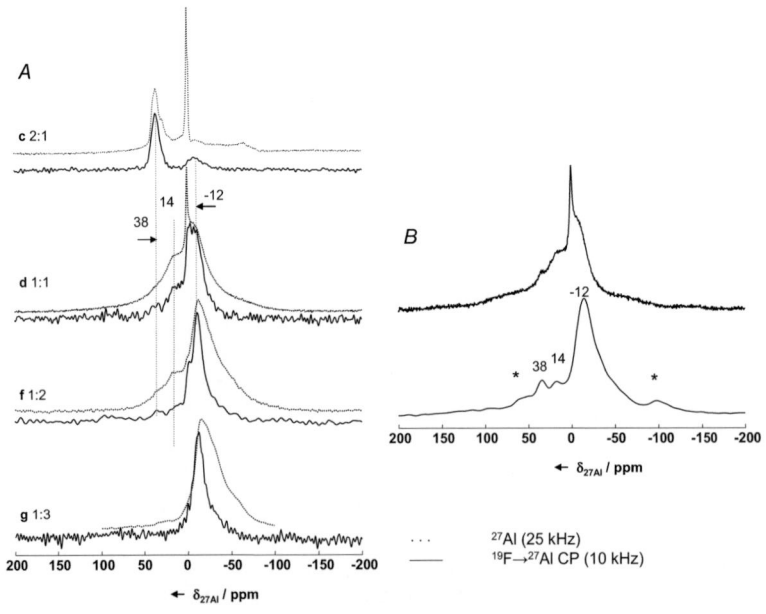

Spektrum 4.11 *A*: ^{19}F$\rightarrow$^{27}Al CP MAS NMR Spektren im Vergleich zu den *single pulse*-Spektren (gepunktet) ausgewählter AlF$_x$(O^{i}Pr)$_{3-x}$ • z ^{i}PrOH. Die Hilfslinien befinden sich bei δ_{27Al} = 38 ppm, 14 ppm und -12 ppm (ν_{rot} = 10 kHz, NS = 16000 bis 60000). *B*: ^{27}Al{^{19}F} MAS NMR Spektren der Verbindungen d (Al : F = 1:1) und f (Al : F = 1:2) (ν_{rot} = 8 kHz, NS = 50000). * markieren Rotationsseitenbanden.

Der Signallage lassen sich, der in Kapitel 3.3.4 vorgestellten Trendanalyse für Al-Verschiebungen folgend, $AlF_x(O^iPr)_{6-x}$-Einheiten mit einer mittleren Koordination x von 3 oder 4 zuordnen.
Im Rückblick auf das ^{19}F MAS NMR Spektrum dieser Verbindung (Spektrum 4.9, ^{19}F **c**) sind auch dort - auf den zweiten Blick - bereits weitere Anteile von Spezies, verdeckt im breiten Untergrund, erkennbar. Für die Al-Einheit mit dem Signal bei 38 ppm ergibt sich der Hinweis, dass diese zumindest in der Nähe von Fluor ist und da kurze Kontaktzeiten gewählt wurden, F-Anionen diese Einheit koordinieren. Eine überwiegend „oxidisch" koordinierte $Al(O^iPr)_5$-Spezies ist in diesem Fall unwahrscheinlicher. Für mittlere Fluor-Gehalte (Al :F = 1:1 und 1:2) wird zusätzlich ein breiteres Signal bei $\delta_{27Al} \approx 14$ ppm gefunden. Die Intensität dieser Signale verringert sich mit zunehmendem Fluor-Gehalt und sind für das Xerogel (Al:F = 1:3) nicht mehr nachweisbar. Im Bereich der sechsfach koordinierten $AlF_x(O^iPr)_{6-x}$-Einheiten können zwei Signale mit Maxima bei $\delta_{27Al} \approx -2$ ppm und -12 ppm unterschieden werden. Das schmale Signal ($\delta_{27Al} \approx 1$ ppm) wird in den $^{19}F \rightarrow ^{27}Al$ CP MAS NMR Spektren nicht mehr registriert. Der Vergleich mit der Korrelation der Aluminium-Verschiebung ergibt für die Resonanz bei -2 ppm eine ungefähre Koordination von $AlF_{2-3}(O^iPr)_{4-3}$. Im Vergleich der Proben untereinander nimmt auch die Intensität dieser Spezies mit steigendem Fluorierungsgrad ab, während die Intensität des Signals bei -12 ppm ($AlF_{4-5}(O^iPr)_{2-1}$) zunimmt. Der Einfluss der Fluor-Entkopplung ist eher gering, mit einer Betonung der Schultern bei 38 ppm und 14 ppm; die zu Grunde liegenden Einheiten sind scheinbar stärker in eine Fluor-Umgebung eingebunden.
Um weitere Informationen, vor allem über die involvierten verschiedenen Aluminium-Einheiten zu gewinnen, wurden ^{27}Al *triple quantum* MAS NMR Spektren ($B_0 = 9.4$ T und 14.1 T) und feldabhängige ^{27}Al MAS NMR Experimente ($B_0 = 9.4$ T, 14.1 T, 17.6 T und 21.1 T) an zwei ausgewählten Isopropoxidfluoriden durchgeführt. Beide Methoden führen zu einer deutlichen Verbesserung der Auflösung der Signale der verschiedenen Al-Einheiten.
Die ^{27}Al 3QMAS NMR Experimente ($B_0 = 14.1$ T) der $AlF_x(O^iPr)_{3-x} \cdot z \cdot ^iPrOH$ **d** (Al : F = 1:1) und **f** (Al : F = 1:2) sind als Spektrum 4.12 gezeigt. Wie in Kapitel 2.2 gezeigt, lassen sich über die Schwerpunktslagen (F1, F2) der einzelnen Signale mit den Gleichungen 3.8 und 3.9 die ^{27}Al NMR-Parameter (δ_{iso}, $\nu_{Q\eta}$) der verschiedenen Baueinheiten berechnen.

$$\delta_{iso} = (17\, \delta_{F1} + 10\, \delta_{F2}) / 27 \qquad \text{Gleichung 3.8}$$

$$\nu_{Q\eta} = \sqrt{85/900} \cdot \nu_0 \cdot \sqrt{\delta_{F1} - \delta_{F2}} \cdot \frac{3}{(2I-1) \cdot 2I} \qquad \text{Gleichung 3.9}$$

Zusätzlich sind für die Signale der einzelnen Baueinheiten durch Analyse der entsprechenden Abschnitte im Spektrum (z.B. in der F1-Dimension von 75 ppm bis 85 ppm) die Signalformen (Czjzek-Typ oder verbreitert durch Quadrupolwechselwirkungen 2.Ordnung) ableitbar.

Die isotropen Werte der chemischen Verschiebung folgen auch direkt durch Projektion der Signalschwerpunkte entlang der QC-Achse auf die CS-Achse. Die identifizierten Signale, die Schwerpunktslagen und die über Gleichung 3.8 und 3.9 berechneten NMR-Parameter sind in Tabelle 4.5.1 aufgeführt.

Auf den ersten Blick erstaunlich ist die Vielzahl von verschiedenen, identifizierbaren Baueinheiten und der erstmalige und eindeutige Nachweis von differenzierbaren vierfach, fünffach und sechsfach koordinierten Al-Kationen in den röntgenamorphen Substanzen.

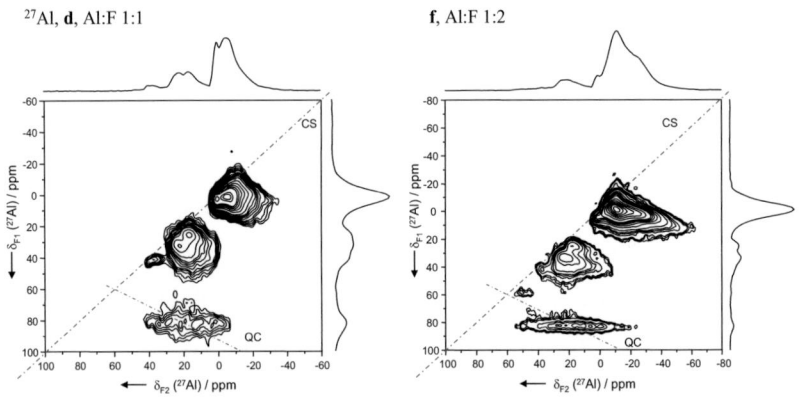

Spektrum 4.12 Gescherte ^{27}Al 3QMAS NMR Spektren der AlF$_x$(O^{i}Pr)$_{3-x}$ • z ^{i}PrOH d (Al:F = 1:1) und f (Al:F = 1:2). B_0 = 14.1 T, ν_{rot} = 27.5 kHz, TD1 (*time domain* in F1): 256, NS = 1200. Zur Orientierung sind die „chemical shift"-Achse (CS) und die quadrupolare Achse (QC) (gestrichelte Linien) mit angegeben.

Wie angedeutet, ermöglichen ^{27}Al Festkörper-MAS NMR Experimente in hohen Magnetfeldern, auf Grund der Feldabhängigkeit der quadrupolinduzierten Verschiebung (siehe Gleichungen 3.6 und 3.7) und der Verbesserung der Auflösung im Allgemeinen, eine genauere Analyse der erhaltenen Spektren. Spektrum 4.13 zeigt die feldabhängige Entwicklung der ^{27}Al MAS NMR Spektren der Aluminiumisopropoxidfluoride **d** und **f**, beginnend bei 9.4 T und endend bei 21.1 T.

Tabelle 4.5.1 ^{27}Al NMR Parameter der Signale abgeleitet aus den 3QMAS NMR Spektren der AlF$_x$(O^{i}Pr)$_{3-x}$•z ^{i}PrOH der Proben d und f (Al:F=1:1 und 1:2) (B$_0$ = 14.1 T, Spektrum 4.12)

Probe d, Al:F 1:1

	1	2	3	4	5	6	7	8
δ_{F1} / ppm	81.3		41.2	32.6	34	25.6	3	2.3	-3
δ_{F2} / ppm	18.4		37.3	21.7	14	16.6	0.5	-6	-9
P_Q / MHz	12.7		3.2	5.3	7.2	4.8	2.5	4.6	3.9
$v_{Q\eta}$ / kHz	1906		475	793	1075	721	380	692	589
δ_{iso} / ppm	58.0		39.8	28.6	26.6	22.3	2.1	-0.8	-5.2

Probe f, Al:F 1:2

	1	2	3	4	5	6	7	8
δ_{F1} / ppm	83.0	59.1	41.6	33.4	25.5	4.5	6.6	-0.5
δ_{F2} / ppm	20.0	48.1	37.1	20.8	16.3	0.9	-21.2	-12.3
P_Q / MHz	12.7	5.3	3.4	5.7	4.9	3.0	8.4	5.5
$v_{Q\eta}$ / kHz	1908	797	510	853	729	456	1267	826
δ_{iso} / ppm	59.7	55.0	39.9	28.7	22.1	3.2	-3.7	-4.9

P_Q: Quadrupolares Produkt $P_Q = v_{Q\eta} \cdot ((2I-1)2I)/3$.

Für vergleichende Zwecke wurden die Spektren in erster Näherung mit gemischten Gauß/Lorentz-Funktionen simuliert (nicht gezeigt). Die Maxima der Gauß/Lorentz-Funktionen sollten ungefähr mit den Schwerpunkten der einzelnen Signale übereinstimmen, eine erste „grobe" Analyse der Daten über die SORGE-Methode ermöglichen ([44] bzw. Gleichungen 3.6 und 3.7), und so eine zusätzliche Abschätzung der NMR-Parameter und der Anzahl der involvierten Einheiten erlauben. Ein Vergleich der über diese stark vereinfachende Methode abgeschätzten Parameter mit den Parametern, ermittelt aus den 3QMAS-Spektren, zeigt eine gute Übereinstimmung (siehe Tabelle 4.5.3).

$$\delta_{27Al} = \delta_{iso} + \delta_{QIS} \qquad \text{Gleichung 3.6}$$

$$\delta_{QIS}^{<m>} = -v_{Q\eta}^2 \cdot \frac{I(I+1)-3-9m(m-1)}{30v_0^2} \cdot 10^6 \qquad \text{Gleichung 3.7}$$

Kapitel 4

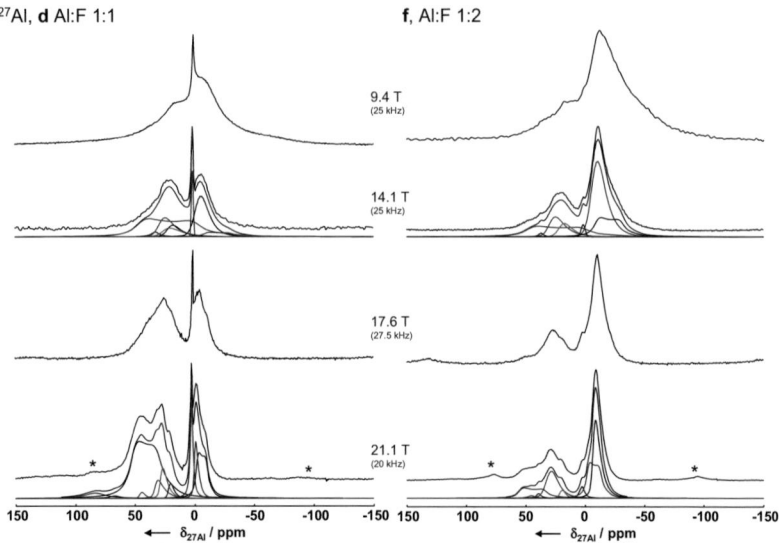

Spektrum 4.13 Feldabhängige ^{27}Al MAS NMR Spektren der AlF$_x$(O^{i}Pr)$_{3-x}$•z ^{i}PrOH d (Al:F = 1:1) und f (Al:F = 1:2). B_0 = 9.4 T bis 21.1 T. Gezeigt ist jeweils der zentrale Bereich und für die Spektren gemessen bei B_0 = 14.1 T und 21.1 T sind zusätzlich mögliche Zerlegungen gezeigt (Rot: Summe, Farbig: einzelne Anteile, basierend auf den Analysen der 3QMAS Spektren). * markieren Rotationsseitenbanden. (14.1 T: ν_{rot} = 25 kHz, NS = 128-256, 17.6 T: ν_{rot} = 27.5 kHz, NS = 256, 21.1 T: ν_{rot} = 20 kHz, NS = 1024).

Tabelle 4.5.2 Durch Zerlegung (Spektrum 4.13, B_0=14.1 T und 21.1 T) erhaltene NMR-Parameter unter Berücksichtigung der quadrupolaren Parameter für die $AlF_x(O^iPr)_{3-x} \cdot z\,^iPrOH$: d und f (Al:F=1:1 und 1:2)

d, Al : F = 1 : 1
$B_0 = 14.1\,T$

Linie #	Modell[a]	korrespondiert mit Einheit (Tabelle 4.5.1)	δ_{iso} / ppm	dCS / ppm	ν_Q / kHz		LB oder HWB / kHz	Intensität / %
#1	Q mas 1/2	1	57.9	-	ν_Q 1859	η 0.14	2.4	39.9
#2	Gaus/Lor		32.7[b]	-	-		1.2	1.9
#3	CzSimple	3	29.6	8.2	793		1.6	12.3
#4	CzSimple	4	26.6	9.0	900		2.0	6.8
#5	CzSimple	5	22.3	7.8	721		1.3	6.5
#6	Gaus/Lor	6	1.6[b]	-	-		0.3	4.5
#7	CzSimple	7+8	-1.3	8.8	692		1.2	23.1
#8	Q mas 1/2	7 Probe f	-3.7	-	ν_Q 1265	η 0.13	1.4	4.9

$B_0 = 21.1\,T$

Linie #	Modell	korr.	δ_{iso} / ppm	dCS / ppm	ν_Q / kHz		LB/HWB / kHz	Intensität / %
#1	Q mas 1/2	1	57.1	-	ν_Q 1851	η 0.14	2.6	50.1
#2	CzSimple		45.9	3.0	659		1.1	1.0
#3	CzSimple	3	33.5	3.2	947		2.3	5.3
#4	CzSimple	4	29.0	3.0	782		1.6	6.6
#5	CzSimple	5	22.2	3.0	700		0.8	2.6
#6	Gaus/Lor	6	2.7[b]	-	-		0.6	10.1
#7	CzSimple	7+8	0.4	1.7	602		1.4	7.8
#8	Q mas 1/2	7 Probe f	0.4	-	ν_Q 1164	η 0.1	0.9	15.8

f, Al : F = 1 : 2
$B_0 = 14.1\,T$

Linie #	Modell	korr.	δ_{iso} / ppm	dCS / ppm	ν_Q / kHz		LB/HWB / kHz	Intensität / %
#1	Q mas 1/2	1	59.6	-	ν_Q 1856	η 0.14	2.4	20.8
#2	Gaus/Lor	3	37.1[b]	-	-		0.7	0.8
#3	CzSimple	4	30.2	8.2	787		1.6	11.5
#4	CzSimple	5	22.1	7.8	730		1.4	6.8
#5	Gaus/Lor	6	1.7[b]	-	-		0.6	1.6
#6	Q mas 1/2	7	-3.9	-	ν_Q 1242	η 0.10	1.0	18.9
#7	CzSimple	8	-5.9	8.6	716		1.3	39.6

$B_0 = 21.1\,T$

Linie #	Modell	korr.	δ_{iso} / ppm	dCS / ppm	ν_Q / kHz		LB/HWB / kHz	Intensität / %
#1	Q mas 1/2	1	60.7	-	ν_Q 1857	η 0.14	1.6	13.1
#2	Gaus/Lor	2	45.7[b]	-	-		1.4	1.1
#3	Gaus/Lor	3	39.5[b]	-	-		1.1	1.4
#4	CzSimple	4	32.3	7.6	935		2.2	18.0
#5	CzSimple	5	21.4	3.8	627		1.0	2.5
#6	Gaus/Lor	6	2.8[b]	-	-		1.2	3.8
#7	Q mas 1/2	7	0.8	-	ν_Q 1318	η 0.10	1.2	27.0
#8	CzSimple	8	-6.5	3.0	842		1.8	33.0

[a] Die Bezeichnung der Kurven-Modelle folgt dmfit[150]: Qmas1/2: zentraler Übergang verbreitert durch QWW zweiter Ordnung, MAS mit unendlicher ν_{rot}; CzSimple: Czjzek-Verteilung eines Kerns in amorpher Umgebung mit dCS (Verteilung der chem. Verschiebung) und Verteilung von ν_Q (d = 5, η = 0.61). [b] angegebener Wert entspricht der beobachteten Verschiebung δ_{27Al} einer Kurve mit sehr geringer Intensität. Diese wurde mit einer gemischten Gauß/Lorentz-Funktion angenähert. LB Gauß-Verbreiterung der Kurven unter Berücksichtigung der Quadrupolparameter (Czjzek, Qmas1/2); HWB Halbwertsbreite der Gauß/Lorentz-Funktionen.

Kapitel 4

Tabelle 4.5.3 Vergleich der über verschiedene Verfahren abgeleiteten ^{27}Al NMR Parameter. Zusätzlich angegeben ist eine mögliche Zuordnung. Die Nummerierung folgt Tabelle 4.5.1

	d, Al : F = 1 : 1							
Einheit #	1	2	3	4	5	6	7	8
$\delta_{^{27}Al}$ (14.1 T) / ppm	34.7	25.3	19.3	14.2		1.6	-4.9	-13.0
$\delta_{^{27}Al}$ (17.6 T) / ppm	38.3	29.2	24.9	19.4		1.7	-2.6	-11.1
$\delta_{^{27}Al}$ (21.1 T) / ppm	43.9	30.8	26.7	22.5		2.1	-1.3	-9.9
SORGE								
δ_{iso} / ppm	**49.9**	**35.4**	**33.1**	**29.0**		**2.3**	**1.6**	**-7.5**
$\nu_{Q\eta}$ / kHz	*1202*	*959*	*1117*	*1168*		*265*	*770*	*713*
R^2	*0.916*	*0.995*	*0.986*	*0.999*		*0.723*	*0.999*	*0.999*
3QMAS (9.4 T)^a								
δ_{iso} / ppm		**41.5**	**31.2**	**28.5**	**21.8**	**2.3**	**0.0**	**-5.5**
$\nu_{Q\eta}$ / kHz		*450*	*919*	*758*	*762*	*273*	*524*	*473*
3QMAS (14.1 T)								
δ_{iso} / ppm	**58.0**	**39.8**	**28.6**	**26.6**	**22.3**	**2.1**	**-0.8**	**-5.2**
$\nu_{Q\eta}$ / kHz	*1906*	*475*	*793*	*1075*	*721*	*380*	*692*	*589*
mögliche Zuordnung^b	AlO_4	AlF_xO_{4-x} $x = 1, 2$	AlF_4	AlF_xO_{5-x} $x = 1 - 4$	AlF_5	AlO_6	AlF_xO_{6-x} $x = 3 - 5$	

	f, Al : F = 1 : 2								
Einheit #	1	2	3	4	5	6	7	8^c	9
$\delta_{^{27}Al}$ (14.1 T) / ppm	45.8		34.3	24.2	13.6	1.9		-12*	
$\delta_{^{27}Al}$ (17.6 T) / ppm	50.3		36.5	28.4	18.2	3.3		-10.3	
$\delta_{^{27}Al}$ (21.1 T) / ppm	52.8		37.7	28.8	19.9	2.7		-9.2	
SORGE									
δ_{iso} / ppm	**58.3**		**40.4**	**33.2**	**25.2**	n.d.		**-7.0**	
$\nu_{Q\eta}$ / kHz	*1072*		*750*	*895*	*1027*	n.d.		*677*	
R^2	*0.999*		*0.999*	*0.922*	*0.993*	n.d.		*0.999*	
3QMAS (9.4 T)^a									
δ_{iso} / ppm			**42.1**	**32.7**	**23.8**		**-2.5**	**-3.3**	**-6.7**
$\nu_{Q\eta}$ / kHz			*483*	*758*	*533*		*1151*	*562*	*416*
3QMAS (14.1 T)									
δ_{iso} / ppm	**59.7**	**55.0**	**39.9**	**28.7**	**22.1**	**3.2**	**-3.7**	**-4.9**	
$\nu_{Q\eta}$ / kHz	*1908*	*797*	*510*	*853*	*729*	*456*	*1267*	*826*	

		7	8^c	9
Vergleich CT/ST		21.1 T	17.6 T	14.1 T
Einheit #8	$\delta_{^{27}Al}$(CT) / ppm	-9.2	-10.3	Czjzek
	$\delta_{^{27}Al}$(ST) / ppm	-8.3	-8.1	
	δ_{iso} / ppm	**-8.4**	**-8.3**	**-9.6**
	$\nu_{Q\eta}$ / kHz	*400*	*529*	*670*

* Maximum des Signals, übernommen aus dem Spektrum,
^{a} siehe auch Ref. [151],
^{b} O bezeichnet (O^{i}Pr bzw. HO^{i}Pr),
^{c} Mittelung der Einheiten 7, 8 und 9,
CT – zentraler Übergang,
ST – Schwerpunkt der inneren Satellitenübergänge,
n.d. nicht bestimmbar.

Fasst man die gewonnenen Erkenntnisse zusammen, können, unter Kenntnis der Anzahl der involvierten Einheiten und Kenntnis der NMR-Parameter der einzelnen Al-Spezies sowie ihrer Linienformen, die durch starke Überlagerung geprägten ^{27}Al MAS NMR-Spektren berechnet werden. Dies ist beispielhaft für die 14.1 T- und 21.1 T Spektren gezeigt (siehe Spektrum 4.13 und Tabelle 4.5.2).

Ein Vergleich aller Methoden zeigt, dass das genaueste chemische Bild erst nach Auswertung aller vorhandenen Daten resultiert. Die verschiedenen Signale überlagern stark in den Bereichen der fünffach und sechsfach koordinierten Einheiten. Die Trennung in verschiedene Anteile während der Zuordnung (3QMAS, SORGE) bzw. Berechnung erfolgte immer mit der kleinsten Anzahl an Linien. Obwohl beispielsweise und wie eingangs dargestellt in den ^{19}F→^{27}Al CP MAS NMR-Spektren (siehe Spektrum 4.11) deutliche Hinweise auf mindestens zwei unterscheidbare Einheiten in der Verbindung **d** (Al : F = 1:1) existieren, können diese mit anderen Methoden nicht zweifelsfrei nachgewiesen werden. Infolgedessen repräsentieren die gefunden Parameter für einige der stark überlagerten Spezies (Intensitäten, δ_{iso}, $v_{Q\eta}$) in engen Grenzen gemittelte Werte.

Auf der anderen Seite ermöglichen die ^{27}Al-*single pulse* Spektren, aufgenommen im hohen Magnetfeld ($B_0 = 21.1$ T) und die 3QMAS-Spektren ($B_0 = 14.1$ T und 9.4 T), eine genauere Analyse der Signale im Tieffeld-Bereich der Aluminium-Spektren. Zusätzlich können Anteile im Bereich sechsfach koordinierter Einheiten identifiziert werden, deren Signale die typischen Charakteristika aufweisen, die auf eine Verbreiterung des Signals auf Grund von Quadrupolwechselwirkungen zweiter Ordnung hindeuten (Tabelle 4.5.2 **d**: Al-Einheit #8, **f**: Al-Einheit #6 bzw. #7). Auch hier scheint in Übereinstimmung mit Ergebnissen, die für das „Standard"-Xerogel abgeleitet wurden,[32] mehr als eine Spezies mit diesen Charakteristika vorhanden zu sein. Wie in Kapitel 2.2.1 dargestellt, lässt sich aus dem Auftreten dieser charakteristischen Linienform zum einen eine regelmäßigere Umgebung AlF$_x$(O^{i}Pr)$_{6-x}$ in geordneten Domänen ableiten. Zum anderen folgt aus den isotropen chemischen Verschiebungen ($\delta_{iso} = (-2\pm3)$ ppm) eine mittlere Koordination von AlF$_{3-4}$(O^{i}Pr)$_{3-2}$. Die Höhe der abgeschätzten Quadrupolfrequenz ($v_{Q\eta} \approx (1200\pm100)$ kHz) wiederum führt zu der Vermutung, dass diese Einheiten zu Ketten oder Schichten verknüpft sind, die als typische Strukturmotive in komplexen Aluminiumfluoriden bekannt sind (siehe dazu Kapitel 3.3.5).

Allgemein wird für das Signal sechsfach koordinierter AlF$_x$(O^{i}Pr)$_{6-x}$ – Einheiten in gestörter Umgebung (Czjzek-Verteilung) eine Hochfeld-Verschiebung, gleichbedeutend mit höherem Fluor-Anteil x in der Al-Koordinationssphäre, gefunden.

Weiterhin bemerkenswert ist, dass auch für das Isopropoxidfluorid mit dem Ausgangsstoffmengenverhältnis Al(O^{i}Pr)$_3$: HF = 1:2 immer noch Reste von unumgesetzten Aluminiumisopropoxid im Spektrum identifiziert werden können. Die publizierten NMR-Parameter der Al(O^{i}Pr)$_4$-Einheit und der Al(O^{i}Pr)$_6$-Einheit des tetrameren Al(O^{i}Pr)$_3$ [130] stimmen mit den bestimmten Werten für Al-Spezies #1 und #6 (Tabelle 4.5.3) überein.

Die Korrelation und Zuordnung von Al- und F-Signalen

Zusätzlich gibt Tabelle 4.5.3 eine erste Zuordnung aller weiteren Al-Einheiten - zunächst unterteilt in verschieden koordinierte Einheiten mit den Koordinationszahlen KZ = 4, 5 und 6. Die Grenzen (AlO$_4$ - AlF$_4$; AlO$_5$ - AlF$_5$; AlO$_6$ – AlF$_6$) werden dabei bestimmt von aus der Literatur bekannten Werten, die auf der Seite der Oxide umfangreicher, aber für reine fluoridisch nicht sechsfach koordinierte Einheiten sehr selten sind. (Für NMR-Daten der Alkoxide siehe [130], oder Refs. [102, 152] für beispielhafte Publikationen über Al$_2$O$_3$ bzw. Al(OH)$_3$). AlF$_4^-$ und AlF$_5^{2-}$ werden beispielsweise im Modell (in einer Art NMR-Inkrementsystem) zur Beschreibung auftretender chemischer Verschiebungen von ionischen Einheiten in fluoridischen Schmelzen diskutiert (δ_{iso} = 38 ppm für AlF$_4^-$ bzw. 20 ppm für AlF$_5^{2-}$).[85, 86] Sie werden auch als diskret auftretende Anionen im Festkörper beschrieben (δ_{iso} = 49 ppm für AlF$_4^-$ bzw. 24 ppm für AlF$_5^{2-}$)[60] oder vernetzt in F-haltigen Gläsern (δ_{27Al} = 22 ppm).[153] Abhängigkeiten chemischer Verschiebungen im System Al/F/O von sechsfach koordinierten Einheiten von der Anzahl an xF in AlF$_x$(OR)$_{6-x}$ wurden ausführlich in den Kapiteln 3.3.1 und 3.3.4 behandelt. Weiterhin treten vierfach koordinierte AlF$_x$O$_{4-x}$-Einheiten oft bei Dealuminierungs- bzw. Fluorierungsprozessen von Zeolithen auf.[83, 84] Eine genaue Zuordnung der Signale oder Ableitung der isotropen chemischen Verschiebung ist dort allerdings meistens nicht erfolgt (δ_{27Al}≈50-55 ppm).

Ein erster Vergleich mit den in dieser Arbeit ermittelten Werten einiger Al-Einheiten unterstützt die hier getroffene Zuordnung (insbesondere bezüglich der AlF$_4$ und AlF$_5$-Einheiten). Diese Spezies können wahrscheinlich rückblickend auch in den ^{19}F→^{27}Al CP MAS NMR und ^{27}Al{^{19}F}-MAS NMR Spektren (siehe Spektrum 4.11) identifiziert werden (Signale bei δ_{27Al} ≈38 und 14 ppm).

Setzt man für die Identifizierung der verbleibenden Al-Einheiten ähnliche lineare Trends der Abhängigkeiten der isotropen chemischen Verschiebungen für vierfach koordinierte AlF$_x$(O^{i}Pr)$_{4-x}$- und fünffach koordinierte AlF$_x$(O^{i}Pr)$_{5-x}$-Einheiten vom Fluorierungsgrad x voraus, lassen sich die in Abbildung 4.9 dargestellten Korrelationen ableiten, die gut aus der Literatur bekannte Werte mit abbilden.

Eine ähnliche Korrelation der chemischen Verschiebung konnte Weller für eine Reihe von Aluminat-Sodalithen (Baueinheit ist dort immer das AlO$_4$-Tetraeder) in Abhängigkeit vom Al-O-Al Bindungswinkel nachweisen.[104] Struktur bestimmend und damit die chemische Verschiebung beeinflussend, sind dort jedoch die Art des involvierten Kations (Sr^{2+}, Cd^{2+}, Ca^{2+}) bzw. weiterer Bestandteile. Diese Einflüsse auf die chemische Verschiebung können in den hochgestörten röntgenamorphen Alkoxidfluoriden ausgeschlossen werden.

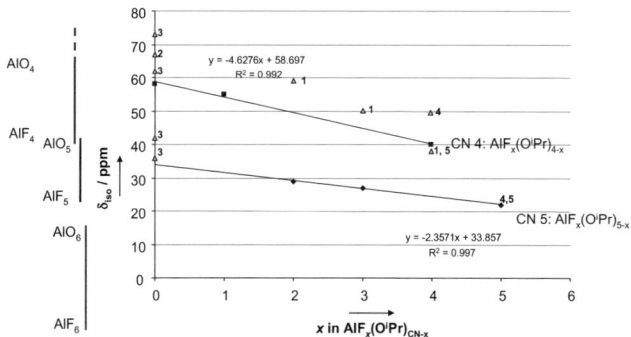

Abbildung 4.9 Mögliche Abhängigkeiten der ^{27}Al isotropen chemischen Verschiebungen von x für $AlF_x(O^iPr)_{KZ-x}$ –Einheiten (KZ = 4, 5). Zusätzlich sind einige Referenzpunkte mit angegeben: Δ1: Lacassagne/AlF_xO_{4-x} in fluoridischen Schmelzen[85], Δ2: Stößer/AlO_4 in γ-Al_2O_3[152], Δ3: Abraham/AlO_4 und AlO_5 in $Al(OR)_3$ bzw. Al_2O_3[130], Δ4: Groß/AlF_4^- und AlF_5^{2-} im Festkörper[60] und Δ5: Robert/AlF_4^- - AlF_5^{2-} - AlF_6^{3-} - Modell für fluoridische Schmelzen[86].

Somit ist erstmalig die Formulierung von NMR-Parametern für $AlF_2(O^iPr)_3$- oder $AlF_3(O^iPr)_2$-Einheiten möglich. Die Übertragung auf verwandte Systeme, wie amorphe Aluminiumhydroxidfluoride, scheint durchführbar.
Der Vergleich der ^{27}Al-Spektren und der bestimmten relativen Intensitäten einzelner Anteile der beiden letzten hier betrachteten Aluminiumisopropoxidfluoride (Al:F = 1:1 und Al:F = 1:2) deutet allgemein auf eine Abnahme der Anteile vier- und fünffach koordinierter Al-Einheiten und eine Zunahme von sechsfach koordinierten Al-Einheiten mit steigendem Fluorierungsgrad hin. Spektrum 4.9 zeigt, dass in erster Näherung das Xerogel, die Vorstufe von HS-AlF_3 (Al : F = 1:3), nur aus sechsfach koordinierten Einheiten $AlF_x(O^iPr)_{6-x}$ gebildet wird. Verfolgt man den Verlauf der relativen Intensitäten der einzelnen Gruppen, d.h. jeweils alle vierfach, fünffach bzw. sechsfach koordinierten Einheiten zusammengefasst, mit steigendem Fluorierungsgrad und vergleicht diesen mit dem Verlauf einzelner Anteile der korrespondierenden ^{19}F-Spektren (siehe Spektrum 4.9), ist eine erste einfache, indirekte Art der Korrelation entsprechender Aluminium- und Fluor-Signale möglich.
Tabelle 4.5.4 gibt einen Überblick über das Ergebnis der Zerlegung der experimentellen ^{19}F MAS NMR Spektren der Alkoxidfluoride mit steigendem

Kapitel 4

Fluorierungsgrad (siehe Spektrum 4.9, $B_0 = 9.4$ T, Zerlegung ist nicht im Bild gezeigt). Die Zerlegung des ^{19}F MAS NMR Spektrums des Xerogels (Al:F = 1:3) wird im folgenden Kapitel diskutiert.

Tabelle 4.5.4 NMR-Parameter der Zerlegung der ^{19}F MAS NMR Spektren für die $AlF_x(O^iPr)_{3-x}\cdot z \,^iPrOH$ (Proben d, e, f: Al:F = 1:1 bis 1:2), B_0=9.4 T, Die experimentellen Spektren sind als Spektrum 4.9 gezeigt

		Al:F :	1:1	2:3	1:2		
F-Signal #	δ_{iso} / ppm	HWB / kHz	Intensität / %	Intensität / %	Intensität / %	mögliche Zuordnung	
1	-130.0	4.8	1	2	1	AlF_xO_{KZ-x}	x=2 (?) verbrückende F-site
2	-136.8	2.6	3	2	1	AlF_xO_{KZ-x}	x=3 (?) verbrückende F-site
3	-148.5	5.1	24	13	11	AlF_xO_{KZ-x}	x=5 (?) verbrückende F-site
4	-156.6	2.8	18	24	18	AlF_xO_{6-x}	x=4 verbrückende F-site
5	-162.0	0.6	3	3	1	"geordnete" Einheiten / Al_3O_8F (?)	
6	-162.9	3.0	23	34	40	AlF_xO_{6-x}	x=5 verbrückende F-site
7	-171.5	0.8	2	0.3	0.5	Al_3O_8F (?) / terminale F-site	
8	-172.2	5.0	21	15	19	AlF_xO_{6-x}	x=4 terminale F-site
9	-181.8	2.4	3	7	8	AlF_xO_{KZ-x}	x=? terminale F-site
10	-189.0	3.7	3	1		"$AlF_4/AlF_5/AlF_6$"	terminale F-site
11*	-198.9	2.9					

Die Zerlegung ist nicht im Bild gezeigt. δ_{iso} und HWB beziehen sich auf das Ergebnis für Al:F=1:1. Alle weiteren Anpassungen (2:3 und 1:2) wurden als Eingangswert mit den Werten Al:F=1:1 vorgenommen (optimierbarer Parameter: Amplitude). In einem zweiten Anpassungsschritt erfolgte die Optimierung aller Parameter (Parameter: δ_{iso}, HWB, Amplitude). Infolgedessen können im Einzelfall die Lagen der isotropen chemischen Verschiebungen um etwa 1-2 ppm, die Halbwertsbreiten um 0.2-0.6 kHz der Hauptsignale für Al:F=2:3 und 1:2 variieren. Die Halbwertsbreiten der Signale bei -181.8 ppm und -189.0 ppm nehmen auf etwa 5 bzw. etwa 16 kHz zu.
* überlagert mit dem Rotationsseitenband des F-Signals #1.
HWB: Halbwertsbreite.

Der Verlauf der relativen Intensitäten der Aluminium-Signale und einiger Fluor-Signale mit steigendem Fluorierungsgrad ist in folgenden Abbildungen gegenübergestellt.
Interessanterweise ergeben sich, für die nach Koordinationszahl gruppierten Anteile der Signale an den Aluminium-Spektren, drei nahezu lineare Trends, wobei der Trend der vierfach koordinierten Aluminium-Spezies im Wesentlichen die Abnahme von $Al(O^iPr)_4$-Einheiten beschreibt. (Damit ergibt sich der Restgehalt an $Al(O^iPr)_3$ in den röntgenamorphen Aluminiumisopropoxidfluoriden zu etwa einem Viertel der Menge der $Al(O^iPr)_4$-Einheiten.)
Betrachtet man die Entwicklung der Hauptanteile in den ^{19}F-Spektren, fällt auf, dass nur das Signal bei $\delta_{iso} = -163$ ppm mit steigendem Fluor-Gehalt intensiver wird und die Intensität des Signals bei $\delta_{iso} = -149$ ppm mit steigendem Fluor-Gehalt geringer wird. D.h. das erste Signal korreliert wahrscheinlich mit den sechsfach koordinierten $AlF_x(O^iPr)_{6-x}$-Einheiten, während das Signal bei -149 ppm eher mit fünffach koordinierten $AlF_x(O^iPr)_{5-x}$ korrespondiert. Der

Kapitel 4

Hauptanteil aller vierfach koordinierten Einheiten entspricht restlichen Al(O^{i}Pr)$_4$-Einheiten (siehe Spektrum 4.13 und Tabelle 4.5.2).

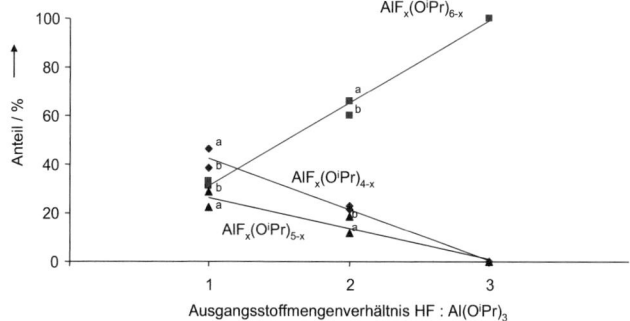

Abbildung 4.10 Verlauf der relativen Intensitäten einzelner Signalgruppen (^{27}Al) mit steigendem Fluor-Gehalt in den Festkörper-MAS NMR Spektren: A: ^{27}Al: rot – KZ 4, blau – KZ 5, grün – KZ 6; a-Intensitäten folgend aus der Näherung der 21.1 T-Spektren, b-Intensitäten folgend aus der Berechnung der 14.1 T-Spektren.

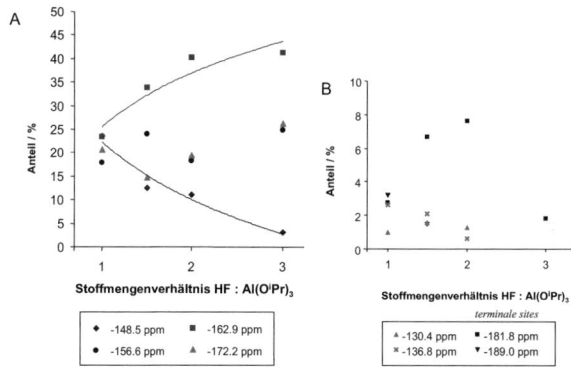

Abbildung 4.11 Verlauf der relativen Intensitäten einzelner Anteile (^{19}F) mit steigendem Fluor-Gehalt in den Festkörper-MAS NMR Spektren. Die Kurven B: -148.5 ppm und -162.9 ppm folgen nur dem generellen Verlauf der Messpunkte. C: Vergleich für F-sites mit geringer Intensität: schwarz – terminale F-sites mit δ_{iso} < -180 ppm, grau - F-sites für Polyeder AlF$_x$(O^{i}Pr)$_{KZ-x}$ mit geringem F-Gehalt x.

Generell ist es dennoch schwierig, eine eindeutige Zuordnung der korrespondierenden ^{19}F- und ^{27}Al-Signale zu treffen. Dies ist unter anderem in der starken spektralen Überlagerung der Signale unterschiedlicher F-Positionen

109

begründet. Auch Fluor in verbrückender Position zwischen zwei $AlF(OH)_5$ oder $AlF_2(OH)_4$-Einheiten würde eine chemische Verschiebung im Bereich von -130 bis -140 ppm aufweisen (siehe Kapitel 3.3.1).
Folgt man dem in Kapitel 3.4 vorgestellten, geometrischen Konzept zur Abschätzung von Fluor-Verschiebungen in Anwendung für vier- und fünffach koordinierte $AlF_x(O^iPr)_{KZ-x}$ Einheiten, ergibt sich auch hier eine Tieffeld-Verschiebung im Vergleich zu verbrückenden F-Sites zwischen zwei sechsfach koordinierten Einheiten. Theoretische Berechnungen von ^{19}F NMR Verschiebungen auf quantenchemischer Basis für Al-F-Spezies in Alumosilikaten untermauern diese Vermutung im Vergleich fünf- und sechsfach koordinierter Einheiten, während die F-Sites zwischen vierfach koordinierten Einheiten eher Hochfeld verschoben sind.[93]
Eine weitere direkte Methode sind ^{19}F-^{27}Al Festkörper Korrelationsexperimente. Diese basieren in diesem Fall auf $^{19}F \rightarrow ^{27}Al$ CP MAS NMR Experimenten und korrelieren Al- und F-Signale von Spezies, die in räumlicher Nähe zueinander sind, bzw., bei sehr kurzen Kontaktzeiten, Al- und F-Signale von Spezies mit direkter Bindung. Nichtsdestotrotz haben diese Experimente eher hinweisenden Charakter, da die CP- (und HETCOR)-Messbedingungen (für Experimente mit Quadrupolkernen) neben der Rotationsfrequenz auch von der Quadrupolfrequenz abhängig sind.

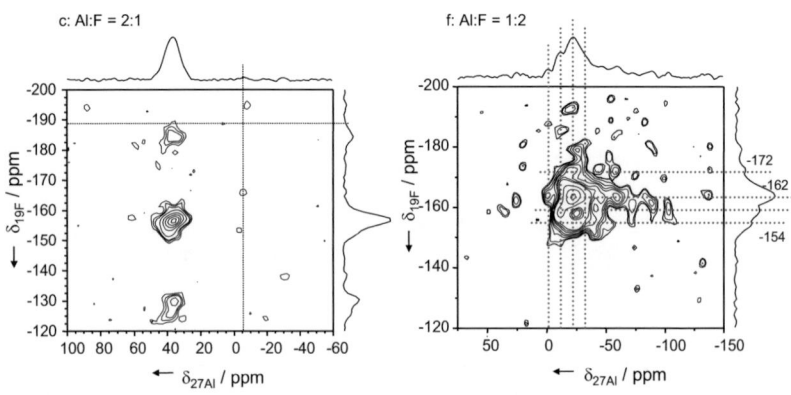

Spektrum 4.14 ^{19}F-^{27}Al HETCOR-MAS NMR-Spektren der $AlF_x(O^iPr)_{3-x} \cdot z\ ^iPrOH$ Proben c (Al:F=2:1) und f (Al:F=1:2) sowie die Projektionen entlang den ^{19}F- und ^{27}Al-Achsen. Zur Orientierung sind einige Hilfslinien eingezeichnet. Weitere Parameter: c: v_{rot} = 10 kHz, NS = 1536, TD1 = 128, Kontaktzeit = 300 µs, $rf_{27Al} \approx$ 15 kHz; f: v_{rot} = 25 kHz, NS = 3528, TD1 = 128, Kontaktzeit = 160 µs; $rf_{27Al} \approx$ 10 kHz.

Das bedeutet, es gibt in bestimmten Fällen für jede unterscheidbare Al-F-Einheit einer Probe einen optimalen Satz an Messbedingungen. Ein Experiment unter realen Messbedingungen ist in diesem Fall immer ein Kompromiss zwischen Messzeit und maximalem Informationsgewinn (über so viele Spezies wie möglich).
Spektrum 4.14 zeigt ^{19}F-^{27}Al HETCOR MAS NMR Spektren von zwei exemplarisch ausgewählten Aluminiumisopropoxidfluoriden mit geringem (**c**, Al:F = 2:1) und höherem Fluorgehalt (**f**, Al:F = 1:2). Überraschenderweise zeigt das Isopropoxidfluorid mit dem geringeren Fluor-Gehalt nur ein Korrelationssignal zwischen dem Signal bei δ_{27Al} = 38 ppm und δ_{19F}=-156 ppm (siehe auch Spektrum 4.9), während im korrespondierenden ^{19}F→^{27}Al CP Spektrum zwei Signale bei δ_{27Al} ≈ 38 und -6 ppm nachgewiesen werden konnten.
Es können keine Korrelationssignale im Bereich des Fluor-Signals bei -188 ppm (terminales F) bzw. im Bereich des Al-Signals bei δ_{27Al} ≈ -6 ppm nachgewiesen werden (siehe Hilfslinien Spektrum 4.14, **c**). Nichtsdestotrotz wird dem Signal bei 38 ppm zusätzlich zum Fluor-Signal bei -156 ppm, auch das Signal bei -188 ppm zugeordnet.
Das erste muss stark vernetzten, womöglich zusätzlich H-verbrückten μ_2-F-Brücken entsprechen (mehrere entschirmende Beiträge führen zur Beobachtung des Signals im Tieffeld-Bereich), während das Signal bei -188 ppm wahrscheinlich terminal gebundenem F entspricht. Diese gefundene Verschiebung ist in Übereinstimmung mit den bekannten Werten terminaler Al-F für AlF$_4^-$ - Spezies in Lösung.[147] Die für AlF$_4^-$ - Anionen typische IR-Bande (scharfe Bande bei 785 cm^{-1}) konnte jedoch nicht beobachtet werden (siehe Abbildung 4.8).[147]
Im ^{19}F-^{27}Al HETCOR MAS NMR Spektrum des Xerogels **f** (Al:F = 1:2) sind keine Korrelationssignale im Bereich fünffach koordinierter Al-Einheiten (δ_{27Al}≈10 bis 40 ppm) detektierbar. Stattdessen überlagern sich sowohl die Fluor- als auch die Aluminiumsignale im typischen Bereich sechsfach koordinierter Al-Einheiten sehr stark und bilden ein „verschmiertes" Signal in diesem Bereich.
Gründe für beide Befunde können, wie angeführt, deutlich unterschiedliche optimale Bedingungen für den Polarisationstransfer von verschiedenen Al- und F-Spezies sein. Diese sind auf die großen (strukturellen) Unterschiede einzelner Al-Einheiten rückführbar. In den röntgenamorphen, hoch gestörten Isopropoxidfluoriden sind Al-Spezies mit kleineren und größeren Quadrupolkopplungskonstanten nachweisbar; es gibt Einheiten, die verschieden in ihrer Koordinationszahl, als auch in der Anzahl der koordinierenden Fluorid-Anionen sind. Es ist theoretisch nachweisbar, dass für jede Spezies-Konstellation (abhängig von ν_Q und ν_{rot}) unterschiedliche optimale Anregungsbedingungen gefunden werden können.

Tabelle 4.5.5 zeigt abschließend mögliche zusammengehörige Signale und Einheiten in den ^{27}Aluminium- und ^{19}Fluor-Spektren, auf der Basis der hier vorgestellten indirekten und direkten Korrelationsmethoden.

Tabelle 4.5.5 Mögliche korrespondierende F- und Al-Signale und die dazugehörigen Einheiten

	Al	F-Spezies verbrückend	terminal
$AlF_x(O^iPr)_{KZ-x}$	δ_{iso} / ppm	δ_{iso} / ppm	δ_{iso} / ppm
KZ: 4, x = 4	38	-156	-188
KZ: 5, x = 2-5	29, 27, 22	*-130, -137, -149*	*(-172),-182, -189*
KZ: 6, x = 3-5	-1 bis -12	*-156, -163, -172*	

Um weitere Aussagen über die Nähe und Nachbarschaft der einzelnen Fluor-Spezies der verschiedenen Gruppierungen abzuleiten, wurden mit den $AlF_x(O^iPr)_{3-x}\cdot z$ ^iPrOH Proben, hergestellt im Anfangsstoffmengenverhältnis $Al(O^iPr)_3$:HF = 1:1 und 1:2, ^{19}F-^{19}F *spin exchange* Festkörper-MAS NMR Experimente und Rotor-synchrone *echo* Festkörper-MAS NMR Experimente durchgeführt. Das *spin exchange* Experiment entspricht im Prinzip einem flüssig NMR NOESY Experiment unter Ausnutzung der homonuklearen Kopplung über den Kern-Overhauser-Effekt (Kopplung durch den Raum). Spezies in räumlicher Nachbarschaft sind dann im entsprechenden Spektrum durch Kreuz-Peaks, die symmetrisch zur Diagonalen liegen (Autokorrelation), gekennzeichnet.

Zusätzliche Erkenntnisse sollten sich weiterhin über die, bis jetzt noch nicht diskutierten, schmalen Signale bei δ_{iso} = -162 und -172 ppm (siehe Spektrum 4.9 und Tabelle 4.5.4, Spezies 5 und 7) in den ^{19}F MAS NMR Spektren der eigentlich hoch gestörten Festkörper ergeben.

Spektrum 4.15 zeigt das ^{19}F-^{19}F EXSY MAS NMR Spektrum des Alkoxidfluorids ausgehend vom Stoffmengenverhältnis Al:F = 1:1, aufgenommen mit einer relativ langen Kontaktzeit von 10 ms. Deutlich erkennbar sind zunächst die für röntgenamorphe Festkörper vergleichsweise schmalen Signale bei -162 ppm (höchste Amplitude) und -172 ppm.

Alle weiteren Spezies zeigen wenig Magnetisierungsaustausch (breite Signale bei -138,-148 und -156 ppm) untereinander, bei kürzeren Kontaktzeiten aufgenommene Spektren sind nur geprägt durch den diagonal verlaufenden Autokorrelationspeak. Das heißt, diese fluorierten Einheiten müssen mehr oder weniger isoliert voneinander vorliegen. Weiterhin können dem Spektrum direkt zwei korrespondierende Signalpaare entnommen werden: Das scharfe Signal bei δ_{iso} = -172 korrespondiert mit Anteilen bei -140 bis -145 ppm und das Signal bei δ_{iso} = -156 ppm zeigt Kreuz-Peaks mit einem Signal bei -182 ppm. Das entspricht für beide Signalpaare einer ungefähren Differenz von etwa 30 ppm. Zum Vergleich, nach dem Superpositionsprinzip ergibt sich für reines AlF_3 eine chemische Verschiebung in der Größenordnung von -172 ppm (μ_2-F, zwei Al^{3+}

als nächste Nachbarn). Vermindert um einen Aluminium-Anteil zur Abschätzung der Verschiebung von F in terminalen Al-F-Bindungen, resultiert theoretisch eine Verschiebung im Bereich von -200 ppm mit einer Differenz von ungefähr 30 ppm.[87-89]
Für beide Signale δ_{iso} = -172 ppm und δ_{iso} = -182 ppm liegt also die Vermutung nahe, dass es sich dabei um terminale Fluor-Spezies entsprechender $AlF_x(O^iPr)_{KZ-x}$-Einheiten handeln kann. Entsprechend den bisherigen Überlegungen korrespondiert das erste wahrscheinlich mit fünffach koordinierten Einheiten (z.B. $AlF_{2-3}(O^iPr)_{3-2}$, -140 bis -145 ppm), in Übereinstimmung mit theoretischen Voraussagen ähnlicher Fluor-Spezies (siehe Liu et. al. in [93]). Das zweite Signal bei δ_{iso} = -182 ppm hingegen eher mit sechsfach koordinierten $AlF_{3-4}(O^iPr)_{3-2}$ Einheiten (δ_{iso} = -156 ppm, Zuordnung in Übereinstimmung mit Kapitel 3.3.1).

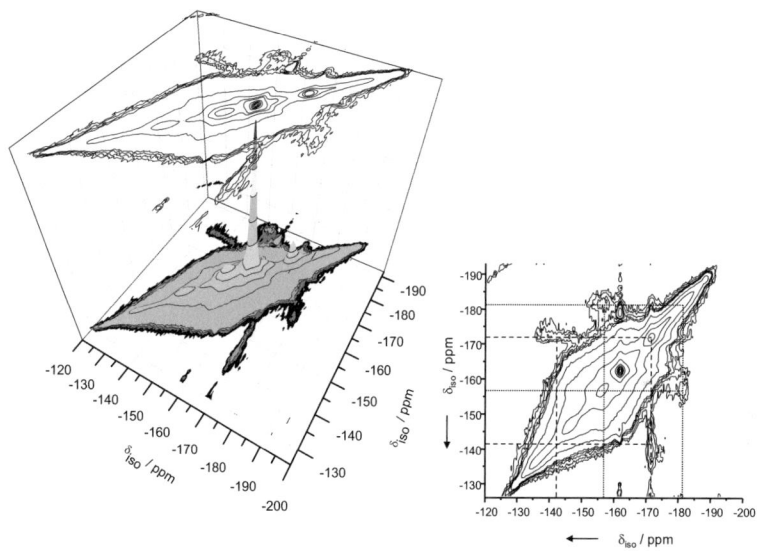

Spektrum 4.15 ^{19}F-^{19}F EXSY MAS NMR Spektrum des Aluminiumisopropoxidfluorids d (Al:F = 1:1) in verschiedenen Darstellungen. v_{rot} = 25 kHz, Kontaktzeit = 10 ms, TD1 = 128, NS = 240.

Im Rotor synchronen *echo* - Experiment (Spektrum 4.16, Al:F 1:1) dephasieren zunächst Anteile des breiten Signals bei -156 ppm. Mit längerer Wartezeit können jedoch noch Anteile bei allen weiteren chemischen Verschiebungen

Kapitel 4

beobachtet werden. Diese Signale dephasieren relativ gleichmäßig. Dies kann als indirekter Hinweis auf Spezies gedeutet werden, die sich nicht stark gegenseitig beeinflussen. Übrig bleibt einzig das schmale Signal bei δ_{iso} = -162 ppm.

Zum Vergleich sind in Spektrum 4.16 das ^{19}F-^{19}F *spin exchange* MAS NMR und die *echo*-MAS NMR-Spektren des Alkoxidfluorids (Al:F = 1:2) angegeben. Die EXSY-Spektren zeigen schon bei kürzeren Kontaktzeiten (im Bild ist nur das Spektrum mit einer Kontaktzeit von 10 ms gezeigt) breite Bereiche, die symmetrisch zur Diagonalen, Magnetisierungstransfer zwischen den entsprechenden Fluor-Spezies anzeigen. Hier ist also eine räumliche Nähe der Spezies bei $\delta_{iso} \approx$ -162 ppm und $\approx$-154 ppm und der Spezies bei -162 ppm und $\approx$-172 ppm gegeben.

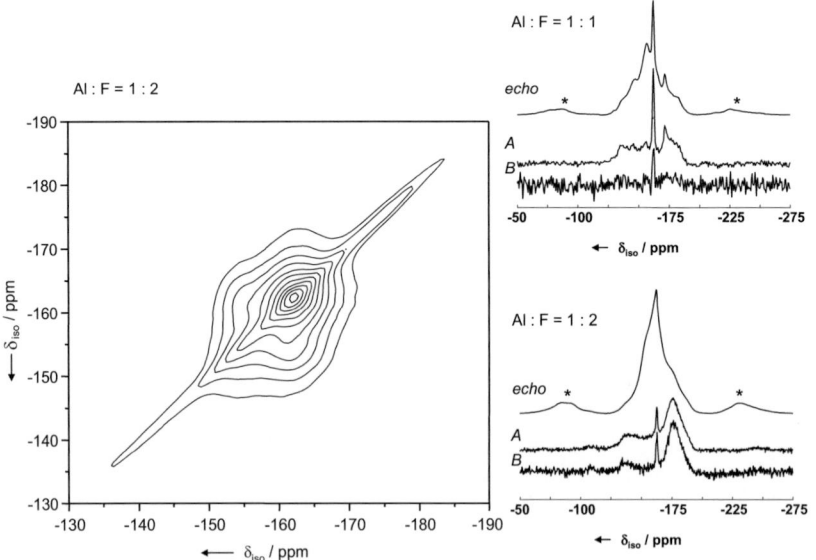

Spektrum 4.16 ^{19}F-^{19}F **EXSY MAS NMR Spektrum des Aluminiumisopropoxidfluorids f (Al:F = 1:2) (Konturplot)** ν_{rot} = 25 kHz, Kontaktzeit = 10 ms, TD1 = 128, NS = 64 und Rotor synchrone *echo* MAS Experimente an d (Al:F = 1:1) und f (Al:F = 1:2), ohne Wartezeit, A: Anzahl zusätzlicher Rotorperioden vor *echo*-Detektion 20; B: 40; ν_{rot} = 25 kHz, NS = 256-1024.

Ein ähnliches Spektrum wird für das Xerogel (Al:F = 1:3) beobachtet.[154] Gehen wir von einem Modell nur unter Berücksichtigung sechsfach koordinierter

Einheiten aus (wie für das Standard-Xerogel nachgewiesen, siehe auch folgendes Kapitel), ergeben sich als „zentrale" Einheit AlF$_5$(O^{i}Pr) – Einheiten (-162 ppm), die sowohl mit AlF$_4$(OiPr)$_2$-Einheiten (-154 ppm) als auch mit AlF$_6$-Einheiten ($\approx$-172 ppm) verknüpft sind. Zusätzlich zeigt das Rotor synchrone ^{19}F *spin echo* MAS NMR Experiment für lange Zeiten vor der *echo*-Detektion ein Signal bei δ_{iso} = -175 ppm, das langsamer dephasiert. Wahrscheinlich lässt sich auch dieses Signal Fluorid in terminalen Al-F-Einheiten von AlF$_x$(O^{i}Pr)$_{6-x}$ ($x \approx 4,5$)-Strukturen in der Xerogel-Matrix zuordnen.

Kürzlich isolierte Pyridin-stabilisierte Aluminiumisopropoxidfluoride – ein Vergleich lokaler Strukturen

Auch für das Aluminiumisopropoxidfluorid, hergestellt im Ausgangsstoff–mengenverhältnis Al(O^{i}Pr)$_3$: HF = 1:2, ist das schmale Fluor-Signal bei δ_{iso} = -162 ppm in Rotor synchronen ^{19}F *spin echo*-Experimenten mit längerer Wartezeit detektierbar. Dieses Signal zeigt keinen Spinaustausch (siehe ^{19}F-^{19}F EXSY Spektren) und ist im Vergleich zu den restlichen Signalen sehr schmal.
Erst vor kurzem ist es im Arbeitskreis Kemnitz gelungen, eine Reihe weiterer kristalliner Aluminiumisopropoxid-fluoride zu isolieren.[155, 156] Diese sind von *I-III* mit zunehmendem Fluorierungsgrad als Abbildung 4.12 gezeigt. Allen Strukturen gemeinsam ist die Involvierung von Pyridin als stabilisierende, Al koordinierende Einheit. Offensichtlich ist die Verwandtschaft von *I* zum bereits isolierten Al$_3$F(O^{i}Pr)$_8$•DMSO (Abbildung 4.1), bzw. die Verwandtschaft dieser beiden Strukturen zum trimeren Al(O^{i}Pr)$_3$-Molekül.

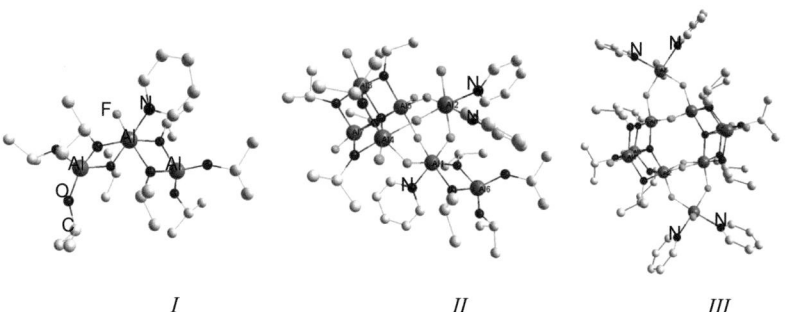

I   *II*   *III*

Abbildung 4.12 Molekulare Einheiten von kristallinen, Pyridin-stabilisierten AlF$_x$(O^{i}Pr)$_{3-x}$. *I*: Al$_3$F(O^{i}Pr)$_8$•Py[155]; *II*: Al$_7$F$_{10}$(O^{i}Pr)$_9$O•3 Py[155]; *III*: Al$_{10}$F$_{16}$(O^{i}Pr)$_{10}$O$_2$•4 Py[156]. Für alle: Zur Vereinfachung sind die H-Positionen im Bild weggelassen. Hellgrau: C, in Koordination zu Al: F, dunkelgrau und gekennzeichnet N, sonst O, grau: Al.

Die Struktur *I* ist reproduzierbar in größeren Mengen herstellbar. Das ^{19}F MAS NMR Spektrum zeigt ein schmales Signal mit einem Maximum bei δ_{iso} = -160 ppm – entsprechend dem F in terminaler Position der zentralen AlFO$_4$N-Einheit. Vorstellbar ist, dass ähnliche Al$_3$F(O^{i}Pr)$_8$ -Einheiten auch im Donor-Molekül freien System vorkommen. Die Position des stabilisierenden, donierenden Moleküls (DMSO oder Py) kann in diesem Fall von ^{i}PrOH-Molekülen eingenommen werden. Das eingangs erwähnte schmale Fluor-Signal bei δ_{iso} = -162 ppm (siehe Spektrum 4.16) kann somit *I* ähnlichen Strukturen, die neben stark vernetzten Einheiten vorliegen, zugeordnet werden.

Für die Strukturen *II* und *III* sind weiterhin das Auftreten von μ_4-Oxo-Brücken und für die Verbindung *III* das Auftreten von sechsfach koordinierten Al-F Einheiten in Kantenverknüpfung bemerkenswert. Diese ist für Aluminiumfluoride eher untypisch und wird nur selten beschrieben (oft unter Einbeziehung großer organischer Kationen).[157]

Vergleicht man die lokalen Strukturen mit zunehmendem Fluorierungsgrad (von *I* nach *III*) mit den bisher getroffenen Aussagen über Veränderungen lokaler Strukturen der Aluminiumisopropoxidfluoride mit steigendem Fluorierungsgrad, so werden diese durch die Befunde, abgeleitet von den gefundenen kristallinen Isopropoxidfluoride, erhärtet:

(i) In den Xerogelen treten überwiegend verbrückende Isopropoxidgruppen und Al koordinierende Isopropanol-Moleküle auf;

Während für *I* und *II* noch terminale Isopropoxidgruppen gefunden werden, sind in *III* nur verbrückende Isopropoxidgruppen involviert. Tritt an die Stelle von koordinierendem Pyridin Isopropanol als koordinierendes Molekül, kann zwischen μ_2-O^{i}Pr- und Al←HO^{i}Pr-Gruppen nicht mehr zweifelsfrei unterschieden werden.

(ii) Anteile vier- und fünffach koordinierter Al-Einheiten nehmen mit steigendem Fluorierungsgrad ab; Anteile sechsfach koordinierter AlF$_x$(O^{i}Pr)$_{6-x}$-Einheiten dagegen zu. Die vierfach koordinierten Einheiten sind im Wesentlichen Al(O^{i}Pr)$_4$-Einheiten;

(iii) Sechsfach koordinierte AlF$_x$(O^{i}Pr)$_{6-x}$-Einheiten sind AlF$_{3-5}$(O^{i}Pr)$_{3-1}$-Einheiten mit Fluor in überwiegend verbrückender Position; Anteile höher fluorierter Einheiten nehmen mit steigendem Fluorierungsgrad zu;

(iv) F in terminalen Al-F-Bindungen kann nicht ausgeschlossen werden und ist auch für Xerogele mit höherem Fluorierungsgrad (Al:F = 1:2) wahrscheinlich nachweisbar.

Die Analogie zu Punkten *(ii)-(iv)* erschließt sich, betrachtet man die Einheiten und lokalen Strukturen, die in den Verbindungen I-III auftreten (siehe Tabelle 4.5.6).

Tabelle 4.5.6 Auftretende lokale Strukturen in den kristallinen, Pyridin-stabilisierten AlF$_x$(O^{i}Pr)$_{3-x}$ I-III

Verbindung	Al in Koordinationszahl:				
	4	5	Position F^a	6	Position F^a
I	2 • Al(O^{i}Pr)$_4$			1 • AlF(O^{i}Pr)$_4$D$^*_1$	F^t
II	1 • Al(O^{i}Pr)$_4$	2 • AlF(O^{i}Pr)$_3$O	F^t	2 • AlF$_3$(O^{i}Pr)$_3$	2 • F^e, 1 • F^t
				1 • AlF$_3$(O^{i}Pr)$_2$D$^*_1$	3 • F^e
				1 • AlF$_4$D$^*_2$	3 • F^e, 1 • F^t
III	-	4 • AlF(O^{i}Pr)$_3$O	F^t	4 • AlF$_3$(O^{i}Pr)$_3$	2 • F^k, 1 • F^e
				2 • AlF$_4$D$^*_2$	2 • F^e, 2 • F^t

* D bezeichnet Donor-Molekül Pyridin.
^{a}: Position Fluor: ^{t}-terminal, ^{e}-eckenverknüpft ^{k}-kantenverknüpft.

Zusammenfassung und Ableitung von möglichen Reaktionsmechanismen

Unter Beachtung aller vorgestellten Aspekte lässt sich der in Abbildung 4.5 vorgeschlagene Reaktionspfad der Fluorolyse von Al(O^{i}Pr)$_3$ bestätigen und ergänzen. In Erweiterung soll die Fluorolyse in drei unterscheidbare Stadien unterteilt werden. Abbildung 4.13 und Abbildung 4.14 behandeln mögliche Stadien und lokale Strukturen für kleine Fluor-Gehalte der Aluminiumisopropoxidfluoride. Ein Strukturmodell für das „Standard"-Xerogel (Al:F = 1:3) wir im nächsten Kapitel behandelt.
Mit Beginn der Fluorolyse (F/Al-Verhältnis kleiner 1) sind sowohl in den festen Isopropoxidfluoriden als auch in den korrespondierenden Solen unumgesetzte Al(O^{i}Pr)$_3$ –Moleküle nachweisbar. Zusätzlich kann für die Festkörper das Auftreten vierfach koordinierter AlF$_4$-Einheiten ($\delta_{27Al} \approx 38$ ppm) abgeleitet werden. Ein zusätzliches Signal mit einem Maximum bei $\delta_{27Al} \approx -6$ ppm deutet auf weitere fluoridisch koordinierte Anteile in AlF$_x$(O^{i}Pr)$_{6-x}$ – Einheiten ($x \approx$ 3-4) in lokal gestörter Umgebung hin.
Für die AlF$_4$ – Einheit wird zusätzlich zur bekannten Verschiebung von F in terminalen Al-F-Bindungen (-188 ppm) ein korrelierendes Signal, bei einer für diese Einheiten ungewöhnlichen chemischen Verschiebung $\delta_{iso} = -155$ ppm, gefunden, das auf stark vernetzte und eventuell H-verbrückte F-Spezies rückführbar sein muss. In den korrespondierenden Solen sind diese nicht direkt nachweisbar. Dort kann jedoch die Existenz von AlF$_x$(HO^{i}Pr)$_{6-x}^{3-x}$ vermutet werden.

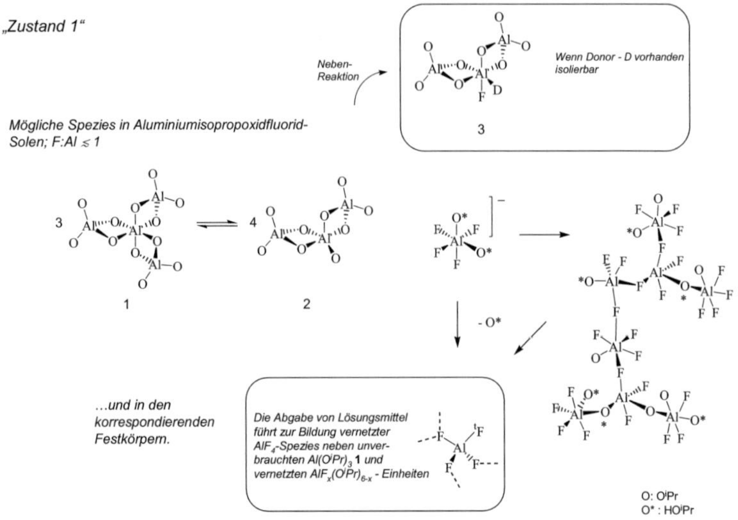

Kapitel 4

Abbildung 4.13 Teil 1: Erweiterung des vorgeschlagenen Reaktionspfads der Fluorolyse von Al(O^{i}Pr)$_3$ unter Einbeziehung lokaler Strukturen, die für kleine F-Gehalte in Solen und festen AlF$_x$(O^{i}Pr)$_{3-x}$ nachweisbar sind.

In Analogie zur „bekannten" Chemie der Bildung von kristallinen Al(F/OH)$_3$•H$_2$O oder AlF$_3$•3 H$_2$O, die aus wässrigen AlF$_x$(H$_2$O)$_{6-x}^{3-x}$ – haltigen Lösungen präzipitieren, ist anzunehmen, dass AlF$_x$(HO^{i}Pr)$_{6-x}^{3-x}$-Spezies unter Verknüpfung am Aufbau des Sol/Gel-Netzwerkes beteiligt sind.

Das Entfernen von Lösungsmittel unter vermindertem Druck führt unter anderem zur Abgabe von koordinierenden Lösungsmittel-Molekülen und zur Bildung von AlF$_4$-Einheiten. Eine mögliche lokale Struktur wäre in diesem Falle beispielsweise eine {AlF$_{2/2}^e$F$_{2/1}^t$}-Einheit.

Da in den Solen weiterhin unumgesetzte Aluminiumisopropoxid-Moleküle vorliegen (Trimere oder Tetramere), kann mit wenig weiterem Fluorid unter Anwesenheit eines stabilisierenden Agens (D) die kristalline Zwischenstufe Al$_3$(O^{i}Pr)$_8$F•D gebildet und isoliert werden (Abbildung 4.13, Zustand 1).

Mit höheren Fluor-Gehalten (F/Al ≈ 1) nimmt auch die Breite an nachweisbaren Signalen in den ^{19}F und ^{27}Al NMR Spektren zu. Die Al - Spektren geben Hinweise auf Al-Einheiten in stark gestörter Umgebung. Unter Einbeziehung der Fluor-Spektren lassen sich für die Festkörper schon größere Al-F-O^{i}Pr-Einheiten ableiten, diese sind aber mehr oder weniger isoliert voneinander. Die Substanzen erscheinen glasartig oder sind für das Reaktionsprodukt Al(O^{i}Pr)$_3$: HF = 3:2 bei Raumtemperatur zähflüssig. Auch hier kann die

Abgabe von koordinierenden Lösungsmittel-Molekülen unter vermindertem Druck zur Ausbildung vier- und fünffach koordinierter Al-Einheiten führen.

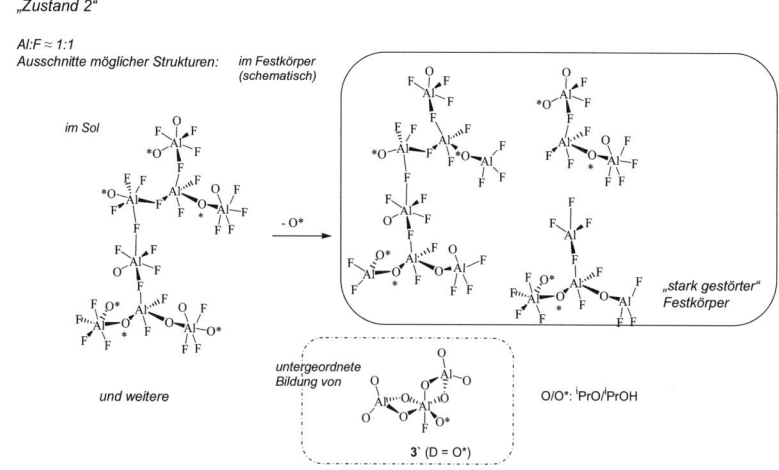

Abbildung 4.14 Teil 2: Erweiterung des vorgeschlagenen Reaktionspfads der Fluorolyse von Al(O^{i}Pr)$_3$ unter Einbeziehung lokaler Strukturen, die für kleine F-Gehalte in Solen und festen AlF$_x$(O^{i}Pr)$_{3-x}$ nachweisbar sind.

Erstmalig können in festen Aluminiumisopropoxidfluorid (i) verschiedene fünffach koordinierte AlF$_x$(O^{i}Pr)$_{5-x}$-Einheiten, (ii) korrelierende Fluor-Signale und (iii) verschiedene terminale Fluor-*sites* nachgewiesen werden. Die untergeordnete Bildung von Al$_3$(O^{i}Pr)$_8$F•D ähnlichen Einheiten (D entspricht ^{i}PrOH) kann nicht ausgeschlossen werden.

In Folge (F/Al > 1) lassen sich weitere Veränderungen beobachten. Die Spektren zeigen im Wesentlichen die Charakteristika des „Standard"-Xerogels (Al : F = 1:3). Vier- und fünffach koordinierte Aluminium-Einheiten sind dort nicht mehr nachweisbar. Das Xerogel-Netzwerk wird im Wesentlichen durch sechsfach koordinierte AlF$_x$(O^{i}Pr)$_{6-x}$-Einheiten aufgebaut. Die ^{19}F chemischen Verschiebungen deuten auf AlF$_4$(O^{i}Pr)$_2$ bis AlF$_6$ – Einheiten. Signale, die wahrscheinlich Fluorid in terminalen Al-F-Bindungen zuzuordnen sind, sind auch für das Xerogel (Al:F = 1:2) aufzeigbar. Die involvierten organischen Reste müssen Anteile verbrückender μ_2-O^{i}Pr-Reste und/oder koordinierende ^{i}PrOH-Moleküle sein. Diese sind in ein H-Brücken-Netzwerk eingebunden.

Mögliche involvierte lokale Strukturen können ähnlich einer {AlF$_{1/1}^t$F$_{4/2}^e$(^{i}PrOH)$_{1/1}^t$}-Struktur sein oder denen der isolierten, kristallinen,

Pyridin-stabilisierten Aluminium-isopropoxidfluoride ähneln (z.B. $\{AlF_{2/2}{}^eF_{2/1}{}^t({}^iPrOH)_{2/1}{}^t\}$). Auch hier ergibt sich eine Analogie zu den kristallinen Aluminiumfluorid-Hydraten (Wasser als koordinierendes Molekül).
Auch die Aluminium-Spektren zeigen, dass mindestens zwei verschiedene Al-Einheiten nachweisbar sind. Interessanterweise ergibt sich für einen Teil der involvierten Al-Einheiten eine regelmäßige elektronische Umgebung. Das Zentralsignal dieser Spezies zeigt die Charakteristika einer, auf Grund von Quadrupolwechselwirkungen zweiter Ordnung, verbreiterten Linie, wie sie für (kristalline) Substanzen ohne Verteilungseffekte oft gefunden wird. Die Höhe der Quadrupolfrequenz deutet auf geordnete Domänen und sechsfach koordinierten Einheiten, die zu Schichten oder Ketten organisiert dein können, hin. Eine ausführlichere Darstellung findet sich im folgenden Kapitel.

4.6. CHARAKTERISIERUNG DES XEROGELS $AlF_{2.3}(O^iPr)_{0.7} \bullet z \ ^iPrOH$ IM VERGLEICH ZUM ALKOGEL

Das „Standard"-Xerogel, als isolierbare Zwischenstufe auf dem Weg zum HS-AlF_3, ist röntgenamorph und wird nach Trocknung eines Alkogels $(Al(O^iPr)_3 : HF = 1:3)$ unter vermindertem Druck erhalten. Ein typisches FT-IR-Spektrum wurde im Vergleich als Abbildung 4.8 gezeigt. Einige NMR Spektren des Alkogels bzw. Xerogels sind ebenfalls für vergleichende Zwecke bereits gezeigt worden (siehe beispielsweise Spektrum 4.1, Spektrum 4.7 und Spektrum 4.10).
Die Elementaranalyse ergibt für das Isopropoxidfluorid ein Al:F Stoffmengenverhältnis von Al:F = 1:2.3 und fast alle Aluminium-Kationen sind sechsfach koordiniert (siehe Spektrum 4.18). Unter Annahme von überwiegender Eckenverknüpfung der Al-Einheiten und auf Grund der Ladungsbilanz ergibt sich ein restlicher Anteil von etwa 0.7 Äquivalenten O^iPr-Gruppen. Rein rechnerisch ergibt sich so ein C-Masseanteil (an Isopropoxid-Gruppen) im beispielhaften Xerogel $AlF_{2.3}(O^iPr)_{0.7} \bullet z \ ^iPrOH$ von $w_{(C \ in \ OiPr)} = 22.5\ \%$, so dass sich für z (Anteil von ^iPrOH) etwa 0.2 Äquivalente ergeben (siehe Tabelle 8.3.1, elementaranalytisch bestimmter C-Gehalt), oder ganz allgemein: $z \ll 1$. Sollten in Analogie zu den wenigen kristallinen Pyridin-stabilisierten Aluminiumisopropoxidfluoriden μ_4-O-Einheiten in der Xerogel-Struktur involviert sein, resultiert zwangsläufig eine andere „allgemeine" Formel für das Xerogel. Der Nachweis von μ_4-O – verbrückten Einheiten ist bis jetzt nicht gelungen.
Aus den getroffenen Annahmen und dem bestimmten Al:F Stoffmengen-verhältnis ergibt sich die direkte Konsequenz, dass mehr als eine $AlF_x(O^iPr)_{6-x}$-Einheit, unterschiedlich im Fluorierungsgrad x, in die Xerogel-Struktur involviert ist.

Abhängig von der Syntheseführung (u.a. Trocknungsbedingungen) können für die Xerogele andere Al:F Stoffmengenverhältnisse resultieren,[8] einhergehend mit Änderungen der involvierten Einheiten.
Über die direkte Beobachtung und Identifikation lokaler Strukturen in den korrespondierenden Alkoxidfluorid-Alkogelen wurde bis jetzt nicht berichtet.
Spektrum 4.17 stellt die ^{1}H MAS NMR und die ^{1}H→^{13}C CP MAS NMR Spektren der „feuchten" und „trockenen" Alkoxidfluorid-Gele gegenüber.
Die Spektren des Alkogels sind (konsequenterweise) geprägt durch die Signale der involvierten Isopropanol-Moleküle. Diese liegen im Gel zumindest teilweise immobilisiert vor. Der Nachweis von Signalen im ^{1}H→^{13}C CP MAS NMR-Spektrum (Spektrum 4.17, c) (Polarisationstransfer von ^{1}H-Kernen auf ^{13}C-Kerne) gelingt nicht für eine flüssige Vergleichsprobe.
Für das Xerogel AlF$_{2.3}$(O^{i}Pr)$_{0.7}$·z ^{i}PrOH sind im ^{1}H MAS NMR Spektrum vier offensichtliche Signale für Methylgruppen (δ_{iso} = 1.2 ppm, 6H), CHO-Gruppen (δ_{iso} = 4.4 ppm, 1H) und stark Wasserstoff-verbrückte OH-gruppen (δ_{iso} = 7.8 und 10.3 ppm, 1H, Pfeil in Spektrum 4.17) nachweisbar.

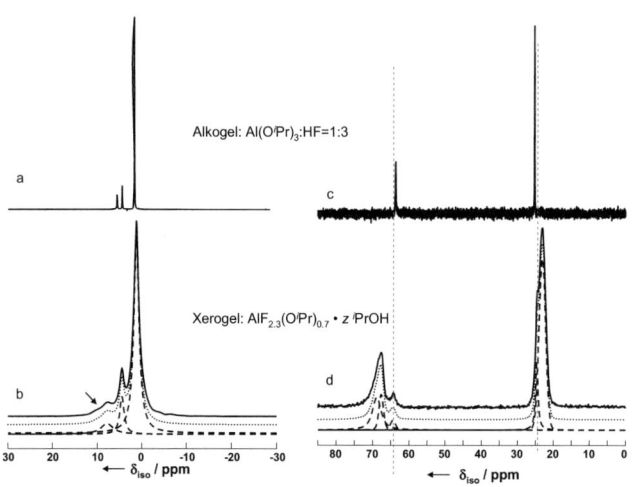

Spektrum 4.17 ^{1}H MAS und ^{1}H→^{13}C CP MAS NMR Spektren des Alkogels (Al:F = 1:3) (a, c) und des Xerogels AlF$_{2.3}$(O^{i}Pr)$_{0.7}$·z ^{i}PrOH (b, d). a: ^{1}H: ν_{rot} = 12 kHz, Quarz-Insert, NS = 16; b: ^{1}H: ν_{rot} = 30 kHz, NS = 16; c: ^{1}H→^{13}C CP: ν_{rot} = 12 kHz, Quarz-Insert, NS = 1000; d: ^{1}H→^{13}C: ν_{rot} = 10 kHz, NS = 720. Gepunktet Linien geben mögliche Zerlegung der Xerogel-Spektren an.

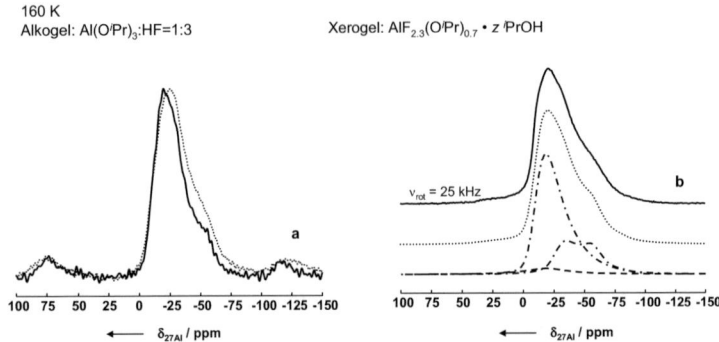

Spektrum 4.18 ^{27}Al MAS NMR-Spektren des Alkogels (a) und des Xerogels AlF$_{2.3}$(O^{i}Pr)$_{0.7}$ • z ^{i}PrOH (b) im zentralen Bereich ($B_0 = 9.4$ T). a: Vergleich der Tieftemperatur MAS NMR-Spektren mit (durchgehende Linie, 160 K) und ohne (gepunktete Linie, 155 K) ^{19}F-(cw) Entkopplung; $\nu_{rot} = 10$ kHz, NS = 1000. b: ^{27}Al MAS NMR-Spektrum und mögliche Zerlegung: (——) experimentelles Spektrum, (•••) simuliertes Spektrum und (•-•-) Zerlegung inklusive (- - -) dem Rotationsseitenband n = 0 der inneren Satellitenübergänge.

Im ^{1}H→^{13}C CP-Spektrum findet man, wie angedeutet, (siehe zum Vergleich Tabelle 4.3.1) Signale für O^{i}Pr-Spezies, die entweder verbrückende Alkoxid-Spezies oder koordinierende Lösungsmittel Moleküle sein können. Das durch Zerlegung der ^{1}H MAS NMR Spektren bestimmte integrale Verhältnis der Protonen-Spezies (6:1:1) deutet auf ein ausgeprägtes H-Brücken-Netzwerk und/oder einem Überwiegen der koordinierenden und assoziierten Lösungsmittel-Moleküle hin.

Diese assoziierten ^{i}PrOH-Spezies sind in diesem Beispiel durch die ^{13}C- Signale bei $\delta_{iso} = 64.4$ und 24.6 ppm gekennzeichnet. Diese treten, abhängig von den Trocknungsbedingungen des Xerogels, nicht immer auf.

DTA/TG-MS-Untersuchungen bzw. temperaturabhängige MS-Untersuchungen belegen für die Aluminiumisopropoxidfluoride eine zweistufige Abgabe der organischen Fragmente[7, 94], so dass auf das gleichzeitige Vorliegen von Isopropoxid- und Isopropanol-Fragmenten im Xerogel geschlossen werden kann.

Kapitel 4

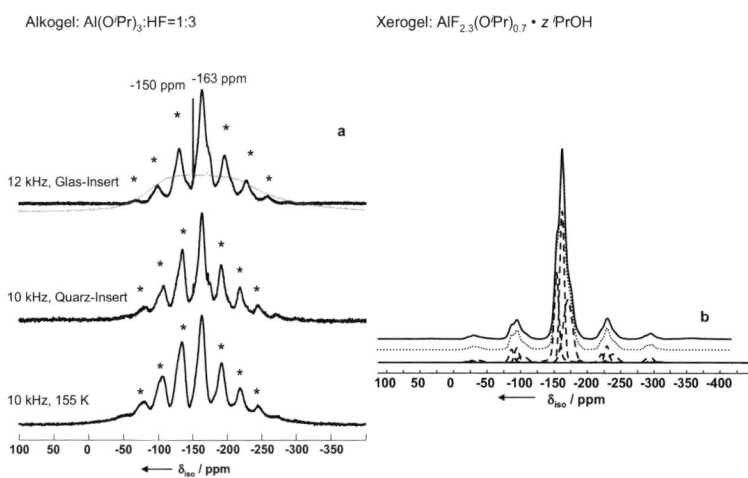

Spektrum 4.19 Vergleich der ^{19}F MAS NMR Spektren eines Alkogels (grau: statisches Spektrum) und des Xerogels AlF$_{2.3}$(O^{i}Pr)$_{0.7}$·z ^{i}PrOH; a: MAS NMR Spektren des Gels in verschiedenen Inserts und in eingefrorener Gel-Matrix (v_{rot} = 10 – 12 kHz, NS = 48-192). * markieren Rotationsseitenbanden. b: ^{19}F MAS NMR-Spektrum von AlF$_{2.3}$(O^{i}Pr)0.7·z ^{i}PrOH; v_{rot} = 25 kHz, NS = 384. (- - -) mögliche Zerlegung; (•••) simuliertes Spektrum.

Spektrum 4.18 und 4.19 zeigen in Gegenüberstellung die ^{27}Al MAS NMR und ^{19}F MAS NMR-Spektren eines Alkogels und eines vergleichbaren korrespondierenden Xerogels. Die Interpretation lässt sich für beide Gele parallel führen.

Wie in den vorangehenden Kapiteln angeführt, findet man in ^{27}Al MAS NMR Spektren ein Signal mit einem Maximum bei etwa -20 ppm und einer Schulter bei etwa -40 bis -50 ppm. Die Lage des Maximums ist ganz allgemein typisch für Al-Einheiten in gemischt oxidisch/fluoridischer Umgebung und Al-Einheiten in sechsfacher Koordination. Die Form des Signals mit der größeren Amplitude ist ein Hinweis auf Al-Einheiten in gestörter Umgebung mit Verteilung der elektrischen Feldgradienten (Czjzek – Verteilung). Diese Linienform wird beispielsweise oft für Al-Einheiten in Gläsern beobachtet,[95, 96] aber auch für Al-Spezies im röntgenamorphen ACF.[146] Das komplette ^{27}Al MAS NMR-Spektrum des Xerogels inklusive aller Rotationsseitenbanden ist vergleichend als Spektrum 4.10 gezeigt. Auch dieses ist typisch für Al in hoch gestörter Umgebung. Eine Berechnung des Spektrums ist nur unter Berücksichtigung einer Verteilung der Quadrupolparameter Quadrupolfrequenz und Asymmetrieparameter möglich.

Betrachtet man nur die zentralen Übergänge (Spektrum 4.18) so ist auffällig, dass (i) die Spektren des Alkogels dem des Xerogels nahezu gleichen, (ii) die heteronukleare dipolare Kopplung zwischen Al und F ab $\nu_{rot} \approx 10$ kHz scheinbar schon komplett ausgemittelt wird (keine Abnahme der Halbwertsbreiten, Spektrum 4.18 **a** und **b** vergleichend), (iii) die Simulation des Spektrums nur unter Einbeziehung einer weiteren Linie möglich ist. Diese ist durch Quadrupolwechselwirkung zweiter Ordnung verbreitert. Im Resultat eines ^{19}F-*continuous wave* (cw)-MAS NMR Entkopplungsexperiments am Alkogel kann dieses (letzte) Signal etwas mehr hervorgehoben werden.

Die ^{19}F MAS NMR Spektren zeigen im zentralen Bereich sowohl für das Alkogel als auch für das Xerogel ein Signal mit einem Maximum bei δ_{iso} = -163 ppm und Schultern (für das Alkogel angedeutet, für das Xerogel deutlich) bei δ_{iso} = -154 und -172 ppm.

In einer ersten Abschätzung können die ^{27}Al und ^{19}F MAS NMR Spektren simuliert werden (siehe Tabelle 4.6.1 und Spektrum 4.18 und 4.19) und mit den in Kapitel 3 vorgestellten Trendanalysen konsistent interpretiert werden.

So ergeben sich für das Xerogel und im Rückschluss für das Alkogel $AlF_4((H)O^iPr)_2$ und $AlF_5((H)O^iPr)$ als wesentliche Struktur bildende Einheiten. AlF_6 – Einheiten (^{19}F: $\delta_{iso} \approx -171$ ppm) sind aber dennoch nicht ausgeschlossen.

Tabelle 4.6.1 Mögliche Zerlegungen der experimentellen Spektren von $AlF_{2.3}(O^iPr)_{0.7} \cdot z$ ^{i}ProH

^{19}F			^{27}Al		
δ_{iso} / ppm	I / %		δ_{iso} / ppm	$\nu_{Q\eta}$ / kHz	I / %
-154	27.6	Czjzek	-8 bis -10	etwa 740 - 830	60 - 70
-162	38.7	Qmas1/2	-13 bis -19	etwa 1000-1100	30 - 40
-171	33.7				

Werte für ^{27}Al beziehen sich auf erste Simulationen von Spektren gemessen bei B_0 = 9.4 T und 14.1 T.[123]

Die hauptsächlichen Struktureinheiten des Aluminiumisopropoxidfluorids $AlF_{2.3}(O^iPr)_{0.7} \cdot z$ ^{i}ProH sind im Alkogel bereits ausgeprägt. Vier- oder fünffach koordinierte Einheiten können nicht nachgewiesen werden.

Weiterführende ^{27}Al MAS NMR Experimente ergeben ein verfeinertes Bild bezüglich der Anzahl unterscheidbarer $AlF_x(O^iPr)_{6-x}$-Einheiten.[32] Neben einem kleinem Anteil eines Signals, das auf unvollständig fluorierte sechsfach koordinierte Al-Einheiten ($\delta_{iso} \approx 5$ ppm, Intensität ≈ 9 %) rückführbar ist und nicht immer auftritt sind drei Hauptanteile nachweisbar. Bei einer chemischen Verschiebung von δ_{iso} = -8.2 ppm ($\nu_{Q\eta} \approx 710$ kHz) mit der größten Intensität ($\approx$ 53 %) eine Linie für Al-Einheiten in gestörter Umgebung (Czjzek-Form) und bei chemischen Verschiebungen von δ_{iso} = -7.0 bzw. -7.2 ppm zwei Anteile mit Linien, die für das Zentralsignal eine Verbreiterung auf Grund von Quadrupolwechselwirkung zweiter Ordnung aufweisen (ν_Q = 1230 bzw. 920 kHz mit Intensitäten: 27 bzw. 11 %).[32]

Bemerkenswert ist dabei das Auftreten dieser Linienform, die eher typisch für Al-Einheiten in geordneten Domänen, wie in kristallinen Verbindungen, ist. Die Höhe der Quadrupolfrequenz deutet, in Analogie zu den komplexen Fluoroaluminaten, auf Einheiten in Ketten oder Schichten hin (siehe Kapitel 3.3.5).
Auch die Fluor-Spektren sind deutlich komplexer als es auf dem ersten Blick scheint. Neben den drei Hauptanteilen sind sowohl im Hochfeld- als auch im Tieffeldbereich weitere Spezies verborgen, die in Rotor-synchronen *echo*-Experimenten mit längeren Wartezeiten (unter Ausnutzung von unterschiedlichem Dephasierungsverhalten der Kernspins) detektiert werden können. Wahrscheinlich können für diese Art von Proben einerseits μ_2-F in Einheiten mit niedrigem Fluorierungsgrad ($AlF_{1-2}(O^iPr)_{5-4}$ mit keinen/wenigen koppelnden F-Nachbarn) und andererseits terminales Fluorid im Hochfeld-Bereich von den restlichen $AlF_{4-5}((H)O^iPr)_{2-1}$-Einheiten verbrückenden μ_2-F unterschieden werden. Die letzteren dephasieren schneller, so dass für die niedrig fluorierten Einheiten Rest-Signale bei $\delta_{iso} \approx -130$ bis -145 ppm und für terminal gebundenes Fluorid Signale bei $\delta_{iso}=-175$ bis -185 ppm nachweisbar sind.

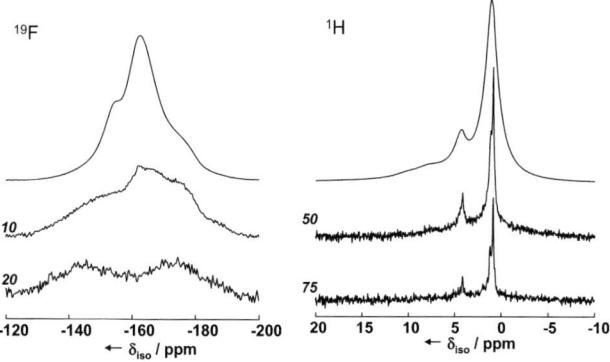

Spektrum 4.20 Rotor-Synchrone *echo* MAS NMR Spektren von $AlF_{2.3}(O^iPr)_{0.7} \cdot z \ ^iPrOH$.
^{19}F und ^{1}H: Angegeben sind zusätzlich die Anzahl an Rotorperioden vor der *echo*-Detektion. Für beide: v_{rot} = 25 kHz; ^{19}F: NS = 256; ^{1}H: NS = 16.

Wiederholt man dieses Experiment mit Protonen als interessierende Sonde können auch in den ^{1}H-Spektren verschiedene Isopropoxid-Einheiten mit unterschiedlichem Dephasierungsverhalten nachgewiesen werden.
Die Schwierigkeiten, die mit einer genauen Spezies-Identifikation im röntgenamorphen Xerogel verknüpft sind, offenbaren sich, wenn man die Entwicklung der Spektren mit steigendem Magnetfeld oder das ^{27}Al 3QMAS NMR Spektrum des Xerogels $AlF_{2.3}(O^iPr)_{0.7} \cdot z \ ^iPrOH$ betrachtet (Spektrum

Kapitel 4

4.21, A und B). Auf Grund der starken Überlagerung der sechsfach koordinierten AlF$_x$(O^{i}Pr)$_{6-x}$ – Einheiten ist eine Linien-Separation nur schwer möglich.

Das Zusammentragen vieler Einzelbefunde (vor allem auch die Entwicklung und Zuordnung von Spezies mit steigendem Fluorierungsgrad, siehe Kapitel 4.5) führt zu einem konsistenten Bild der involvierten lokalen Strukturen.

Im Zuge dieser Arbeit wurden mehrere verschiedene „Standard"-Xerogele präpariert. Spektrum 4.21 zeigt weiterhin, dass für jedes Xerogel, das synthetisiert wurde, je nach Syntheseführung, leichte Abweichungen in den Spektren resultieren können (siehe im Vergleich der zentrale Bereich im ^{27}Al MAS NMR Spektrum 4.21 und 4.18). Ein Befund, der auch für das Alkogel nachgewiesen wurde.[123]

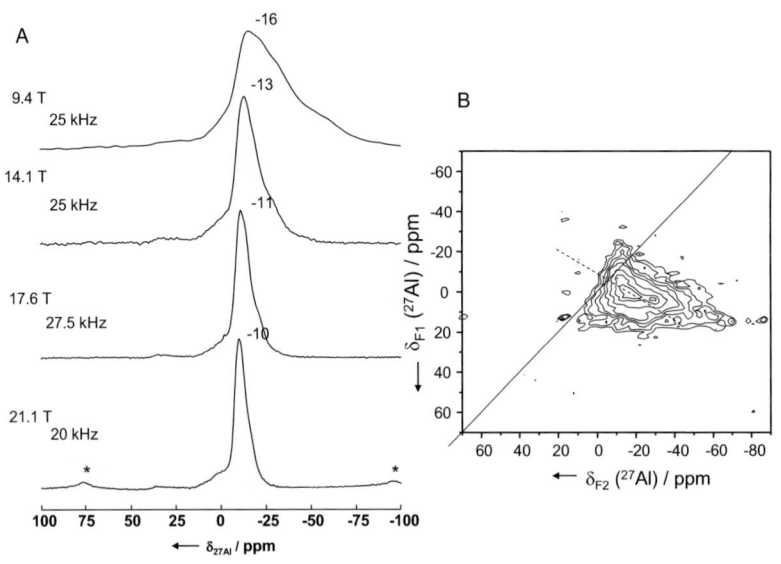

Spektrum 4.21 A: Feldabhängige ^{27}Al MAS NMR Spektren B: geschertes ^{27}Al 3QMAS NMR Spektrum (B_0 = 9.4 T) einer Vergleichsprobe AlF$_{2.3}$(O^{i}Pr)$_{0.7}$•z ^{i}PrOH.

Abbildung 4.15 zeigt mögliche lokale Strukturen und Einheiten des Xerogels AlF$_{2.3}$(O^{i}Pr)$_{0.7}$•z ^{i}PrOH als Precursor von *HS*-AlF$_3$. Neben hoch gestörten Domänen, bestehend aus AlF$_{4-5}$((H)O^{i}Pr)$_{2-1}$-Einheiten inklusiver terminaler F-Spezies und der möglichen Einbeziehung von AlF$_6$-Einheiten, können für das Xerogel Domänen mit einer gewissen Ordnung formuliert werden (ein

mögliches Beispiel, ähnlich der bekannten kristallinen Struktur für β-AlF$_3$•3 H$_2$O, ist im Bild gezeigt). Die verbrückenden μ_2-O^{i}Pr-Einheiten bzw. koordinierende ^{i}PrOH-Moleküle sind in beiden Fällen (gestörte bzw. geordnete Domäne) in ein starkes H-Brückennetzwerk eingebunden. Das stellt eine weitere Gemeinsamkeit mit den Aluminiumfluorid-Hydraten dar.
Auf die chemischen Eigenschaften des Xerogels AlF$_{2.3}$(O^{i}Pr)$_{0.7}$•z ^{i}PrOH wird im Kapitel 5 eingegangen.

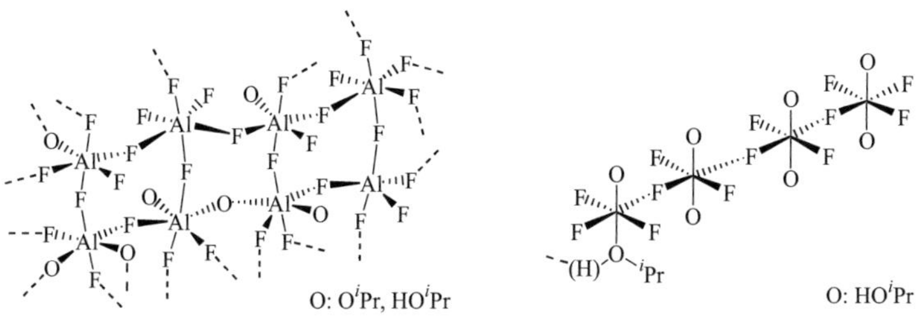

Strukturell gestörtes Xerogel **geordnete Domänen**

Abbildung 4.15 Mögliche lokale Strukturen des Xerogels AlF$_{2.3}$(O^{i}Pr)$_{0.7}$•z ^{i}PrOH.

Als weiteren Hinweis auf einen Teil der involvierten Einheiten können die Ergebnisse von flüssig-NMR Untersuchungen an DMSO-Lösungen bzw. -Suspensionen amorpher Alkoxidfluoride verstanden werden. Dort müssen größere Umordnungsprozesse berücksichtigt werden. Die Spektren zeigen, neben breiten nicht aufgelösten Signalen (Anteil der Suspension), Signale, die eindeutig AlF$_4^-$ - Spezies in Lösung zuzuordnen sind (^{27}Al: δ_{iso} = 49.2 ppm, Quintuplett, ^{19}F: δ_{iso} = -189.2 ppm, Sexuplett, $^1J_{Al-F}$ = 35.4 Hz). Diese können wahrscheinlich nach Verdrängung von Lösungsmittelmolekülen der AlF$_4$(HO^{i}Pr)$_2$-Einheiten und „Knacken" der F-Verbrückung durch den stärkeren Donator DMSO (siehe Spektrum 4.22) entstehen. AlF$_4^-$ - Einheiten im eigentlichen Xerogel treten allerdings nicht auf.

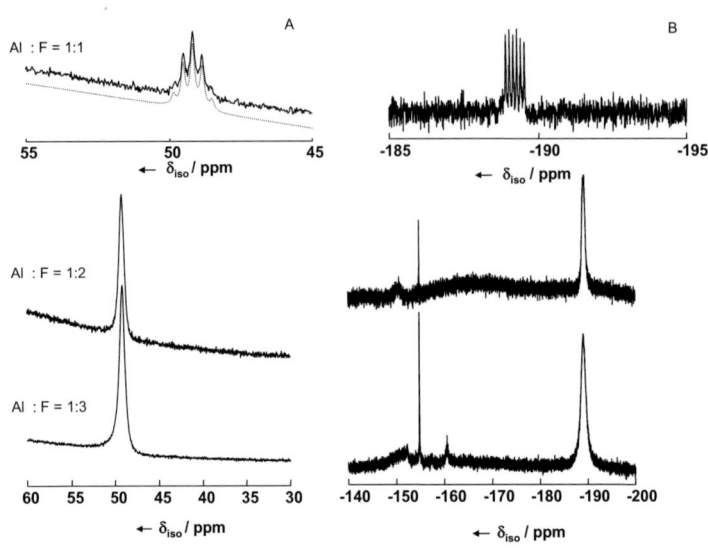

Spektrum 4.22 A: ^{27}Al **und B:** ^{19}F **NMR Spektren (flüssig) der Aluminiumisopropoxidfluoride suspendiert in DMSO. Neben breiten Anteilen im Untergrund (für** ^{27}Al **nicht im Bild nicht gezeigt) können** AlF_4^- **- Einheiten (49 ppm und -189.2 ppm) nachgewiesen werden. Man beachte den Wechsel der Skalierung.**

4.7. Zusammenfassung

Die Synthese von HS-AlF_3 ist ein zweistufiger Prozess. Die fluorolytische Sol-Gel Synthese ausgehend von $Al(O^iPr)_3$ und HF ($n_{Al} : n_F = 1 : 3$) gelöst in wasserfreien Lösungsmitteln führt zu einem Alkogel. Durch Trocknung unter vermindertem Druck wird ein Xerogel isoliert, dass formal als Aluminiumisopropoxidfluorid beschreibbar ist: $AlF_{2.3}(O^iPr)_{0.7} \cdot z\ ^iPrOH$ ($z \approx 0.2$). In einer nachgelagerten Gasphasen-Fluorierung wird dieses Xerogel in HS-AlF_3 überführt.
Sowohl HS-AlF_3 als auch das Xerogel $AlF_{2.3}(O^iPr)_{0.7} \cdot z\ ^iPrOH$ sind röntgenamorph. Das Verständnis lokaler Strukturen kann sich jedoch über Festkörper-MAS NMR Untersuchungen erschließen.
Im Mittelpunkt dieses Kapitels stehen die Beschreibung und Identifikation lokaler Strukturen in Aluminiumisopropoxidfluorid-Solen und -Gelen in Abhängigkeit vom Fluorierungsgrad unter Nutzung verschiedener NMR-Methoden. Dies umfasst sowohl die Charakterisierung verschiedener fester

$AlF_x(O^iPr)_{3-x}$ Phasen als auch der korrespondierenden Sole und Gele in Anwendung von ein- und zweidimensionalen Festkörper- und Flüssig- NMR-Methoden. Die NMR aktiven Sonden ^1H und ^{13}C können dabei zur Ableitung von Aussagen über die involvierten Isopropoxid-Gruppen, die Sonden ^{27}Al und ^{19}F über Koordination und Typ der Al-F-Einheiten herangezogen werden.
Die Basis zur sicheren Identifikation sechsfach koordinierter $AlF_x(O^iPr)_{6-x}$ – Einheiten bilden die in Kapitel 3 vorgestellten, im Rahmen dieser Arbeit abgeleiteten Struktur-Eigenschaftsbeziehungen (Trendanalysen der chemischen Verschiebung).
Dieses Verständnis ermöglicht letztendlich eine Ableitung eines möglichen Reaktionspfades der Fluorolyse von $Al(O^iPr)_3$.
Erste mechanistische Betrachtungen wurden von Rüdiger et al. vorgestellt.[7]
Über eine direkte Charakterisierung sich ausbildender lokaler Strukturen in Aluminiumisopropoxidfluorid-Solen und -Gelen wurde bis jetzt nicht berichtet.
Eigene erste Untersuchungen [94, 131] unter Einbeziehung von ^{27}Al und ^{19}F NMR spektroskopischen Methoden an Aluminiumisopropoxidfluorid-Solen und -Gelen führten zu einem erweiterten Vorschlag eines möglichen Reaktionspfades der Fluorolyse von $Al(O^iPr)_3$. Der Initialschritt ist die Protonierung und Spaltung einer verbrückenden Isopropoxid-Einheit des tetrameren Alkoxids. Dieser Befund konnte sowohl NMR-spektroskopisch [94, 131] belegt als auch mittels erster DFT-Berechnungen unterstützt werden.[131]
Die Voraussetzung für die Auflösung einzelner Signale in Kernmagnetresonanz-Experimenten an $AlF_x(O^iPr)_{3-x}$-(Alko)Gelen sind hohe Rotationsgeschwindigkeiten zur Ausmittelung der homonuklearen und heteronuklearen dipolaren Kopplungen. MAS – NMR Experimente an Alkogelen mit direkter Befüllung des NMR – Rotors sind mit erheblichen Risiken verbunden (Rotor-Explosion). Deswegen wurden mit dieser Arbeit zwei mögliche Lösungs–vorschläge erarbeitet:
1. Der Betrieb der pneumatischen MAS – Einheit mit einem N_2-Generator (erstmalig in Deutschland) ermöglicht das gefahrlose, direkte Kühlen des *Bearing*-Gasstroms in einem Dewar und somit Experimente bei Temperaturen kleiner als 150 K.
   Das Lösungsmittel Isopropanol ist bei diesen Temperaturen fest.
2. In Erweiterung der Ergebnisse vorangegangener Arbeiten [94] wurden Inserts aus verschiedenen Materialien für NMR – Rotoren entwickelt, die MAS NMR Experimente bei Rotationsgeschwindigkeiten bis zu 12 kHz erlauben. Im Zuge dieser Experimente wurde keine Trocknung der Gele beobachtet.

Unter Berücksichtigung der Ergebnisse weiterführender Tieftemperatur-MAS NMR Experimente bzw. von Experimenten unter Anwendung der neu entwickelten Inserts an Aluminiumisopropoxidfluorid-Solen und -Gelen konnten

neue Erkenntnisse über vorhandene Einheiten und Gruppen in den Solen und Gelen gewonnen werden.
Die wesentlichen Strukturmerkmale und Baueinheiten des „Standard"-Xerogels $AlF_{2.3}(O^iPr)_{0.7} \cdot z \; ^iPrOH$, des Precursors von HS-AlF_3, sind schon im korrespondierenden Alkogel ausgebildet und dort zweifelsfrei nachweisbar. Für Sole mit kleineren F-Gehalten (im „Standard"-Alkogel ist das Stoffmengenverhältnis n_{Al}:n_F = 1:3) werden AlO_5-Einheiten, die wahrscheinlich mit trimeren $Al(O^iPr)_3$-Molekülen im Sol korrespondieren, gefunden. Die Existenz dieser Einheiten kann, im Gegensatz für Sole, nicht mehr für das „Standard"-Alkogel belegt werden. Gleichzeitig kann die Existenz von molekularen $AlF_x(HO^iPr)_{6-x}^{3-x}$-Spezies in Analogie zur wässrigen Chemie (dort liegen $AlF_x(H_2O)_{6-x}^{3-x}$ – Spezies vor) in diesen Solen vermutet werden.
Neben dem Vergleich der erhaltenen Festkörper-MAS NMR Daten mit denen der vorgestellten Referenzsysteme (siehe Kapitel 3), ist die Charakterisierung lokaler Strukturen der Ausgangsstoffe (Alkoxide auf der einen Seite und HF-Lösungen auf der anderen Seite) eine weitere wichtige Stütze für eine verlässliche Interpretation der erhaltenen Spektren.
Weiterhin wurde in diesem Kapitel eingehend auf die MAS NMR Charakterisierung verschiedener fester Aluminiumisopropoxidfluoride mit unterschiedlichem Fluorierungsgrad eingegangen. Diese können als Zwischenstufen der fluorolytischen Sol-Gel Synthese von $AlF_{2.3}(O^iPr)_{0.7} \cdot z \; ^iPrOH$ aufgefasst werden. Unter Nutzung verschiedener eindimensionaler Experimente (^1H, ^{19}F, ^{27}Al *single pulse*, $^1H \rightarrow ^{13}C$ CP, $^{19}F \rightarrow ^{13}C$ CP, $^{19}F \rightarrow ^{27}Al$ CP, $^{27}Al\{^{19}F\}$ MAS, feldabhängige ^{27}Al MAS NMR (B_0 = 9.4 T bis 21.1 T), Rotor synchrone *spin echo* MAS NMR) und zweidimensionaler Experimente (^{19}F-^{27}Al HETCOR MAS, ^{27}Al *triple quantum* MAS, ^{19}F-^{19}F *spin exchange* MAS NMR) können die in den röntgenamorphen Festkörpern enthaltenen Strukturelemente umfassend charakterisiert werden.
Dabei sind die strukturell hoch gestörten, festen Aluminiumisopropoxidfluoride Schlüsselsubstanzen für die Ableitung neuer grundlegender Erkenntnisse auf dem Gebiet der fluorolytischen Sol-Gel Chemie im Speziellen und der (Festkörper-)Chemie im System Al-F-O im Allgemeinen:

1. Erstmalig konnte die Existenz von AlF_4-Einheiten in diesen Festkörpern mit einer chemischen Verschiebung von $\delta_{27Al} \approx 38$ ppm belegt werden. Im Gegensatz zu den Eigenschaften des beschriebenen AlF_4^- Anions (δ_{27Al} = 49 ppm, δ_{19F} = -188 ppm) kann, neben dem Signal für terminal gebundenes Fluorid, ein korrelierendes Fluor-Signal bei -155 ppm nachgewiesen werden. Die Signallage deutet auf mehrere entschirmende Beiträge, so dass von vernetzten, möglicherweise zusätzlich in H-Brücken involvierten, AlF_4-Einheiten ausgegangen werden kann. Ein mögliches, ladungsneutrales Beispiel solch einer Struktur-Einheit wäre eine $\{AlF_{2/2}^eF_{2/1}^t\}$-Einheit.

2. In den festen Aluminiumisopropoxidfluoriden konnte weiterhin das Vorhandensein verschiedener fünffach koordinierter Al-Einheiten mit unterschiedlichen NMR-Parametern (δ_{iso}, ν_{Qn}) abgeleitet werden. In Analogie zur Abhängigkeit der ^{27}Al chemischen Verschiebung δ_{iso} von $AlF_x(OH)_{6-x}$-Einheiten mit x können für vier- und fünffach koordinierte $AlF_x(O^iPr)_{KZ-x}$-Einheiten (KZ = 4 oder 5) ähnliche, nahezu lineare Trends vermutet werden und so beispielsweise verschiedene $AlF_x(O^iPr)_{5-x}$-Einheiten, verschieden in der Anzahl umgebender F-Anionen x, abgeleitet werden. Ebenso können AlF_5-Einheiten mit einer bekannten chemischen Verschiebung $\delta_{iso} \approx 23$ ppm identifiziert werden.[60, 153]

3. Die Betrachtung der Entwicklung von Anteilen verschiedener Spezies-Gruppen in Aluminium- und korrespondierenden Fluor-Spektren mit steigendem Fluorierungsgrad ermöglicht eine indirekte Korrelation entsprechender Signale. Auf diese Weise konnten für die fünffach koordinierten $AlF_x(O^iPr)_{5-x}$-Einheiten korrelierende Fluor-Signale ermittelt werden (F in μ_2-Position). Entsprechend theoretischer Voraussagen sind diese, gegenüber den entsprechenden Pendants sechsfach koordinierter $AlF_x(O^iPr)_{6-x}$-Einheiten, Tieffeld verschoben.[93]

4. Die Existenz terminaler Al-F-Bindungen in diesen Festkörpern wird erhärtet. Der Abstand der Signale verbrückender und terminaler F-Spezies einer $AlF_x(O^iPr)_{KZ-x}$ (KZ = 4 bis 6) entspricht etwa 30 ppm. Dieser Abstand entspricht etwa dem Beitrag eines benachbarten Al-Kations zur chemischen Verschiebung nach dem Superpositionsmodell. (Das letztere wurde zur theoretischen Vorhersage ^{19}F chemischer Verschiebungen komplexer und reiner Metallfluoride entwickelt.)[87, 88] Die gefunden Verschiebungen liegen zu dem im Bereich theoretisch vorhergesagter Verschiebungen fünf- und vierfach koordinierter Al-Einheiten.[93]

Weiterhin können für die festen Aluminiumisopropoxidfluoride mit geringem Fluorierungsgrad (F/Al-Ausgangsstoffmengenverhältnis < 3) unumgesetzte $Al(O^iPr)_3$-Einheiten nachgewiesen werden.

Auf der Basis von ^{27}Al 3Q MAS NMR und feldabhängigen ^{27}Al MAS NMR Experimenten ist eine genaue Identifizierung beitragender Al-Einheiten möglich. In Folge können die durch starke Überlagerungen geprägten ^{27}Al-*single pulse* MAS NMR Spektren berechnet werden.

Auf dieser Basis können, in Ergänzung zum bisher vorgeschlagenen Reaktionspfad der Fluorolyse von $Al(O^iPr)_3$, im Speziellen für die „Anfänge" der Fluorierung, Reaktionsschemata entwickelt werden, die die Bildung und Umwandlung aufgefundener Al-Einheiten berücksichtigen. Diese beziehen weiterhin molekulare Vorstufen ein, die zur Isolation von einkristallinen $Al_3F(O^iPr)_8 \cdot D$ unter Anwesenheit von D: Pyridin führen können.

Die Plausibilität der gefundenen lokalen Strukturen und Modelle kann am Beispiel neuer isolierter, kristalliner, Pyridin-stabilisierter Aluminiumisopropoxidfluoride demonstriert werden.

Letztlich führen all diese Überlegungen zu einem Strukturmodell für das „Standard"-Xerogel $AlF_{2.3}(O^iPr)_{0.7} \cdot z\ ^iPrOH$, dem Precursor von HS-AlF_3, über das in ähnlicher Form bereits von Rüdiger berichtet wurde.[7]

In Erweiterung dessen kann für das Xerogel
- (i) die Anwesenheit von μ_2-verbrückenden O^iPr-Gruppen und koordinierenden Lösungsmittel-Molekülen belegt werden,
- (ii) die Gegenwart mehrerer sechsfach koordinierter $AlF_x(O^iPr)_{6-x}$-Einheiten zweifelsfrei nachgewiesen werden ($x \approx 4 - 6$), während vier- und/oder fünffach koordinierte $AlF_x(O^iPr)_{KZ-x}$ ($KZ = 4, 5$) nicht mehr auftreten,
- (iii) in Anwendung der in Kapitel 3 abgeleiteten Korrelationen auftretende Signale entsprechenden Einheiten in der Xerogel-Matrix zugeordnet werden,
- (iv) die Einbeziehung der Organik in starke Wasserstoffbrücken-Netzwerke gezeigt werden,
- (v) die Existenz terminaler Al-F-Bindungen in der Matrix abgeleitet werden und
- (vi) bemerkenswerter Weise das Auftreten von Domänen mit einer gewissen Regelmäßigkeit und Ordnung (…der elektrischen Feldgradienten) und Domänen die eindeutig in stark strukturell gestörter Umgebung vorliegen abgeleitet werden. Resultierend aus Verteilungen der $F/(H)O^iPr$-Gruppen und der Einheiten, sind ebenso die entsprechenden NMR-Parameter verteilt.

Kapitel 5

5. ASPEKTE DES CHEMISCHEN VERHALTENS DES XEROGELS – $AlF_{2.3}(O^iPr)_{0.7} \cdot z\ ^iPrOH$

Die Präparation von *high surface*-AlF_3 wurde erstmalig 2003 beschrieben.[3] Eine umfassende Charakterisierung der Eigenschaften erfolgte 2005.[7] Erstaunlich für dieses Aluminiumfluorid, im Vergleich mit kristallinen Aluminiumfluoriden, sind die hohen spezifischen Oberflächen verbunden mit einer sehr hohen Lewis-Acidität. *HS*-AlF_3 vermag die Isomerisierung von 1,2-Dibromhexafluorpropan zu 2,2- Dibromhexafluorpropan zu katalysieren. Die Reaktion, die ansonsten nur von den stärksten bekannten Lewis-Säuren (z.B. ACF oder SbF_5) katalysiert wird,[7] stellt gleichzeitig eine gute Testreaktion zur Charakterisierung der Oberflächen-Zentren des interessierenden Festkörpers dar. Weiterführende Arbeiten beschäftigten sich mit einer möglichst genauen Charakterisierung der Einflüsse verschiedener Syntheseparameter auf die Eigenschaften der *high surface*-Aluminiumfluoride.[8, 158] Unterschieden werden können dabei Parameter, die den ersten Reaktionsschritt betreffen, wie die Fluorolyse des Aluminiumalkoxids zum Aluminium-alkoxidfluorid, von denen, die den (Gasphasen-)Fluorierungsschritt zum *HS*-AlF_3 berühren. Allgemeine Syntheseparameter des ersten Reaktionsschrittes sind z.B. die Wahl des Aluminiumalkoxids, des Lösungsmittels, der Stoffmengen, die Alterungszeit des Gels und die Trocknungsmethode des Alkogels. Für den Nachfluorierungsschritt sind, neben der Wahl des fluorierenden Mediums (HF, $CHClF_2$, ...) und deren Volumenströme, auch die Temperaturen von entscheidender Bedeutung. Im Mittelpunkt standen bisher immer Auswirkungen auf die katalytische Aktivität und die Oberflächeneigenschaften der resultierenden Aluminiumfluoride.[8, 29, 158-160]

In diesem Kapitel wird ein ähnlicher Ansatz verfolgt: Die Auswirkungen der Variation eines Prozessparameters auf die Festkörper-NMR - Spektren werden studiert.

Im vorangegangenen Kapitel wurden eingehend Spektren von verschiedenen Aluminiumisopropoxidfluoriden und deren Veränderungen diskutiert. Der Ausgangspunkt war die Herstellung der Isopropoxidfluorid-Gele und -Sole startend mit unterschiedlichen Stoffmengenverhältnissen Al(O^{i}Pr)$_3$: HF.
Nachfolgend werden einige der weiteren Einflussfaktoren des ersten Reaktionsschritts näher beleuchtet. Neben spektralen Veränderungen, verursacht durch das verwendete Aluminiumalkoxid, das Lösungsmittel oder die Alterungszeit des Alkogels, werden auch spektrale Veränderungen, die durch partielle Hydrolyse der Alkoxid-Gruppen hervorgerufen werden, vorgestellt.
Das Verstehen der strukturellen Änderungen, die durch die Variation der Syntheseparameter hervorgerufen werden, führt im Rückblick auf der einen Seite zum besseren Begreifen der beobachteten Veränderungen der katalytischen Eigenschaften. Auf der anderen Seite können aus den Spektren im Vergleich wertvolle Informationen für das „Standard"-Xerogel AlF$_{2.3}$(O^{i}Pr)$_{0.7}$ • z ^{i}PrOH abgeleitet werden.
Abgerundet wird das Kapitel mit exemplarischen Untersuchungen zum chemischen und thermischen Verhaltens des Xerogels AlF$_{2.3}$(O^{i}Pr)$_{0.7}$ • z ^{i}PrOH und weiterer Aluminiumisopropoxidfluoride. Die Untersuchung der getemperten Alkoxidfluoride gibt beispielhaft Einblick in Veränderungen lokaler Strukturen ausgehend vom Aluminiumisopropoxidfluorid und endend beim *HS*-AlF$_3$.
Aufgebaut wird dabei auf die Erkenntnisse und abgeleiteten Struktur-Eigenschaftsbeziehungen kristalliner Referenzsysteme (siehe Kapitel 3) und der Ergebnisse, die unter Nutzung verschiedener ein- und zweidimensionaler Festkörper-NMR-Techniken an röntgenamorphen Aluminiumisopropoxidfluoriden gewonnen wurden (Kapitel 4).
Ergänzt werden die Ergebnisse der Festkörper-NMR Untersuchungen durch FT-IR, Adsorptions-Experimente und katalytische Tests.

5.1. EFFEKTE DURCH VARIATION VON SYNTHESE–PARAMETERN DER FLUOROLYTISCHEN SOL-GEL SYNTHESE

5.1.1. Untersuchung des Einflusses von anderen Alkoxiden, Lösungsmitteln und der Einführung von OH-Gruppen

Ein wesentlicher Befund früherer Untersuchungen ist die Erkenntnis, dass die katalytischen Eigenschaften gekoppelt mit den Oberflächeneigenschaften der resultierenden *high surface*-Aluminiumfluoride nahezu unabhängig vom eingesetzten Alkoxid und dessen Struktur oder Lösungsmittel sind. Getestet wurden Al(OMe)$_3$ in MeOH, Al(O^{i}Pr)$_3$ in ^{i}PrOH und Al(O^{t}Bu)$_3$ in ^{n}BuOH neben Al(O^{i}Pr)$_3$ in Methanol, Isopropanol, Butanol, Toluol, Tetrahydrofuran, Pentan und Dioxan.[8, 158] In dieser Studie wurde jeweils ein Parameter unter Konstanthaltung der anderen Reaktionsparameter variiert. Das heißt mit dem Verändern der Alkoxids wurde nicht gleichzeitig das Lösungsmittel variiert. Die Folge ist, dass die Spektren zum Teil durch die zu Grunde liegende Alkoxid-Chemie Al(OR)$_3$ im entsprechenden Lösungsmittel bestimmt werden können. Entscheidend ist dabei, ob ein Austausch OR gegen Lösungsmittel-Fragmente (Alkoholyse) stattfindet. Abzuwägen sind des Weiteren die Reaktivität und Acidität der Alkohole, die Löslichkeit gebildeter Alkoxide und für das Alkoxidfluorid die Stabilität des Gel-Netzwerkes.

Reaktivität^a: MeOH > EtOH > ^{n}PrOH
Acidität^b: MeOH > R$_{primär}$OH > R$_{sekundär}$OH > R$_{tertiär}$OH

[a] Reaktivität bezüglich der Reaktion mit Natrium.
[b] pK$_s$: MeOH ≈ 15.5, EtOH ≈ 16, ^{i}PrOH ≈ 17, ^{t}BuOH ≈ 18.[140]

Spektrum 5.1 zeigt für eine Reihe von Aluminiumalkoxiden die Festkörper-MAS NMR-Spektren in Gegenüberstellung der ^{27}Al- und ^{19}F- bzw. ^{13}C- und ^{1}H-Spektren. Die elementaranalytischen Daten der im Folgenden diskutierten Aluminiumisopropoxidfluoride finden sich im Experimentellen Teil, Tabelle 8.3.1.
Betrachtet man zunächst nur die Aluminium- und Fluor-Spektren (A und B), so ist erstaunlich, dass fast unabhängig vom Alkoxid mit dem Lösungsmittel ^{i}PrOH sehr ähnliche lokale Strukturen an Hand der Spektren abgeleitet werden können. In den ^{27}Al-Spektren sind die Anteile der Al-Einheiten in eher verteilter und gestörter Umgebung (angenähert im Modell durch eine Czjzek-Verteilung, Maximum etwa -20 ppm, B$_0$ = 9.4 T) und die Anteile der Einheiten in lokal geordneterer Umgebung offensichtlich (letzteres Signal des zentralen Übergangs ist durch Quadrupolwechselwirkung zweiter Ordnung verbreitert; siehe auch Kapitel 4.6).
Die Form und die Lage des Maximums des Signals sowie der Schulter im Hochfeld-Bereich deuten darauf hin, dass in diesen Alkoxidfluoriden auch die gleichen sechsfach koordinierten Einheiten AlF$_x$(OR)$_{6-x}$ mit x = 4 und 5 involviert sind, was durch die Lage der Signale in den ^{19}F MAS NMR Spektren und durch Vergleich mit der Trendanalyse der ^{19}F chemischen Verschiebung (Kapitel 3.3.1) untermauert wird. Im Gegensatz zum ^{19}F Spektrum des „Standard"-Xerogels deutet sich in den ^{19}F Spektren der Alkoxidfluoride mit größerem Anteil der regelmäßig koordinierten Al-Einheiten (Al(O^{s}Bu)$_3$ und Al(OEt)$_3$) eine deutlichere Ausprägung der Hochfeld-Schulter im Bereich δ$_{iso}$ ≈ -173 bis -175 ppm an.

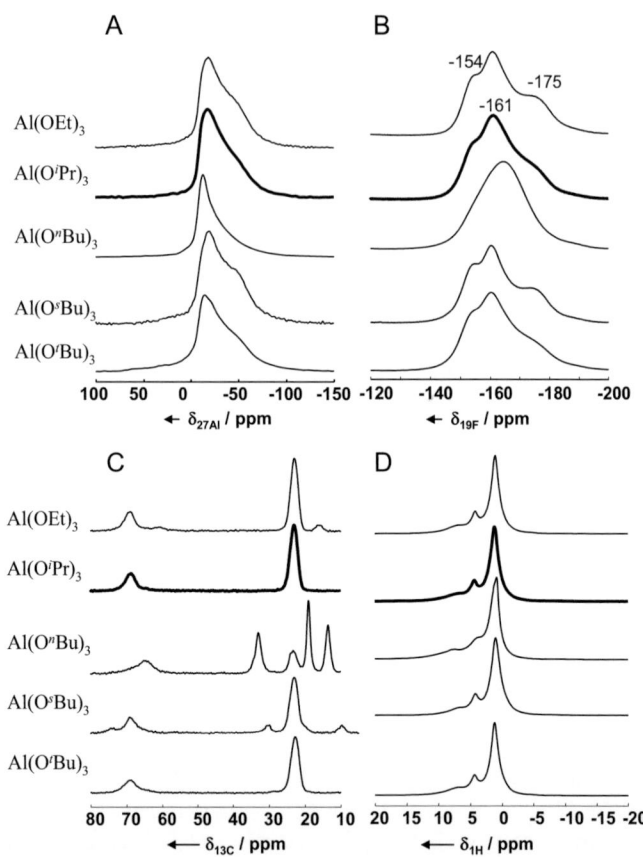

Spektrum 5.1 ^{27}Al MAS NMR (A), ^{19}F MAS NMR (B), ^{1}H→^{13}C CP MAS NMR (C) und ^{1}H MAS NMR Spektren (D) einiger Alkoxidfluoride AlF$_x$(OR)$_{3-x}$. Für alle: LSM: ^{i}PrOH, Al:F=1:3 und vergleichbare Konzentrationen und Trocknungsbedingungen. Weitere Messbedingungen: A, B, D: ν$_{rot}$ = 25 kHz, C: ν$_{rot}$ = 10 kHz, gezeigt ist jeweils der zentrale Bereich.

Lediglich für das Aluminium-*n*-butoxid als Ausgangsalkoxid werden leicht differierende Spektren beobachtet. Scheinbar ist hier der Anteil von Einheiten in lokal geordneter Umgebung geringer. Dennoch weisen die Spektren auch hier auf sechsfach gemischt koordinierte AlF$_{4-5}$(OR)$_{2-1}$ hin (Maximum δ$_{27Al}$ = -13 ppm, δ$_{iso}$(^{19}F) = -164 ppm) (siehe Kapitel 3, Trendanalysen).
Der entscheidende Unterschied wird deutlich, bezieht man die ^{1}H→^{13}C CP Spektren mit in die Betrachtungen ein. Nur für das Al(O^{n}Bu)$_3$ können im

Spektrum noch erhebliche Anteile von *n*-Butoxid Gruppen nachgewiesen werden (δ_{iso}(^{13}C) / ppm = 65 (C$\underline{H}_2$-O), 33 (C$\underline{H}_2$-CH$_2$-O), 19 (CH$_3$-C$\underline{H}_2$) und 14 (CH$_3$)).
Für alle anderen ist die Involvierung von ^{i}PrOH/^{i}PrO-Gruppen in die Xerogel Matrix deutlich. Eine Abschätzung des Flächenverhältnis der Signale des ^{1}H-NMR-Spektrums ausgehend vom Al(O^{t}Bu)$_3$ ergibt, wie auch für das „Standard"-Xerogel, ein Verhältnis von etwa 6:1:1 (Methyl:CH:OH). Ein signifikanter Anteil von (Fremd-) Lösungsmittelmolekülen (in diesem Fall wäre das ^{t}BuOH) kann nicht nachgewiesen werden.
Überraschend ist dabei das abweichende Verhalten des Ethoxids. Hier kann überwiegend die Inkorporation von ^{i}PrO(H)-Spezies gefunden werden, obwohl, entsprechend den Abstufungen der pK$_S$-Werte von EtOH und ^{i}PrOH, hier keine Alkoholyse während der Synthese stattfinden sollte. Entscheidend hier könnte die bessere Löslichkeit von Propoxid-Spezies sein, die im Laufe der Fluorolyse umgesetzt werden. Nichtsdestotrotz werden für das Alkoxidfluorid ausgehend vom Ethoxid, wie für das ^{s}Butoxid, Spuren des ursprünglichen Alkoxids nachgewiesen.
Sind in den Xerogelen ähnliche lokale Strukturen AlF$_x$(OR)$_{6-x}$ involviert, resultieren für die daraus synthetisierten *HS*-Aluminiumfluoride vergleichbare Eigenschaften. Die involvierten Alkoxid-Gruppen sind nahezu vollständig protoniert. In den Xerogelen lassen sich im Wesentlichen Isopropanol-Gruppen nachweisen. Der bevorzugte Einbau von ^{i}PrOH erfolgt in diesen Beispielen entweder auf Grund der besseren Löslichkeit intermediärer Isopropoxid-Spezies während der Fluorolyse oder wegen des leicht sauren Charakters Isopropanols gegenüber anderen Alkoholen. Betrachtet man nur die Aluminium- und Fluor-Spektren, so scheinen die Signale der regelmäßiger koordinierten Al-Einheiten mit dem Signal im Hochfeld-Bereich der Fluor-Spektren ($\delta_{iso} \approx$ -173 bis -175 ppm) zu korrelieren.
Weitere Einblicke sollten sich unter Verwendung verschiedener Lösungsmittel ableiten lassen. Auch hier deuten die gefundenen katalytischen Aktivitäten und Oberflächen auf nur untergeordnete Einflüsse des Lösungsmittels hin.[8, 158]
Spektrum 5.2 zeigt eine Übersicht über die erhaltenen Festkörper-MAS NMR Spektren von Aluminiumisopropoxidfluoriden unter Verwendung verschiedener Lösungsmittel.
Eingesetzt wurden in diesem Fall ^{i}PrOH, ^{t}BuOH, MeOEtOH, Et$_2$O, Toluol und C$_6$F$_{14}$ (Perfluorhexan), die sich in ihrer Polarität und ihrer Fähigkeit Wasserstoffbrücken zu bilden bzw. Protonen abzugeben (Protizität), unterscheiden.
Im Gegensatz zu den vorhergehenden Versuchen wurde nicht in allen Fällen eine Gel-Bildung beobachtet. In den aprotischen Lösungsmitteln (Et$_2$O, Toluol und C$_6$F$_{14}$) bildete sich eine Suspension des ausgefallenen Isopropoxidfluorids

Kapitel 5

im entsprechenden Lösungsmittel.[e] Nichtsdestotrotz zeigen die ^{1}H- und die ^{1}H→^{13}C CP MAS NMR Spektren nur geringe Unterschiede.

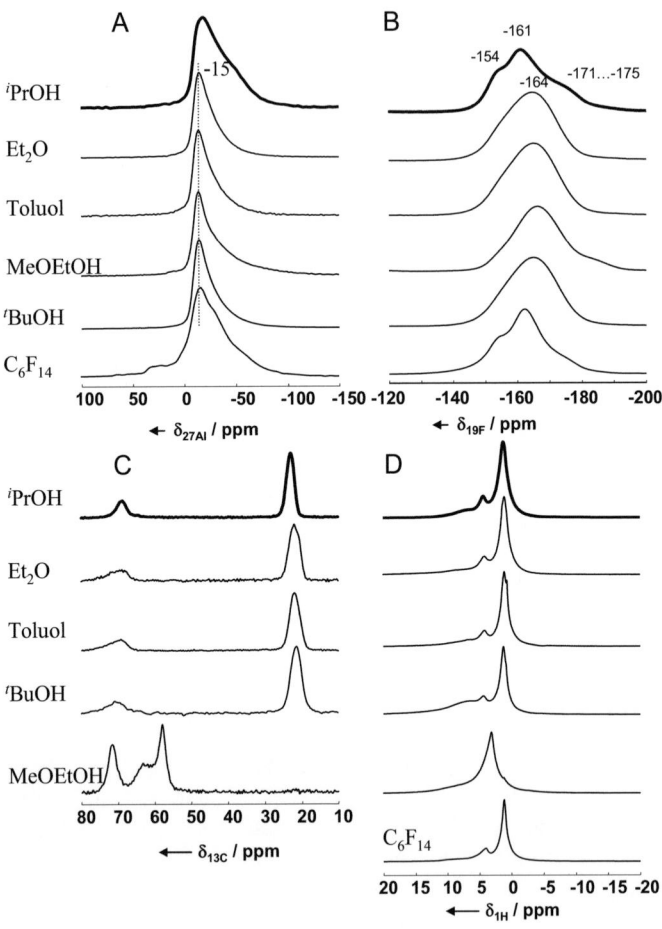

Spektrum 5.2 ^{27}Al MAS NMR (A), ^{19}F MAS NMR (B), ^{1}H→^{13}C CP MAS NMR (C) und ^{1}H MAS NMR Spektren (D) einiger Alkoxidfluoride AlF$_x$(O^{i}Pr)$_{3-x}$ aus verschiedenen Lösungsmitteln. Für alle: Al(OR)$_3$ = Al(O^{i}Pr)$_3$, Al:F=1:3 und vergleichbare Konzentrationen und Trocknungsbedingungen. Weitere Messbedingungen: A, B, D: ν_{rot} = 25 kHz, C: ν_{rot} = 10 kHz, gezeigt ist jeweils der zentrale Bereich.

---

[e] Für THF als Lösungsmittel wird Gelierung beobachtet.

Einmal mehr kann gezeigt werden, dass die vorliegenden ^{i}PrO-Gruppen protoniert sind (nachweisbar z.b. für das ^{1}H MAS NMR Spektrum des Alkoxidfluorids synthetisiert aus C_6F_{14}, das Anteile bei $\delta_{1H} \approx$ 8-10 ppm (Intensität etwa 10 %), 4-5 ppm (zwei Anteile mit Intensitäten von etwa 10 %) und 1.2 ppm (Intensität etwa 70 %) zeigt (Zerlegung ist im Bild nicht gezeigt). Entsprechend den Erwartungen findet im saureren Lösungsmittel MeOEtOH eine Alkoholyse von $Al(O^iPr)_3$ statt. Im $^1H \rightarrow ^{13}C$ CP MAS NMR- bzw. ^{1}H MAS NMR Spektrum des resultierenden fluorierten Xerogels $AlF_x(OR)_{3-x}$ können für den organischen Bestandteil OR nur Signale von MeOEtOH gefunden werden (δ_{iso} = 71.7, 62.4 (breit), 58.0 ppm), Anteile von reinen MeO(H)-Gruppen können nicht ausgeschlossen werden (vorhergehende Ether-Spaltung im Sauren).
Nur die Spektren (^{27}Al, ^{19}F und ^{1}H) des Isopropoxidfluorids aus C_6F_{14} entsprechen im Wesentlichen den Charakteristika des „Standard"-Xerogels $AlF_{2.3}(O^iPr)_{0.7} \cdot z\ ^iPrOH$, zusätzlich können jedoch im ^{27}Al MAS NMR Spektrum geringe Anteile fünffach koordinierter Al-Einheiten detektiert werden. Möglicherweise führt die Abwesenheit von koordinierenden Lösungsmittel-Molekülen zum Auftreten dieser Einheiten.
Für alle anderen wird in den Al-Spektren als Hauptanteil ein Signal mit einem Maximum zwischen $\delta_{27Al} \approx$ -13 und -15 ppm gefunden. Diese ist z.B. für das ^{27}Al Spektrum aus Toluol simulierbar mit einer Kurve vom Czjzek-Typ (Al-Einheiten in gestörter Umgebung):
^{27}Al NMR-Parameter:

δ_{iso} = -8.4 ppm,

$\nu_Q \approx$ 678 kHz (η_Q nicht verteilt mit η_Q = 0.65);

$\delta_{CS} \approx$ 3.3 ppm (HWB der Verteilung der chemischen Verschiebung)

Das entspricht den gefunden Werten der lokal gestörten Al-Einheit in der Vergleichsprobe („Standard"-Xerogel aus ^{i}PrOH, siehe auch Kapitel 4.6, Tabelle 4.6.1) in einer mittleren Koordination $AlF_5((H)O^iPr)$. Die korrespondierenden ^{19}F-Spektren zeigen eine nahezu unstrukturierte Einhüllende mit einem Maximum bei δ_{iso} = -164 ppm und einer angedeuteten Schulter bei δ_{iso} = -154 ppm. Wie schon erwähnt, entsprechen auch diese Verschiebungen den chemischen Verschiebungen von μ_2-F-Brücken zwischen $AlF_5((H)O^iPr)$- und $AlF_4((H)O^iPr)_2$-Einheiten (siehe Trendanalyse in Kapitel 3).
Für das Xerogel, hergestellt in ^{t}BuOH, kann partielle Hydrolyse der Alkoxid-Gruppen nicht ausgeschlossen werden: Hier ist der Anteil des OH-Signals (^{1}H: $\delta_{iso} \approx$ 8 ppm) relativ zu den Signalen der Methyl- bzw. CHO-Gruppe deutlich größer (CH_3:OH $\approx$ 1:1 statt 6:1). Spuren von Wasser in der HF-Lösung oder während der Synthese eingetragen, können zu einem ähnlichen Resultat führen.
Spektrum 5.3 zeigt, neben den Spektren des „Standard"-Xerogels, MAS NMR Spektren partiell hydrolysierter Isopropoxidfluoride. Im ersten Fall fand die Umsetzung mit wasserfreier HF nach partieller Hydrolyse des Alkoxids mit

einem Äquivalent Wasser (und Erhitzen auf 80 °C) statt, im zweiten Fall mit wässriger HF (Flusssäure; w ≈ 40 %). Das entspricht einem Stoffmengenverhältnis Al:H_2O:HF von 1:4.75:3. Während für das erste Beispiel Hydrolyse und Fluorolyse getrennt voneinander ablaufen sollten, müssen im zweiten Fall die Reaktionsgeschwindigkeiten der Hydrolyse und der Fluorolyse gegeneinander abgewogen werden. Für die Fluorolyse von Mg(OMe)$_2$ ergaben erste Ergebnisse eine zehnmal größere Reaktionsgeschwindigkeit der Fluorierung im Vergleich zur Hydrolyse.[161]

In beiden Fällen bilden sich viskose, rührbare Gele, die einen leichten Tyndall-Effekt[f] aufweisen (c_{Al} ≈ 0.3 mol/L) (zum Vergleich: das „Standard"-Alkogel bildet in dieser Konzentration ein fast schnittfestes, nicht rührbares Gel (meistens mit deutlichem Tyndall-Effekt).

In den ^{1}H MAS NMR Spektren kann für beide resultierenden Xerogele ein erhöhter Anteil im OH-Bereich nachgewiesen werden (siehe Spektrum 5.3, A). Die Signallage (etwa 7-10 ppm) ist typisch für OH-Gruppen, die in verbrückender Position auftreten (Al-(OH)-Al)[102] und in Wasserstoffbrücken–bindungen involviert sind. Aber auch die kristallinen AlF$_3$•x H_2O zeigen in diesem Bereich breite Signale der koordinierenden, Wasserstoff verbrückten H_2O-Moleküle.[45] Für kristalline Hydroxidfluoride in Pyrochlor-Struktur konnte ebenfalls ein Anteil bei δ_{iso} ≈ 7.5 ppm gefunden werden, der wahrscheinlich μ_2-OH – Gruppen in Wasserstoffbrücken mit eingelagerten H_2O-Molekülen zuzuordnen ist (siehe Kapitel 3.3.2).

Die Ausdehnung der Rotationsseitenbanden im ^{1}H MAS NMR Spektrum der partiell hydrolysierten Isopropoxidfluoride über einen Bereich von etwa 160 kHz deutet auf die Inkorporation von Wasserspezies hin.[98, 162] Wasser und OH-Spezies können in diesem Fall nicht eindeutig unterschieden werden.

Die ^{19}F- und ^{27}Al MAS NMR Spektren sind, ähnlich denen der Isopropoxidfluoride, synthetisiert in Toluol oder Et$_2$O. Für beide Kerne (Aluminium und Fluor) kann eine leichte Hochfeldverschiebung der Einhüllenden beobachtet werden, was auf einen leicht unterschiedlichen Fluorierungsgrad rückführbar ist. Die Aluminium-Struktureinheiten liegen in beiden Fällen in gestörter Umgebung vor.

Die Lage und die Form der Signale partiell hydrolysierter Isopropoxidfluoride unterstreicht weiterhin die enge chemische Verwandtschaft der Alkoxidfluoride auf der einen Seite und der Hydroxidfluoride auf der anderen Seite.

---

[f] Lichtstreuung an schwebenden Teilchen. (Man denke an Nebel.)

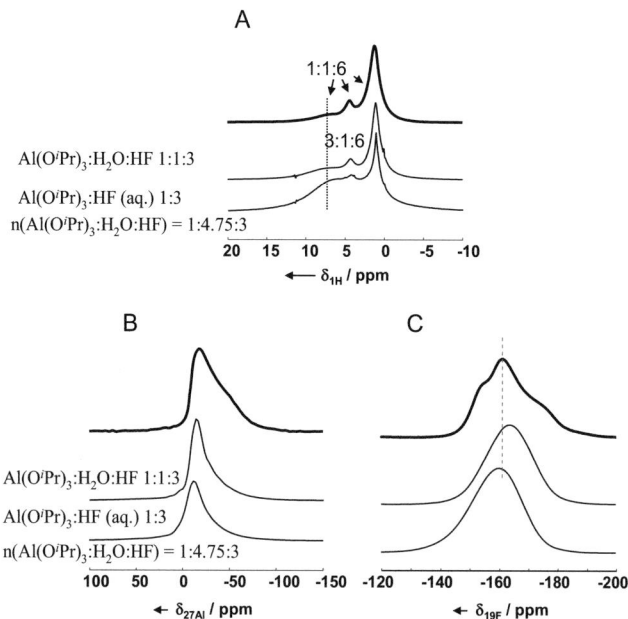

Spektrum 5.3 ^{1}H MAS NMR (A), ^{27}Al MAS NMR (B) und ^{19}F MAS NMR einiger Alkoxid-Hydroxidfluoride AlF$_x$(OH/O^{i}Pr)$_{3-x}$, Al:F=1:3, vergleichbare Konzentrationen und Trocknungsbedingungen. Weitere Messbedingungen: A, B, C: ν_{rot} = 25 kHz.

Für *high surface*-Aluminiumfluoride, synthetisiert aus vergleichbaren Hydroxidfluoriden (präpariert mit 70%-iger Flusssäure), wurde eine abnehmende Aktivität bezüglich der Isomerisierung von 1,2-Dibrom–hexafluorpropan (1,2-DBP) beobachtet.[158] Die Dismutierung von CHClF$_2$ als weitere Testreaktion zur Charakterisierung Lewis-saurer Katalysatoren wird bei etwa um 50 °C erhöhter Temperatur (im Vergleich zu aktivierten Alkoxid–fluoriden) katalysiert.[158] Möglich ist, dass in diesem Fall Wassermoleküle, die NMR-spektroskopisch in den partiell hydrolysierten Isopropoxidfluoriden nachgewiesen werden können, auch in den aktivierten (= nachfluorierten) Substanzen partiell Lewis-saure Zentren blockieren.

Auf der anderen Seite werden auf diesem Weg Brønsted-saure Zentren in den Festkörper eingeführt, die diese Substanzklasse attraktiv für neue heterogen katalysierte Reaktionen machen (beispielsweise für die α-Tocopherol-Synthese)[27].

Zusätzlich werden auch die Oberflächenbeschaffenheiten beeinflusst. Während für das zunächst hydrolysierte und im zweiten Schritt fluorierte Alkoxidfluorid (getempert im dynamischen Vakuum bei 200 °C) Adsorptions-/Desorptionsisothermen mit den Charakteristika eines mesoporösen Festkörpers bestimmt wurden (Typ IV[163], S_{BET} = 264 m²g⁻¹, C-Wert = 116, d_P = 71 Å), wird für die mit Flusssäure hergestellte Phase (getempert im dynamischen Vakuum bei 200 °C) Makroporösität mit heterogener Verteilung verschiedener Porengrößen gefunden.

5.1.2. Alterungsphänomene

Auch der Einfluss der Alterung des feuchten Alkogels wurde eingehend untersucht: Mit steigendem Alter des Gels wurde eine deutliche Abnahme der katalytischen Aktivität der resultierenden *high surface*-Aluminiumfluoride bezüglich der Isomerisierung von 1,2-DBP beobachtet.[8, 158]
In dieser Arbeit wurden zwei unterschiedlich lang gealterte Alkogele (100 Tage und 3 Jahre) und durch Trocknung im Vakuum in Xerogele überführte Gele untersucht.

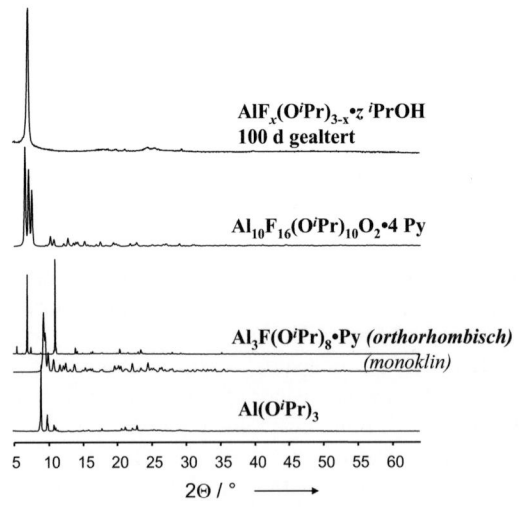

Abbildung 5.1 Diffraktogramme verschiedener AlF$_x$(O^{i}Pr)$_{3-x}$-Verbindungen im Bereich 2Θ = 5°-64°. a: Experimentelles Diffraktogramm eines 100 Tage gealterten Isopropoxidfluorids; b: berechnetes Diffraktogramm der Verbindung Al$_{10}$F$_{16}$(O^{i}Pr)$_{10}$O$_2$•4 Py[156]; c und c': experimentelles (c) bzw. berechnetes (c') Diffraktogramm der zwei Modifikationen von Al$_3$F(O^{i}Pr)$_8$•Py[155, 156]; d: experimentelles Diffraktogramm von Al(O^{i}Pr)$_3$. Die Berechnung erfolgte mit *Diamond3.2*.

Kapitel 5

Überraschenderweise zeigen die Diffraktogramme einen Reflex mit sehr hoher Amplitude bei $2\Theta = 7.13°$, was einem d-Wert von 1.24 nm (12.4 Å) entspricht. Kleinere Reflexe können bei $2\Theta = 19.93, 21.27, 24.45, 25.59$ und $40.01°$ beobachtet werden. Ein Datenbankabgleich ist nicht möglich.
Abbildung 5.1 zeigt, neben dem Diffraktogramm des 100 Tage als Alkogel gealterten Xerogels, einige weitere Diffraktogramme von Referenz–verbindungen. Verblüffend ist die Ähnlichkeit mit dem berechneten Diffraktogramm der Pyridin-stabilisierten, kürzlich isolierten Verbindung $Al_{10}F_{16}(O^iPr)_{10}O_2 \cdot 4$ Py. Dort entsprechen die vier Reflexe im Bereich $2\Theta < 10°$ den Gitternetzebenen $\{h,k,l\}$ $\{1,0,0\},\{0,0,1\},\{0,1,0\}$ und $\{0,1,1\}$.
Lagert die Probe $AlF_x(O^iPr)_{3-x}$ längere Zeit an Luft, können in Folge keine Reflexe mehr beobachtet werden. Sie wird röntgenamorph.
Die Festkörper-MAS NMR Spektren der 100 Tage gealterten Probe sind als Spektrum 5.4 dargestellt. Im Gegensatz zu den üblichen ^{27}Al MAS NMR Spektren vergleichbarer Proben ist das Spektrum deutlich von einem Signal geprägt, dessen Signalform (zentraler Übergang) verbreitert ist durch Quadrupolwechselwirkung zweiter Ordnung. Diese Signalform ist eher typisch für Al-Struktureinheiten meist kristalliner Substanzen mit einer regelmäßigen Umgebung um die Aluminium-Kerne (bzw. einer regelmäßigen Anordnung der elektrischen Feldgradienten).
Der Nachweis dieser geordneteren Strukturen ist ein Indikator für Umordnungen während der Alterung hin zu einer weitreichenderen Ordnung im Alkogel.
Im ^{19}F MAS NMR Spektrum (Spektrum 5.4, C) kann das Signal bei $\delta_{iso} = -172$ bis -175 ppm nicht detektiert werden. Das Spektrum zeigt mindestens zwei Anteile bei $\delta_{iso} = -154$ und -162 ppm. Zusätzlich können scharfe Signale bei $\delta_{iso} \approx -123$ ppm und -82 ppm gefunden werden. Das erste fand bereits in Kapitel 4.5 Erwähnung und wird in Analogie zu ähnlichen Befunden als F^- Komplex unter Einbeziehung weiterer Kationen interpretiert (Na^+, K^+, H^+).[148, 149] Die zeitgleiche Bildung von SiF_6^{2-}-Spezies kann stattdessen nicht beobachtet werden (chemische Verschiebung im Bereich $\delta_{iso} \approx -152$ ppm für Na_2SiF_6, -136 ppm für K_2SiF_6 oder bei -123, -129 und -135 ppm für $CaSiF_6$)[164].
Das Signal bei $\delta_{iso} = -82$ ppm könnte auf organisch gebundenes Fluor deuten. Diese schmalen Signale können nicht nachgewiesen werden für Gele, die unter Standard-Bedingungen gealtert sind (üblicherweise 1 Tag).
Für beide Kerne, ^{27}Al und ^{19}F, ergibt ein Vergleich der isotropen Werte der chemischen Verschiebungen (^{27}Al: $\delta_{iso} = -7.6$ ppm; ^{19}F: $\delta_{iso} = -154$ und -162 ppm) mit den in Kapitel 3 besprochenen Trendanalysen eine mittlere Koordination von $AlF_{4-5}(O^iPr)_{2-1}$-Einheiten. Weiterhin sind die NMR-Parameter der dominierenden Al-Einheit nahezu identisch mit denen, die für die $AlF_x(O^iPr)_{6-x}$-Spezies in gestörter Umgebung bestimmt wurden (siehe vorangehenden Abschnitt, Isopropoxidfluoride aus verschiedenen Lösungsmitteln).

Kapitel 5

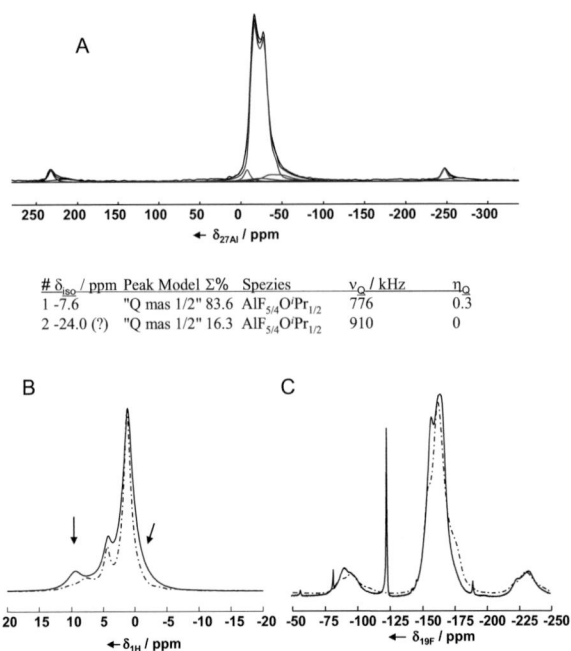

#	δ_{iso} / ppm	Peak Model	Σ%	Spezies	ν_Q / kHz	η_Q
1	-7.6	"Q mas 1/2"	83.6	$AlF_{5/4}O^iPr_{1/2}$	776	0.3
2	-24.0 (?)	"Q mas 1/2"	16.3	$AlF_{5/4}O^iPr_{1/2}$	910	0

Spektrum 5.4 ^{27}Al MAS NMR (A), ^1H MAS NMR (B) und ^{19}F MAS NMR (C) Spektren des 100 Tage als Alkogel gealterten $AlF_x(O^iPr)_{3-x}$, Al:F=1:3, ν_{rot} = 25 kHz. Für A ist eine mögliche Zerlegung gezeigt (siehe auch Tabelle unter dem Aluminium-Spektrum), für C zum Vergleich das Spektrum eines Standard-„Xerogels" $AlF_{2.3}(O^iPr)_{0.7} \cdot z \, ^iPrOH$.

Das Strukturmotiv der zu Grunde liegenden Einheiten ist nur schwer abschätzbar: Auf Grund der Größe der Quadrupolfrequenz könnte auf eine Ketten- oder Schichtstruktur geschlossen werden. Die Verknüpfung von $AlF_4(O^iPr)_2$-Einheiten in einer regelmäßigen 3d-Raumnetzstruktur (komplett eckenverknüpft) wäre hypothetisch möglich und ist auch auf Grund der Höhe der Quadrupolfrequenz plausibel (siehe Kapitel 3.3.5). Sind jedoch die O^iPr-Einheiten überwiegend protoniert, resultieren wahrscheinlich Strukturmotive, wie sie für vergleichbare Aluminiumfluorid-Hydrate gefunden werden.

Bemerkenswerterweise zeigen auch die ^1H- und $^1H \rightarrow ^{13}C$-CP MAS NMR Spektren Veränderungen: Für das ^1H MAS NMR Spektrum (Spektrum 5.4, B) ist deutlich, neben einer Linienverbreiterung, die stärkere Einbindung der ^iPrOH-Spezies in H-Brücken ablesbar (gestiegene Intensität des Signals bei $\delta_{iso} \approx 10$ ppm). Dieses Signal kann in Spuren schon für das Standard-Xerogel nachgewiesen werden (siehe Tabelle 4.3.1). Das $^1H \rightarrow ^{13}C$ CP MAS NMR Spektrum (nicht gezeigt) weist im Vergleich schmalere Signale auf.

Für das 3 Jahre als Alkogel gealterte Gel konnten die Ergebnisse in dieser Weise nicht reproduziert werden. Auch hier zeigt das Diffraktogramm des Xerogels im Bereich $2\Theta < 10°$ einen intensiven Reflex, der im Diffraktogramm nach Lagerung an Luft nicht mehr nachweisbar ist. Die ^{19}F und ^{27}Al MAS NMR Spektren des korrespondierenden Aluminiumisopropoxidfluorids sind als Spektrum 5.5 gegeben.

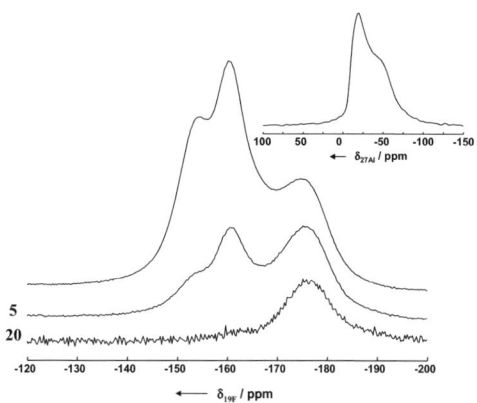

Spektrum 5.5 ^{19}F MAS NMR Spektrum (im zentralen Bereich) eines 3 Jahre als Alkogel gealterten Xerogels AlF$_x$(O^{i}Pr)$_{3-x}$. Das Inset zeigt den zentralen Übergang des korrespondierenden ^{27}Al MAS NMR Spektrums. 5 und 20 bezeichnen Rotor synchrone ^{19}F *spin echo* MAS NMR Spektren mit 5 (20) zusätzlichen Rotorperioden vor der *echo*-Detektion.

Diese ähneln mehr den Spektren des „Standard"-Xerogels (1 Tag gealtert), wenn auch hier die Anzeichen von Ordnungsphänomenen offensichtlich sind. Das Aluminium-Spektrum zeigt im zentralen Bereich deutlich einen höheren Anteil der Spezies mit Quadrupolaufspaltung zweiter Ordnung, das Fluor Spektrum ist strukturiert. Die sonst angedeutete Schulter bei $\delta_{iso} \approx -172$ ppm ist deutlich separiert. In Rotor-synchronen ^{19}F *spin echo* MAS NMR Experimenten kann gezeigt werden, dass diese F-Spezies deutlich langsamer dephasiert. In Analogie zu den in Kapitel 4.5 ausgeführten Überlegungen wird dieses Signal terminal gebundenem Fluorid an AlF$_x$(O^{i}Pr)$_{6-x}$-Einheiten ($x = 4$) zugeordnet.
Gleichzeitig in der Xerogel-Struktur auftretende AlF$_6$ – Einheiten sollten demnach nur untergeordnet zu Signalen in diesem Bereich beitragen.
Die beobachteten Ordnungsphänomene können schließlich die Ursache der Abnahme der katalytischen Aktivität und Größe der spezifischen Oberflächen mit zunehmender Alterungsdauer sein.

5.2. WEITERE BEISPIELE DES CHEMISCHEN VERHALTENS AMORPHER $AlF_x(O^iPr)_{3-x}$

Zusätzlich zu den bereits bekannten Eigenschaften wurde an Hand einer Reihe weiterer Untersuchungen das chemische Verhalten der röntgenamorphen Xerogele charakterisiert. Diese sollen schließlich zum Grundverständnis der Eigenschaften des Xerogels beitragen und umfassen Untersuchungen der Veränderung lokaler Strukturen:
1. nach Adsorption von ^iPrOH, verknüpft mit der Fragestellung: →Ist die Alkogelbildung reversibel?
2. nach Mahlen in einer Planetenmühle, → Können Zersetzungsprodukte nachgewiesen werden? Sind über diesen Weg strukturell gestörte Aluminiumfluoride herstellbar?
3. nach Lagerung an Luft. → Sind feste $AlF_x(O^iPr)_{3-x}$ Vorstufen von Aluminiumhydroxidfluoriden in Analogie zur Synthese kristalliner $AlF_x(OH)_{3-x} \cdot z\ H_2O$ ausgehend von Alkogelen (vgl. Kapitel 3)?

Spektrum 5.6 zeigt das $^1H \rightarrow {}^{13}C$ CP MAS NMR Spektrum eines Xerogels nach Adsorption von ^iPrOH über die Gasphase.
Der Effekt ist sehr anschaulich, die nun deutlichen Signale bei $\delta_{iso} = 64.2$ und 25.1 ppm können intuitiv den adsorbierten ^iPrOH-Molekülen zugeordnet werden. Diese müssen immobilisiert vorliegen, Moleküle in flüssiger Phase können über das $^1H \rightarrow {}^{13}C$ CP Verfahren nicht detektiert werden.

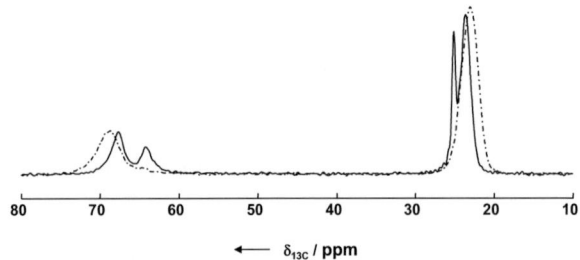

Spektrum 5.6 Vergleich von $^1H \rightarrow {}^{13}C$ CP MAS NMR Spektren von $AlF_{2.3}(O^iPr)_{0.7} \cdot z$ ^iPrOH. (—) nach Adsorption von ^iPrOH, (-•-) Vergleichsspektrum. $\nu_{rot} = 10$ kHz.

Die hier nicht gezeigten Aluminium- und Fluor-Spektren weisen eine Verringerung der Anteile auf, die, basierend auf dieser Arbeit, eher den geordneten Strukturen zugeordnet werden (im ^{19}F-Spektrum Signale bei $\delta_{iso} = -154$ und -175 ppm; im ^{27}Al-Spektrum Signal mit Aufspaltung auf Grund von

Quadrupolwechselwirkungen zweiter Ordnung). Das korrespondierende ^{1}H MAS NMR Spektrum deutet auch hier auf einen überwiegenden Anteil der Protonen-Spezies in starken Wasserstoffbrücken-Bindungen bei $\delta_{iso} \approx 10$ ppm hin. Ist das Xerogel nicht „scharf" (Trocknungstemperaturen größer als 100 °C) getrocknet, konnte nach Versetzen mit Alkohol eine erneute Alkogelbildung beobachtet werden.

Der Energieeintrag auf mechanischem Weg führt überraschenderweise nur zu geringen Änderungen. Die Spektren der Isopropoxidfluoride, die vier Stunden in einer Planetenmühle gemahlen wurden (m_{Kugeln}:$m_{Substrat} \approx 15 : 1$, 600 Umdrehungen/min, 4 h Mahldauer), zeigen nahezu keine Veränderungen der lokalen Strukturen.

Getestet wurden drei Aluminiumisopropoxidfluoride ausgehend von Al(O^{i}Pr)$_3$: HF – Stoffmengenverhältnissen 1:1, 1:2 und 1:3. Verglichen werden sollen die Ergebnisse mit den Resultaten der Mahlung einiger Referenzverbindungen (siehe Tabelle 5.2.1).

Die Kristallstruktur von reinem Aluminiumisopropoxid wird während der Mahlung in einer Planetenmühle stark gestört: Nach der Mahlung können AlO$_6$, AlO$_5$ und AlO$_4$- Einheiten (O bedeutet in diesem Fall O^{i}Pr, OH, O) in gestörter Umgebung nachgewiesen werden, mit isotropen chemischen Verschiebungen im Bereich typischer Werte dieser Einheiten (δ_{iso}(^{27}Al):AlO$_6$: 11.3 ppm; AlO$_5$: 40.2 ppm; AlO$_4$: 74.3 ppm).[165] Zum Vergleich: die sehr symmetrische Al(O^{i}Pr)$_6$-Einheit im tetrameren Aluminiumisopropoxid weist eine isotrope chemische Verschiebung von δ_{iso}(^{27}Al) = 2.5 ppm auf.[130]

Für die kristallinen Aluminiumfluorid-Hydrate wird keine Änderung beobachtet. Das „Mahlgut" kann als glasartige Masse vom Deckel des Mahlbechers unverändert isoliert werden. Nichtsdestotrotz dienen sie, beispielsweise zusammen mit Al(OH)$_3$, als reaktive Vorstufe zur mechanochemischen Synthese von (nano-)kristallinen Aluminium-hydroxidfluoriden.

Aluminiumisopropoxidfluoride sind strukturell stark gestörte Phasen mit Partikelgrößen, die wahrscheinlich noch kleiner sind, als diejenigen von HS-AlF$_3$ [3] und vergleichbaren Phasen [19] (demzufolge müssten diese kleiner gleich 10 nm sein). Die Partikelgrößen von, unter vergleichbaren Bedingungen gemahlenen, gut kristallinen Vorstufen liegen in einer ähnlichen Größenordnung oder sind sogar etwas größer (z.B. für α-AlF$_3$ nach 16 h Mahldauer: 50 nm und kleiner [34] oder für CaF$_2$ zwischen 10 und 50 nm [166]). Sind die Partikelgrößen der röntgenamorphen Vorstufen zu klein, ist der Effekt des Eintrags mechanischer Energie auf die lokale Umgebung untergeordnet.

Das Mahlprodukt des 1:3-Ansatzes zeigt in den ^{1}H$\rightarrow$^{13}C CP MAS NMR Spektren neue Signale von freigesetzten, noch am Festkörper assoziierten Lösungsmittel.

Kapitel 5

Tabelle 5.2.1 Zusammenfassung von Resultaten der Mahlung einiger Aluminium-Verbindungen

Phase	mechanochemisch induzierte Veränderung	XRD vorher / nachher	EA vorher / nachher	
			C / %	H / %
$Al(O^iPr)_3$ [a]	Zersetzung / Amorphisierung	kristallin / amorph	52.3 / 39.6	10.3 / 8.2
α - $AlF_3 \cdot 3 H_2O$	keine (?)	kristallin / kristallin	-	-
β - $AlF_3 \cdot 3 H_2O$ [b]	keine (?)	kristallin / kristallin	-	-
$Al(F/OH)_3 \cdot H_2O$ [b]	Verringerung der Kristallitgröße / Einführungen von Mikrospannung ?	kristallin / kristallin	-	-
$AlF_x(O^iPr)_{3-x}$; 1:1	keine	amorph / amorph	42.1 / 41.4	8.1 / 8.1
$AlF_x(O^iPr)_{3-x}$; 1:2	leichte Linienverbreiterung im ^{19}F MAS NMR Spektrum beobachtbar	amorph / amorph	32.0 / 29.6	6.4 / 6.4
$AlF_x(O^iPr)_{3-x}$; 1:3	weitere Störung	amorph / amorph	25.4 / 19.8	5.9 / 5.0

[a] siehe Referenz [165].
[b] unveröffentlichte Ergebnisse J.Petersen, G.Scholz, Humboldt-Universität zu Berlin, Institut für Chemie.

Die Aluminium- und Fluor-Spektren entsprechen den Einhüllenden der Spektren, die für Isopropoxidfluoride ohne den Anteil der Al-Struktureinheiten in geordneteren Strukturen gefunden wurden (^{19}F: Maximum bei δ_{iso} = -164 ppm, keine Schultern; ^{27}Al: Czjzek-Typ; Maximum $\delta_{27Al} \approx$ -14 ppm.)
Es wurde keine Bildung von reinen AlF_3-Phasen beobachtet. Die Substanzen sind auch nach der Mahlung als röntgenamorphe Aluminiumisopropoxidfluoride charakterisierbar.
Im Kapitel 3 wurde ein neuer Synthesezugang zu kristallinen Aluminium–hydroxidfluorid-Hydraten in Pyrochlor-Struktur (Raumgruppe $Fd\bar{3}m$) vorgestellt. Die Hydrolyse und Abgabe vom Lösungsmittel eines Alkogels an Luft führte zu weißen Pulvern, die spektroskopisch (MAS NMR, XPS), elementaranalytisch und röntgenografisch (XRD) als Aluminiumhydroxidfluoride charakterisierbar sind.
Im Gegensatz dazu können nur für das an Luft gelagerte, feste $AlF_x(O^iPr)_{3-x}$, hergestellt im Ausgangsstoffmengenverhältnis $Al(O^iPr)_3$: HF = 1 : 2, Reflexe von $Al(F/OH)_3 \cdot H_2O$-Phasen im Diffraktogramm beobachtet werden. Für dieses ist gravimetrisch nach zunächst leichter Massezunahme (über einen Zeitraum von 60 min 1 Masseprozent), eine stete Massenabnahme auf 75 % der Ausgangsmasse beobachtbar (nach 33 h wurde der Versuch beendet). Die elementaranalytisch gefundenen Werte sind für die an Luft gelagerten Proben nachfolgend aufgeführt, die ^{27}Al und ^{19}F MAS NMR Spektren sind, den zentralen Bereich vergleichend, als Spektrum 5.7 gezeigt.

Kapitel 5

Tabelle 5.2.2 Daten von $AlF_x(OH)_{3-x}$, resultierend nach Lagerung fester $AlF_x(O^iPr)_{3-x}$ an Luft

$AlF_x(OH)_{3-x}$	XRD	EA:	C / %	H / %
Al:F=„1:1"	amorph		1.4	4.2
Al:F=„1:2"	kristallin (Al(F/OH)$_3$•H$_2$O, Pyrochlor)		0.1	3.7
Al:F=„1:3"	amorph		1.8	3.3

In den ^{19}F MAS NMR-Spektren sind für die jeweiligen Zentralsignale Halbwertsbreiten von 8.5 kHz (1:1), 5.5 kHz (1:2), und 6.2 kHz (1:3) bestimmbar (v_{rot} = 25 kHz, B_0 = 9.4 T). Die chemischen Verschiebungen der Maxima sind bei δ_{19F} = -147 ppm (1:1), -154 ppm (1:2) und -162 ppm (1:3) zu finden. Unter Nutzung der in Kapitel 3 vorgestellten Trendanalysen ergibt sich somit für die kristalline Verbindung (1:2) eine mittlere Koordination von $AlF_4(OH)_2$ (= $AlF_2(OH)$) und für die röntgenamorphe Verbindung (1:3) eine mittlere Koordination von $AlF_5(OH)$ (= $AlF_{2.5}(OH)_{0.5}$). Erstes entspricht genau dem eingesetzten Al:F-Stoffmengenverhältnis, letztes etwa dem bekannten n(Al:F)-Verhältnis im „Standard" - Xerogel. Für das amorphe Produkt (1:1) sind Anteile von $AlF_3(OH)_3$- ($\delta_{iso} \approx$ -146 ppm), $AlF(OH)_5$- ($\approx$ -130 ppm) und $AlF_2(OH)_4$ - Einheiten ($\approx$ -136-143 ppm) anzunehmen. Auf Grund der größeren Linienbreite und nicht „Gauß-förmigen" Verteilung der $AlF_x(OH)_{6-x}$ – Struktureinheiten ist die Zuordnung einer mittleren Verteilung über die ^{19}F-Trendanalyse nicht eindeutig möglich.

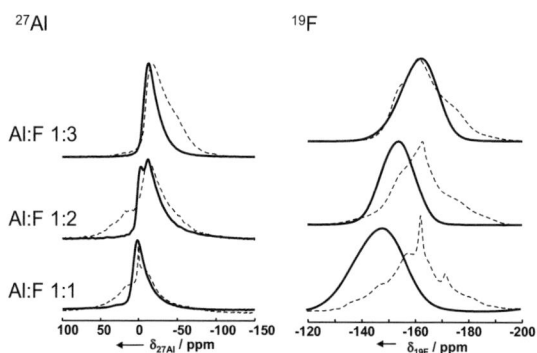

Spektrum 5.7 ^{27}Al und ^{19}F MAS NMR Spektren von Aluminiumisopropoxidfluoriden (- -) und korrespondierenden Aluminiumhydroxidfluoriden nach Lagerung an Luft (—). Das Stoffmengenverhältnis des Alkogels Al:F ist als zusätzlicher Index gegeben. v_{rot} = 25 kHz.

Kapitel 5

Unter Annahme nur einer sechsfach koordinierten Spezies lässt sich für das Signal im ^{27}Al-MAS NMR Spektrum der (1:1) Verbindung etwa ein isotroper Wert von $\delta_{27Al} \approx 8$ ppm (Czjzek-Typ, $\nu_Q \approx 660$ kHz) abschätzen.
Ein Wert, der gut mit einer zu erwartenden ^{27}Al chemischen Verschiebung einer mittleren AlF$_2$(OH)$_4$-Koordination korreliert (siehe Abschnitt 3.3.4). Das ^{27}Al MAS NMR Spektrum der Verbindung (1:2) entspricht den bekannten und gezeigten Spektren der kristallinen Referenz-Verbindungen AlF$_x$(OH)$_{3-x}$•H$_2$O in Pyrochlor-Struktur.
Die ^{1}H MAS NMR-Spektren (hier nicht gezeigt) sind gekennzeichnet durch breite Signale mit Maxima zwischen 4 bis 5 (1:1 und 1:2) und 7 ppm (1:3). In Analogie zu den Protonen-Spektren, der in Kapitel 3 vorgestellten Hydroxidfluoride, lassen sich diese Signale zwanglos verschieden stark verbrückten OH/H$_2$O-Spezies zuordnen, wobei Anteile bei 4 ppm typisch für Wasser-Spezies sind. Für (1:1) und (1:3) sind zusätzlich Spuren von ^{i}PrOH im ^{1}H MAS NMR-Spektrum sichtbar.
Alle drei Substanzen können zusammenfassend als Aluminiumhydroxidfluoride mit unterschiedlichem Fluor-Gehalt charakterisiert werden. Die Voraussetzung der Bildung kristalliner Hydroxidfluoride könnte, neben dem Angebot an H$_2$O, auch ein bestimmter Fluor-Gehalt zu sein. In Analogie dazu weisen Aluminiumhydroxidfluorid-Hydrate, die aus wässrigen Lösungen gefällt werden, auch oft ein Al/F-Stoffmengenverhältnis von ungefähr zwei auf.

5.3. VERÄNDERUNG LOKALER STRUKTUREN AUF DEM WEG ZU *HIGH SURFACE*-ALUMINIUMFLUORIDEN

Um Veränderungen lokaler Strukturen, ausgehend von den strukturell hoch gestörten Aluminiumisopropoxidfluoriden, zu untersuchen, wurden diese unter verschiedenen Bedingungen getempert. Die Ergebnisse führen letztendlich zu einem besseren Verständnis der strukturellen Eigenschaften der Xerogele und der *high surface*-Aluminiumfluoride.
Erwähnt wurden bereits die außergewöhnlichen Lewis-sauren Eigenschaften von *HS*-AlF$_3$.[3, 7, 159]
Die Klärung der strukturellen Eigenschaften dieser Substanzklasse ist in diesem Zusammenhang eng mit folgenden Fragestellungen verknüpft:
 1. Gibt es eine Ursache der strukturellen Störung von *HS*-AlF$_3$?
 2. Was passiert mit den organischen Bestandteilen während der Fluorierung?
 3. Sind Oberflächen-Spezies unterscheidbar, welche können nachgewiesen werden?
 4. Lassen sich Ergebnisse von Oberflächen-sensitiven IR-Methoden mit den Ergebnissen der NMR korrelieren?

Kapitel 5

Methodisch sollen Festkörper-NMR Untersuchungen im Vordergrund stehen. Diese werden ergänzt durch IR-Untersuchungen unter Nutzung Oberflächen-sensitiver Probenmoleküle, XRD- und BET-Untersuchungen und Tests zur Charakterisierung der katalytischen Eigenschaften. Die Ergebnisse können direkt mit den Eigenschaften kristalliner Aluminiumfluoride verglichen werden. Obwohl die Festkörper-MAS NMR eine typische Charakterisierungsmethode der Volumeneigenschaften eines Festkörpers ist, können theoretisch, bei sehr kleinen Partikelgrößen, auch Informationen über Oberflächen-Spezies abgeleitet werden.

Unter der Annahme von sphärischen Partikeln und einem mittleren Al-F Bindungsabstand von 180 pm lassen sich prozentuale Anteile von (Al und F) Oberflächen-Atomen und Atomen in der Volumenphase abschätzen. Bei einem durchschnittlichen Durchmesser von etwa 10 nm (aus d_{Al-F} = 180 pm folgen 3-6 Atome je nm) sind etwa zwischen 10 und 15% aller Atome an der Oberfläche beteiligt; für Partikel mit einer durchschnittlichen Größe von 2 nm ergibt sich ein Anteil zwischen 33 und 50 %.

Drei verschiedene thermische Behandlungsmethoden wurden angewandt und miteinander verglichen: die Temperung im dynamischen Vakuum, im Argon-Strom und unter fluorierenden Bedingungen im $R22/N_2$-Strom (Temperungszeit für alle Methoden jeweils 2 h). Für vergleichende Zwecke wurden einige Proben, der üblichen Prozedur folgend, fluoriert. Das dafür angewandte Regime der Gasphasen-Fluorierung (z.B. $R22:N_2$ –Verhältnis) entspricht den optimierten Standardbedingungen der allgemeinen Synthese-Vorschrift von HS-AlF_3.[8, 158]

Die folgend genutzte Indizierung gibt das Ausgangsstoffmengenverhältnis $Al(O^iPr)_3$:HF des Aluminiumisopropoxidfluorids (1:1, 1:2, 1:3), die Methode (Vak, Ar, R22, NF für Nachfluorierung unter Standard-Bedingungen) und die Endtemperatur in °C an. Tabelle 5.3.1 gibt eine Übersicht über die synthetisierten Proben, die elementaranalytischen Ergebnisse, die Oberflächen- und die katalytischen Eigenschaften. Alle Proben sind auch nach der thermischen Behandlung noch röntgenamorph.

Die meisten Proben sind dann als mesoporöse Festkörper mit Adsorptions-/Desorptionsisothermen vom Typ IV[163] und einer Hysterese vom Typ H2[163] nach IUPAC-Empfehlung charakterisierbar (H2 ist typisch für sphärische Partikel mit nicht einheitlicher Form und Gestalt mit „*ink-bottle*"-Poren zwischen den Partikeln).

Die Grenzen der Gültigkeit des BET-Modells werden für Proben, die bei tieferen Temperaturen behandelt wurden, und für bei 300 °C getemperte Proben erreicht. Im ersten Fall können Adsorption-/Desorptionsisothermen mikro–poröser Festkörper (Form der Isothermen vom Typ I, Hysterese Typ H3[163], $d_P \leq 20$ nm) beobachtet werden, im letzten Fall ergeben sich rechnerisch negative C-Werte (der C-Wert kann als qualitatives Maß der Wechselwirkung Adsorbens-Substrat aufgefasst werden). Ursachen hierfür könnten Monolagen-

Kapitel 5

Adsorption (Langmuir-Verhalten, BET-Modell ist nicht anwendbar) oder messtechnische Ursachen sein. Erfahrungsgemäß liegen die bestimmten Oberflächen dennoch in den richtigen Größenordnungen. Die Abbildung 5.2 und 5.3 geben einen graphischen Überblick über die Oberflächeneigenschaften der Proben. Anschaulich können mehrere Zusammenhänge abgeleitet werden: Mit steigender Temperatur nimmt die spezifische Oberfläche ab und die durchschnittliche Porengröße zu (Wachstum der Partikel). Interessanter ist jedoch vielmehr, dass mit höherem Alkoxid-Gehalt der Ausgangsproben höhere Oberflächen bei gleicher Temperatur gefunden werden können.

Tabelle 5.3.1 Übersicht über getemperte Proben, Oberflächen- und katalytische Eigenschaften.

Probe	EA C / %	EA H / %	EA F / %	Oberflächeneigenschaften S_{BET} / m^2g^{-1}	C-Wert	d_P / Å	V_P / cm^3g^{-1}	Dismutierung / % bei T	Isomerisierung 1,2-DBP / %
1:1 Vak100	41	8	12						
1:1 Vak200	18	4	24						
1:1 Vak300	3	1	33	472	93	43	0.51	n.b.	n.b.
1:1 Ar100	31	7	14						
1:1 Ar200	29	6	19						
1:1 Ar300	1	1	28	204	135	40 und 70	0.39	n.b.	n.b.
1:2 Vak100	28	6	26						
1:2 Vak200	1	1	38	568	75	23	0.32		
1:2 Vak300	0	0	40	282	54	39	0.27	n.b.	0
1:2 Ar100	17	5	28						
1:2 Ar200	1	2	39	382	47	39	0.38		
1:2 Ar300	1	1	44	190	-16139	80	0.38	n.b.	0
1:2 R22100	31	6	26						
1:2 R22200	0	1	42	489	40	29	0.36	3 bei 200 °C	
1:2 R22300	0	0	54	167	583	81	0.34	94 bei 300 °C	99 bei 40 °C	50
1:2 NF240	0	1	51	243	72	47	0.29	96 bei 240 °C	97 bei 50 °C	10
1:3 Vak100	18	5	38						
1:3 Vak150	7	3	55	532 / 837[a]	-57	25	0.33		0
1:3 Vak200	1	2	62	471	42	28	0.33		
1:3 Vak300	1	1	65	289	59	46	0.34	n.b.	n.b.
1:3 Ar100	15	5	37						
1:3 Ar150	6	3	43	537	46	36	0.49		
1:3 Ar200	1	1	49	234	381	90	0.52		
1:3 Ar300	1	1	53	152	-520	138	0.52	n.b.	n.b.
1:3 R22100	19	4	36						
1:3 R22150	2	1	46	503	56	37	0.47	0 bei 150 °C	0 bei 30 °C
1:3 R22200	1	1	53	239	242	83	0.49	25 bei 200 °C	0 bei 30 °C	0
1:3 R22300	1	0	56	166	-332	135	0.56	94 bei 300 °C	99 bei 35 °C	10
1:3 NF240	2	1	65 / Cl: 1	221	273	80	0.44	94 bei 240 °C	99 bei 35 °C	11
1:3 NF240			n.b.	231	150	77	0.44	94 bei 240 °C	90 bei 35 °C	2

[a] Oberfläche bestimmt unter Annahme von Langmuir-Adsorptionsverhalten (Korrelationskoeffizient 0.999025). C/H: 0 bedeutet Wert unter der Nachweisgrenze.

Kapitel 5

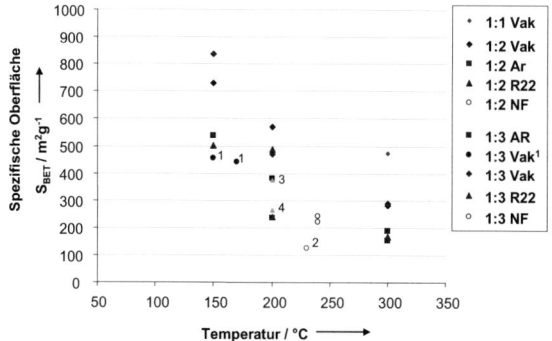

¹ Parallelversuch; ² nachfluorierte Probe aus Et$_2$O als LSM; ³ im Vakuum getemperte Probe aus C$_6$F$_{14}$ als LSM; ⁴ im Vakuum getemperte Probe nach partieller Hydrolyse (n(Al:H$_2$O:HF = 1:1:3)). 1:2 Vak150 nur für die Oberflächenbestimmung getempert, keine weitere Charakterisierung.

Abbildung 5.2 Entwicklung der spezifischen Oberfläche mit der Temperatur für verschiedene getemperte Proben.

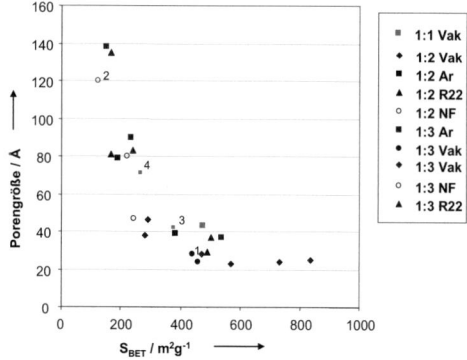

Abbildung 5.3 Plot der Porengröße gegen die spezifische Oberfläche für die gleichen Proben; Indizes siehe Abbildung 5.2.

Ein Vergleich der elementaranalytischen Daten zeigt, dass nur selten der theoretische Fluorid-Idealwert eines reinen Aluminiumfluorids (AlF$_3$; w(F) = 68 %) erreicht wird.

Spektrum 5.8 zeigt, exemplarisch für alle Temperungsmethoden, die Entwicklung der Festkörper-MAS NMR Spektren für die Behandlung des „Standard"-Xerogels AlF$_{2.3}$(O^{i}Pr)$_{0.7}$·z ^{i}PrOH im dynamischen Vakuum. Die Entwicklung der Spektren, der mit anderen Temperungsmethoden (Ar/R22)

hergestellten Proben, ist im Wesentlichen ähnlich, auf Unterschiede wird im folgenden Text eingegangen.
Vergleicht man zunächst die Aluminium- und Fluor-Spektren, ist auch hier auffällig, dass mit Abnahme der breiten Hochfeld-Ausläufer im Aluminium-Spektrum die strukturierten Schultern der Fluor-Spektren bei δ_{iso} = -154 ppm und δ_{iso} ≈ -172 bis -175 ppm in eine Einhüllende mit einem Maximum bei etwa -166 ppm übergehen. Die Fluor-Spektren sind zunächst nur im zentralen Bereich gezeigt. Das Aluminium-Signal hat die typische Form, wie sie für Al-Einheiten in strukturell gestörter Umgebung (Czjzek-Typ) beobachtet wird, mit einem Maximum bei δ_{27Al} ≈ -17 ppm. Eine genaue Analyse unter Anwendung weiterer Festkörper-MAS NMR Techniken ergibt, dass auch hier mehrere Einheiten, in leicht unterschiedlicher Umgebung, involviert sind.[32]
Die Ausdehnung und Form der Einhüllenden der Rotationsseitenbanden deutet auf große Quadrupolkonstanten in Verteilungen hin, die wiederum auf Verteilungen struktureller Parameter, wie Bindungslängen und –winkel, rückführbar sind. Mit steigender Temperatur wird das Amplitudenverhältnis erstes Seitenband/Zentralsignal größer (nicht gezeigt), korrespondierend mit Einheiten in leicht geordneterer Umgebung. In direkter Gegenüberstellung gleichen sich die gezeigten Aluminium- und Fluor-Spektren mit denen von *HS*-AlF$_3$.[32, 158, 167] Erwartungsgemäß kann für Proben, die im R22-Gasstrom behandelt wurden, ein Hochfeld-verschobenes Maximum bei δ_{iso} = -168 ppm beobachtet werden. Das entspricht allgemein einem höheren Fluor-Gehalt in der Matrix. Auf die Protonen- und Kohlenstoff-Spektren wird im späteren Verlauf des Textes eingegangen.
Wie in Kapitel 3.3.3 am Beispiel der kristallinen, getemperten, Kristallwasser-freien Hydroxidfluoride AlF$_x$(OH)$_{3-x}$ diskutiert, ergeben sich weitere entschirmende Beiträge für F-Kerne, wenn sie in Wasserstoffbrücken involviert sind. Die getemperten *high surface*-Aluminiumfluoride können als Protonen-arme Substanzen aufgefasst werden. Insofern ist die mittlere Zusammensetzung über die erweiterte Korrelation der ^{19}F Verschiebung für Protonen-arme Substanzen ableitbar. Es ergibt sich für die *high surface*-Aluminiumfluoride, ausgehend von einem Al(O^{i}Pr)$_3$:HF-Stoffmengenverhältnis von 1:3, somit eine mittlere Koordination von etwa AlF$_{2.8}$(O/OH)$_{0.2}$. Ein ähnliches Al:F-Stoffmengenverhältnis konnte interessanterweise für ACF ermittelt werden.[146]
Ein Indiz für die Signifikanz dieser Korrelation kann an Hand der Spektren der getemperten Proben, ausgehend vom ursprünglichen Stoffmengenverhältnis im Alkogel Al:F = 1:2, aufgezeigt werden. Das Maximum des Fluor-Signals kann, je nach Temperungsmethode, zwischen δ = -162 und -165 ppm beobachtet werden. Über die Korrelation (Kapitel 3.3.3) folgt eine mittlere Zusammensetzung von etwa AlF$_{4.2}$(O/OH)$_{1.8}$.

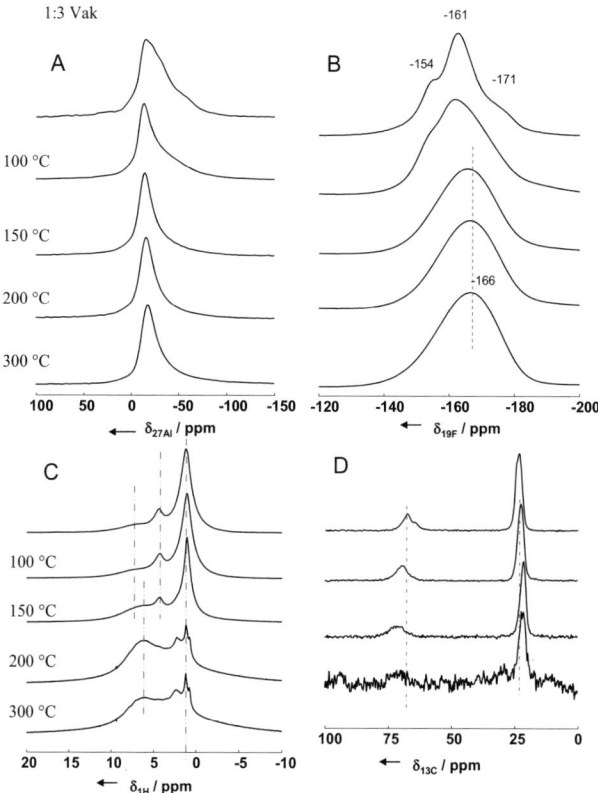

Spektrum 5.8 ^{27}Al MAS NMR (A), ^{19}F MAS NMR (B), ^{1}H MAS NMR Spektren (C) und ^{1}H→^{13}C CP MAS NMR (D) von im Vakuum getemperten AlF$_{2.3}$(O^{i}Pr)$_{0.7}$·^{i}PrOH. Als Index ist die jeweilige Temperatur angegeben. Weitere Messbedingungen: A, B, C: v_{rot} = 25 kHz, D: v_{rot} = 10 kHz, gezeigt ist jeweils der zentrale Bereich.

Nach Lagerung dieser Proben an Luft und Wasseradsorption sind nach einiger Zeit Reflexe im Diffraktogramm beobachtbar, die sich zweifelsfrei denen kristalliner Al(F/OH)$_3$·H$_2$O Phasen in Pyrochlor-Struktur zuordnen lassen. Die resultierenden ^{19}F MAS NMR Spektren zeigen ein, nun wieder zu tiefem Feld verschobenes, Signal mit einem Maximum bei δ_{iso} = -154 ppm, dem Erwartungswert für diese mittlere Koordination unter Einbeziehung von H-Brückenwechselwirkungen (Kapitel 3.3.2). Das Aluminium:Fluor-Verhältnis hat sich demnach nicht verändert.

Alternativ werden kurz zwei weitere Effekte erläutert, die die Lage der ^{19}F chemischen Verschiebung von *HS*-AlF$_3$ erklären könnten. Kristalline Aluminiumfluoride (Struktur-Einheit ist AlF$_6$, siehe Kapitel 3.1) weisen für Aluminium verbrückende μ_2-F-Einheiten eine chemische Verschiebung von δ_{iso} = -172 ppm auf. Ist die Al-F-Bindung im Kristall aus strukturellen Gründen verlängert oder verkürzt (wie für ϑ-AlF$_3$ nachgewiesen), weicht auch die beobachtbare chemische Verschiebung ab (^{19}F(ϑ-AlF$_3$): δ_{iso} = -168 bis -175 ppm). Eine im Mittel generell verlängerte Al-F-Bindung ist jedoch nicht plausibel für *high surface*-Aluminiumfluoride. Ebenso können Wasserstoffbrücken oder weitere Kationen zur zusätzlichen Entschirmung (d.h. Tieffeldverschiebung) beitragen. Das würde wiederum bedeuten, dass nahezu alle Fluor-Spezies in *high surface*-Aluminiumfluoriden in eine Wasserstoffbrücke in näherer Umgebung involviert sind. Auch dieser Schluss scheint nicht plausibel, ebenso wenig wie die Annahme weiterer Kationen. Es bleibt der Schluss, dass wahrscheinlich in die Struktur dieser *high surface*-Aluminiumfluoride O/OH-Spezies involviert sind. Das folgt direkt aus der Korrelation der Verschiebung mit der mittleren Koordination. Die in Kapitel 3.4 vorgestellten Überlegungen erklären die Signallage für *HS*-AlF$_3$ relativ zur bekannten Signallage eines reinen Aluminiumfluorids aus struktureller Sicht.

Bemerkenswert ist weiterhin, dass für die, im Vakuum oder unter fluorierenden Bedingungen, getemperten Proben Fluorid in terminalen Al-F-Bindungen (δ_{iso}<-180 ppm) nachgewiesen werden kann. Diese Signale lassen sich teilweise erst unter Anwendung sehr hoher Probenrotationsfrequenzen auflösen (v_{rot} > 30 kHz), da die relativ kleinen Signale sonst vom ersten Rotationsseitenband überlagert sind. Diese Frequenzen können für das 2.5 mm-Stator/Rotorsystem jedoch nicht als „Routine"-Messbedingung realisiert werden (hohe Gefahr der Rotor-Explosion).

Durch Anwendung von Rotor-synchronen *spin echo* MAS NMR Experimenten können diese „sites" jedoch alternativ und ohne Anwendung extremer MAS-Bedingungen zweifelsfrei nachgewiesen werden (siehe Spektrum 5.9).

Deutlich können verschiedene Signale unterschieden werden, die mit steigendem Fluor-Gehalt in der Probe im immer höheren Feld erscheinen. Für alle gezeigten Proben kann zusätzlich ein sehr kleiner Anteil bei $\delta_{iso} \approx$ -143 ppm beobachtet werden, der wahrscheinlich verbrückenden Al-F-Al-Einheiten (μ_2) niedrig fluorierter Strukturen zuzuordnen ist. Sie weisen, ähnlich wie die terminalen F-Spezies, ein längeres Dephasierungsverhalten auf, welches vermutlich auf die geringe Anzahl weiterer F-„Partner" in Nachbarschaft zurückzuführen ist.

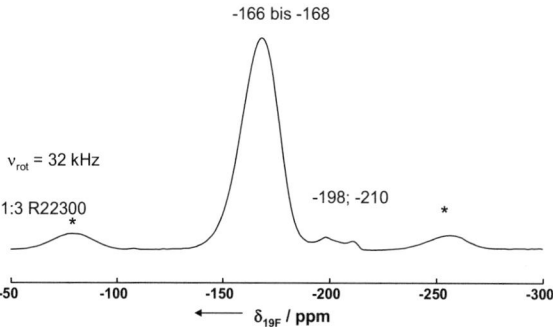

Spektrum 5.9 A: ^{19}F MAS NMR Spektrum und erste Rotationsseitenbanden; Probe: 1:3 R22300, $\nu_{rot} = 32$ kHz. Im Hochfeldbereich sind deutlich zusätzliche Signale beobachtbar.

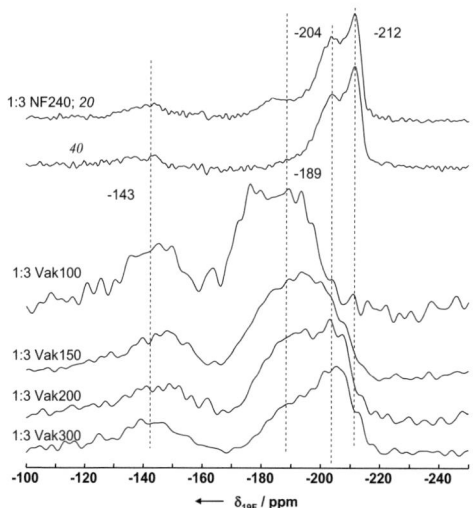

Spektrum 5.10 Rotor-synchrone ^{19}F *spin echo* MAS NMR Spektren von *HS*-AlF$_3$-Proben; für alle $\nu_{rot} = 25$ kHz; 1:3 NF240 mit unterschiedlichen Rotorperioden vor echo-Detektion; alle weiteren: 30 Rotor-Perioden vor echo-Detektion; NS = 256-1024.

Auf Grund der schon vorgestellten Überlegungen können die terminalen F-*sites* zweifelsfrei diesem Verschiebungsbereich zugeordnet werden (z.B. Superpositionsmodell[87], quantentheoretische Vorhersage[93]). Auch der direkte

Vergleich mit ähnlichen Systemen ermöglicht diese Zuordnung: So können in den strukturell hoch gestörten Phasen ACF und ABF F-Ionen in terminaler Position NMR-spektroskopisch nachgewiesen werden (dort: δ_{iso} = -195 ppm und -204 ppm).[146, 168] Chupas et al.[169] und Böse et al.[170] belegten, dass auch in korrespondierenden F-Spektren katalytisch aktiver fluorierter Al_2O_3-Phasen terminal gebundenes Fluor aufgezeigt werden kann. Chupas findet Al-F^t bei $\delta_{iso} \approx$ -200 ppm, das Signal überlagert jedoch teilweise stark mit dem ersten Rotationsseitenband des Hauptsignals bei $\delta_{iso} \approx$ -150 ppm.

Interessant ist in diesem Zusammenhang der direkte Vergleich der bei über 200 °C getemperten Proben untereinander. Nur für die im R22-Strom temperierten Proben sind deutlich Hochfeld verschobene Signale bei δ_{iso} = -212 ppm beobachtbar (siehe Spektrum 5.9, B). Für die im Vakuum behandelte Vergleichsprobe ergibt sich eine Verschiebung von etwa -205 ppm mit einem weiteren Anteil bei -189 ppm. Für die im Argon-Strom behandelten Proben können keine Signale in diesem Bereich beobachtet werden.

Die im Vakuum bei 100°C getemperte Probe weist im Spektrum bei $\delta_{iso} \approx$ -180 ppm ein weiteres Signal für F in terminalen Al-F-Bindungen auf. Möglicherweise können diese Signale (δ_{iso} = -180, -189, -205, -211), in Analogie der Zuordnung der zwei $AlF_x(OH)_{6-x}$-Struktureinheiten verbrückenden F-*sites*, verschiedenen $AlF_x(OH)_{6-x}$-Einheiten zugeordnet werden. Dies ist aber ohne Weiteres nicht schlüssig möglich (beispielsweise unter Annahme von x in $AlF^tF_x(OH)_{5-x}$ 2 bis 5), da zusätzliche entschirmende Beiträge durch Wechselwirkungen mit Protonen in Wasserstoffbrücken für die niedrig temperierten Proben nicht ausgeschlossen werden können.

Weiterhin sind nur die im R22-Gasstrom behandelten Proben katalytisch aktiv, sowohl bezüglich der Dismutierung von $CHClF_2$ bei Raumtemperatur als auch bezüglich der Isomerisierung von 1,2-Dibromhexafluorpropan.

Kann also die Beobachtung von Signalen im Bereich $\delta_{iso} \approx$ -210 ppm in den ^{19}F MAS NMR Spektren und die katalytische Aktivität der korrespondierenden Proben in Verbindung gebracht werden (siehe Tabelle 5.3.1)? Sind die nachgewiesenen terminalen F-*sites dangling-bonds*, die im Zusammenhang mit dem Auftreten stark Lewis-saurer Zentren stehen?

Theoretische Berechnungen für Oberflächen kristalliner Aluminiumfluoride sagen die Existenz terminaler (*dangling*) Al-F-Bindungen im Zusammenhang mit dem Auftreten Lewis-saurer Zentren voraus. Diese können beispielsweise für fünffach koordinierte Al-Einheiten aufgezeigt werden. Diese fünffach koordinierten Zentren sind dann allerdings nicht die Ursache der Lewis-Acidität des Festkörpers. Die „Erzeugung" von Lewis-Acidität hängt demnach nicht nur von der Anwesenheit fünffach- und/oder vierfach koordinierter Zentren an der Oberfläche ab (die terminal gebundenes Fluorid aufweisen können), sondern empfindlich von der strukturellen lokalen Umgebung der Al-Zentren.[31, 33, 35, 39]

Kapitel 5

Im Gegensatz zu den hier gezeigten Resultaten und früheren Ergebnissen[170] können neuere XPS-Untersuchungen an vergleichbaren *high surface*-Aluminiumfluorid-Phasen bis jetzt nicht die Existenz terminaler Al-F-Bindungen belegen.[31]
Die hier vorgestellten Festkörper-MAS NMR Untersuchungen zeigen für die im R22 Gasstrom aktivierten Proben, im Vergleich zu den im Vakuum oder Argon-Strom getemperten Proben, ein leicht zu hohem Feld verschobenes Maximum (-168 ppm gegenüber -166 ppm). Vorstellbar ist, dass die Erzeugung einer „sauberen" / OH-freien Oberfläche während der Gasphasen-Fluorierung zu diesem Effekt beiträgt. Vier- und/oder fünffach koordinierte Al-Einheiten können in diesen Phasen Festkörper-MAS NMR-spektroskopisch jedoch nicht nachgewiesen werden.
Die zitierten XPS-Untersuchungen erbrachten den Nachweis, dass statt terminaler Al-F Bindungen OH-Gruppen (terminaler und verbrückender Natur) beziehungsweise adsorbierte H_2O-Spezies nachweisbar sind.[31]
Um die Herkunft dieser Spezies zu verstehen, müssen mehrere chemische Aspekte berücksichtigt werden:
1. Die aktivierten Aluminiumfluoride sind erwiesenermaßen extrem starke Lewis-Säuren [3, 7, 29]; jeder Kontakt mit Luft/Wasser führt zwangsläufig zur Belegung dieser Zentren unter Erzeugung von Al-OH/Al-H_2O - Spezies:

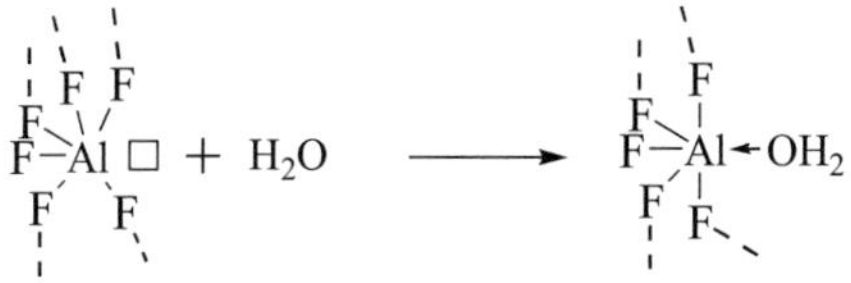

$$F_5Al\square + H_2O \longrightarrow F_5Al\leftarrow OH_2$$

Gleichung 5.1

2. Reaktionen, die während der Gasphasen-Fluorierung bzw. thermischen Zersetzung der Aluminumalkoxidfluoride auftreten, können ebenfalls zur Erzeugung von H_2O/OH-Gruppen führen:

Die Zersetzung von Isopropoxid-Gruppen führt im ersten Reaktionsschritt zur Bildung von Propen und OH-Gruppen:

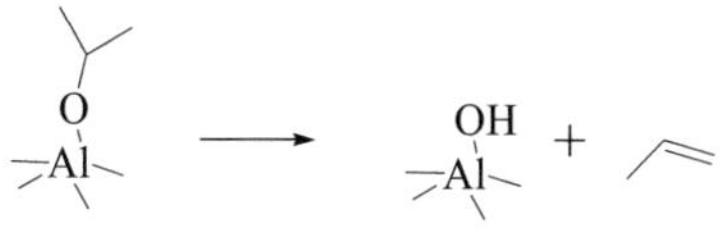

Gleichung 5.2

Nachfolgende Kondensationsreaktionen von Al-OH-Gruppen führen unter anderem zur Bildung von H_2O, das nach Gleichung 5.1 an Lewis-sauren Zentren koordinieren kann.
Ganz allgemein wird die Zersetzung von Al(O^{i}Pr)$_3$ nach [171] wie folgt beschrieben:

Kapitel 5

$$2\ Al(O^iPr)_3 \stackrel{\approx\ 200\ °C}{\Rightarrow} Al_2(O^iPr)_2(OH)_4 + 4\ C_3H_6$$

$$Al_2(O^iPr)_2(OH)_4 \stackrel{\approx\ 250\ °C}{\Rightarrow} Al_2O_2(OH)_2 + 2\ C_3H_6 + 2\ H_2O$$

$$Al_2O_2(OH)_2 \stackrel{\approx\ 250\ °C}{\Rightarrow} Al_2O_3 + H_2O$$

Schema 5.3

Eine bekannte Testreaktion zur Charakterisierung katalytisch aktiver Zentren ist die „IPA-Testreaktion" (Schema 5.4).[81, 172, 173] Isopropanol wird dabei als Testmolekül über den Katalysator geleitet. Sind Lewis- und/oder Brønsted-saure Zentren vorhanden, katalysieren diese die Bildung von Propen und Diisopropylether. Bei Anwesenheit basischer Zentren kann die Bildung von Aceton (Dehydrierung) beobachtet werden.

Brønsted-Säuren katalysieren diese Reaktionen schon ab etwa 100 °C, Lewis-Säuren hingegen erst ab etwa 200 °C.[172]

Für das Standard-Xerogel $AlF_{2.3}(O^iPr)_{0.7} \cdot z\ ^iPrOH$ konnten in dieser Arbeit bereits ähnliche Strukturen wie *I* oder *II* (Schema 5.4) abgeleitet werden. Die Abbauprodukte Propen und Diisopropylether wurden sowohl im Abgas-Strom der Gasphasen-Fluorierung von $AlF_{2.3}(O^iPr)_{0.7} \cdot z\ ^iPrOH$, als auch während DTA/TG MS Experimenten beobachtet (jeweils ab Temperaturen von etwa 200 °C).[7]

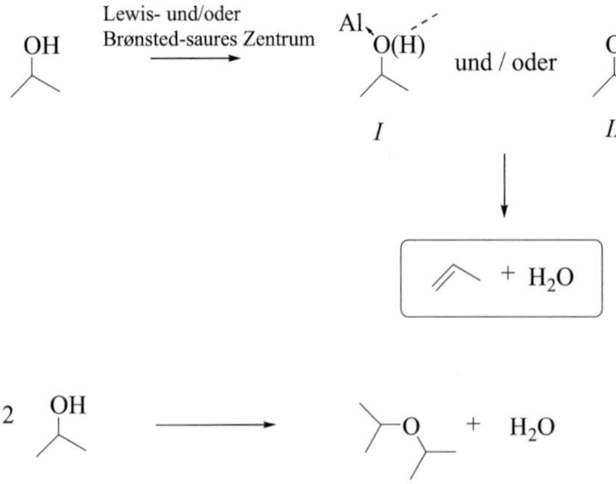

Schema 5.4

Nur von der Zersetzung von O^{i}Pr-Gruppen ausgehend, wird die direkte Kondensation von Isopropoxid-Gruppen unter Bildung von Diisopropylether nicht beobachtet (siehe Schema 5.3). Die Bildung von Diisopropylether aus Isopropoxid-Gruppen wird jedoch in Referenz [7] ausgehend von Isopropoxid-Gruppen diskutiert. Der Ansatz, die Ether-Bildung als Produkt der Umsetzung von ^{i}PrOH an Lewis-sauren Zentren, scheint in diesem Zusammenhang

schlüssiger, insbesondere vor dem Hintergrund des Nachweises der nahezu vollständigen Protonierung der organischen Reste an Hand der ^{1}H MAS NMR-Spektren (siehe auch Kap. 4.6).
Nicht vergessen werden soll eine letzte mögliche Quelle von OH-Spezies: Die Hydrolyse von Alkoxidgruppen führt zur Bildung von Hydroxid-Gruppen.

Zusammengefasst bedeutet das:
Während der Gasphasen-Fluorierung (bzw. der thermischen Zersetzung unter fluorierenden Bedingungen) finden Reaktionen unter Bildung von Wasser-Spezies statt. Spuren von H_2O/OH/O-Spezies können also von Anfang an in die Matrix des Festkörpers eingebaut werden.
Durch die Gasphasen-Nachfluorierung wird die Anzahl dieser O/OH-Spezies reduziert (OH/F-Austausch); es werden stark Lewis-saure Zentren erzeugt. Die im dynamischen Vakuum- oder im Argon-Strom getemperten Proben zeigten keine katalytische Aktivität, weder bezüglich der Dismutierung von $CHClF_2$, noch bezüglich der Isomerisierung von 1,2-Dibromhexafluorpropan.
Im Folgenden soll deswegen näher auf die ^{1}H MAS NMR-Spektren der relevanten Proben eingegangen werden, da diese Auskunft über die involvierten Protonen-Spezies (terminale und/oder verbrückende OH-Gruppen) geben können. Spektrum 5.8 zeigt die Entwicklung der ^{1}H MAS NMR- und ^{1}H→^{13}C CP MAS NMR Spektren, die anfangs noch wesentlich durch die Signale der O^{i}Pr/HO^{i}Pr-Spezies geprägt sind. Erst für die bei 300 °C getemperten Proben können im Kohlenstoff-Spektrum keine Isopropanol-Reste mehr nachgewiesen werden (nicht gezeigt).
Spektrum 5.11 zeigt die ^{1}H MAS NMR Spektren verschiedener *high surface*-AlF_3-Proben im Vergleich. Die Proben wurden ausgehend von verschiedenen Al:F Stoffmengenverhältnissen und wie beschrieben, unter Anwendung unterschiedlicher Temperungsmethoden, synthetisiert. Es werden die Spektren der bei 300 °C behandelten Proben gezeigt.
Für alle Proben ist ein breiter Anteil bei $\delta_{iso} \approx$ 6 bis 7 ppm nachweisbar. Dieser kann verbrückenden μ_2-OH-Gruppen, die zusätzlich in Wasserstoff-Brücken involviert sind, zugeordnet werden. Eine Abschätzung über die in Kapitel 3.3.2 vorgestellten Korrelationen von Protonen-Signalen und IR-Banden sagt Bandenlagen bei etwa 3470 bis 3360 cm^{-1} voraus (Modell M2).
Für die im Argon-Strom getemperten Proben wird ein zusätzliches, breiteres Signal bei etwa 4 ppm gefunden. Dieses kann klar auf adsorbierte (physisorbierte) H_2O-Spezies zurückgeführt werden (siehe auch Kap. 3, Zuordnung der Protonen-Spezies der Aluminiumhydroxidfluorid Hydrate). Weitere schmale Signale werden bei δ_{iso} = 1.2 und 0.7 ppm beobachtet. Der kurzzeitige Kontakt mit Luft/Feuchtigkeit konnte bei dieser Temperungs–methode nicht komplett vermieden werden. Dieser Befund erklärt auch, warum für diese Substanzen keine Signale von F in terminalen Al-F-Bindungen, in

Kapitel 5

Übereinstimmung mit den XPS-Befunden vergleichbarer Substanzen,[31] detektierbar sind. (Auch dort erfordert die Präparation einen kurzen Luftkontakt.[31]) Weiterhin haben die schmaleren Signale in diesen Proben die höchsten Amplituden, so dass eine mögliche Zuordnung dieser Signale zu terminalen OH-Gruppen untermauert wird. Eine ähnlich hohe Amplitude in diesem Bereich ist auch bei der Probe, ausgehend von einem Stoffmengenverhältnis Al:F = 1:2 (1:2 Vak300; Spektrum 5.10, Signale bei δ_{iso} = 1.3 und 0.9 ppm), auffindbar. Dort sollten von Beginn an auf Grund der Syntheseführung OH-Spezies in die Festkörper-Struktur involviert sein.
Die IR-Spektren dieser beiden Proben ermöglichen einen direkten methodischen Vergleich (siehe Abbildung 5.4).

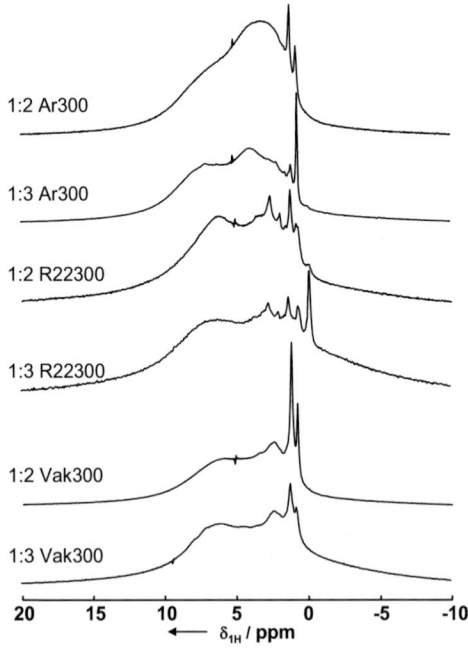

Spektrum 5.11 ^{1}H MAS NMR Spektren verschieden getemperter Proben im zentralen Bereich. Als Beschriftung ist das ursprüngliche Stoffmengenverhältnis Al:F, die Temperungs-methode und –temperatur gegeben. v_{rot} = 25 kHz.

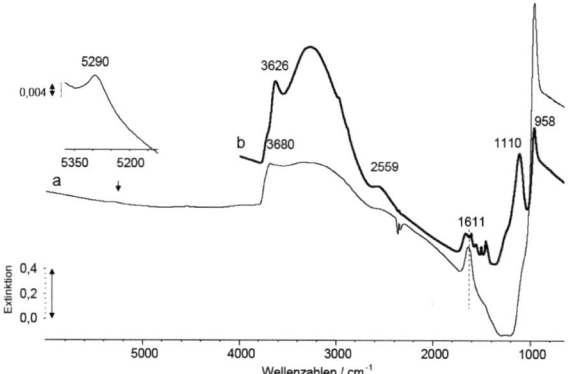

Abbildung 5.4 Übersichts-Absorptions FT-IR-Spektren der Proben a: 1:2 Vak300 und b: 1:3 Ar300

Das Maximum der ν_{OH}-Schwingung Wasserstoff-verbrückter Spezies kann bei etwa 3300 cm^{-1} beobachtet werden, die durch Nachweis der Kombinationsschwingung $\nu_{OH}+\delta_{OH}$ (5290 cm^{-1}) eindeutig H$_2$O-Spezies zuzuordnen ist. Weiterhin können für beide Proben isolierte (terminale) OH-Gruppen (3626 cm^{-1} und 3680 cm^{-1}) abgeleitet werden. Auch koordinierende H$_2$O-Moleküle (2559 cm^{-1}, siehe auch IR-Spektren der AlF$_3 \cdot$3H$_2$O, Kap. 3, Abbildung 3.7) sind für die im Argon-Strom getemperte Probe nachweisbar.
Für diese Probe konnte, wie beschrieben, auch NMR-spektroskopisch das Vorhandensein von adsorbiertem H$_2$O nachgewiesen werden. Die Aufnahme der IR-Spektren erfordert aber auch bei der Proben-Präparation der IR-Presslinge einen kurzen Luftkontakt, so dass nicht generell auf das Vorhandensein von H$_2$O-Spezies in der Probe geschlossen werden kann.
Sowohl für die im Argon-Strom, für die im Vakuum getemperten als auch für die im fluorierenden Gas-Strom getemperten Proben kann eine Vielzahl weiterer schmaler Signale nachgewiesen werden. Für die getemperten kristallinen Aluminiumhydroxidfluoride konnte ein Signal bei δ_{iso} = 1.7 ppm für μ_2-OH-Gruppen, die <u>nicht</u> in Wasserstoffbrücken involviert sind, detektiert werden. Typische Protonen-Spezies mit chemischen Verschiebungen im Bereich kleiner 2 ppm sind beispielsweise terminale OH-Gruppen und Protonen aliphatischer Kohlenwasserstoffe (δ_{iso}(CH$_3$) $\approx$ 1.3 ppm). Elementaranalytisch können jedoch nur noch Spuren von Kohlenstoff gefunden werden (w(C) $\approx$ 0-1 %, siehe Tabelle 5.3.1). In ^{1}H$\rightarrow^{13}$C CP MAS NMR Experimenten sind keine organischen Spezies mehr nachweisbar (Spektren nicht gezeigt), während für alle Proben,

behandelt bei einer Temperatur von etwa 200 °C, noch Signale von Resten von (H)O^{i}Pr-Spezies detektierbar sind (siehe Spektrum 5.8, D).
Die Protonen-Spektren von katalytisch aktiven Proben zeigen zusätzlich stark Hochfeld verschobene Signale mit chemischen Verschiebungen kleiner Null (δ_{iso} = -0.12 ppm, weitere: δ_{iso} = 2.7, 2.0, 1.3 und 0.6 ppm). Dieser Effekt kann vermutlich auf einen induktiven Effekt von Fluor zurückgeführt werden. Je mehr Fluorid-Anionen in die Struktur involviert sind, desto wahrscheinlicher sind elektronegative F-Nachbarn einer Al-OH-Spezies; Die Folge ist eine zusätzliche Abschirmung der Protonen. Ähnliche Effekte werden für IR-CO-Adsorptionsexperimente, beispielsweise bei der Verschiebung von CO-Banden, beim Erreichen einer gesättigten Oberfläche diskutiert.[29]
Nur über die Interpretation der Protonen-Spektren ist eine direkte Unterscheidung von Oberflächen-Spezies und Volumen-Spezies nicht möglich. Zur besseren Charakterisierung und letztendlich zum besseren Verständnis, welche lokalen Strukturen die hohe Lewis-Acidität von *high surface*-AlF$_3$ ausmachen, ist die Unterscheidung von Oberflächen- und Volumenspezies dagegen wichtig.
Sind einige der schmalen Signale *dangling* (terminale) – OH-gruppen? Sind μ_2-verbrückte OH-Gruppen auch an der Oberfläche involviert oder nur in der Volumenphase beteiligt?
Ein bekannter Ansatz der Charakterisierung von Oberflächen-Spezies ist allgemein der Einsatz von Proben-Molekülen, die mit bestimmten Oberflächenzentren wechselwirken können. In der Literatur beschrieben sind beispielsweise Techniken, die NH$_3$, Pyridin, Lutidin, CO, CO$_2$, SO$_2$, CDCl$_3$ oder andere Moleküle (Nitrile, Phosphane, Radikale) als sensitive Probenmoleküle nutzen.[18, 29, 69, 169] Die mit den Sondenmolekülen beladenen Proben können IR-spektroskopisch, aber auch NMR-spektroskopisch untersucht werden. Der Vorteil der NMR-Spektroskopie ist klar: Die genaue Beobachtung der durch die Proben-Molekül/Festkörper-Wechselwirkung verursachten Veränderungen und damit die Möglichkeit, die veränderten lokalen Strukturen zu identifizieren. Dabei können sowohl Sonden des Proben-Moleküls (meistens ^{1}H, ^{13}C, ^{2}H oder ^{15}N) als auch des Festkörpers untersucht werden (für das vorgestellte System: ^{1}H, ^{27}Al, ^{19}F). Im Vergleich mit den Spektren des unbeprobten Festkörpers können so theoretisch Oberflächen- und Volumenspezies unterschieden werden.
Um die Natur der Spezies von *high surface*-Aluminiumfluoriden auf diese Weise näher zu beleuchten, wurden einige eigene erste und zu den bekannten Experimenten [29, 158] ergänzende Messungen durchgeführt, die im Folgenden vorgestellt werden.
Abbildung 5.5 zeigt Absorptions-IR Spektren im Bereich der ν_{CO}-Streckschwingung nach Adsorption von CO für verschiedene bei 300 °C getemperte Proben. Kohlenmonoxid als Probenmolekül dient dabei zum Nachweis und zur Unterscheidung verschiedener Lewis- und/oder Brønsted-

saurer Zentren und wurde in letzter Zeit insbesondere zur Charakterisierung der Oberflächen-Acidität von *high surface-* und weiteren Metallfluoriden genutzt.[27, 29, 34, 174] Tabelle 5.3.2 gibt einen Überblick über typische Wellenzahlen der ν_{CO}-Streckschwingung verschiedener sorbierter CO-Spezies.

Für alle Proben, ausgehend von einem Al:F 1:3 Stoffmengenverhältnis, können sehr starke Lewis-saure Zentren nachgewiesen werden (bei Wellenzahlen > 2220 cm^{-1}). Weiterhin sind Anteile im Bereich schwacher Lewis-saurer Zentren und Brønsted-saurer Zentren beobachtbar. Eine *in situ*-Behandlung unter fluorierenden Bedingungen (z.B. mit R22, im Bild nicht gezeigt) verändert diese Anteile zu Gunsten sehr starker Lewis-saurer Zentren.

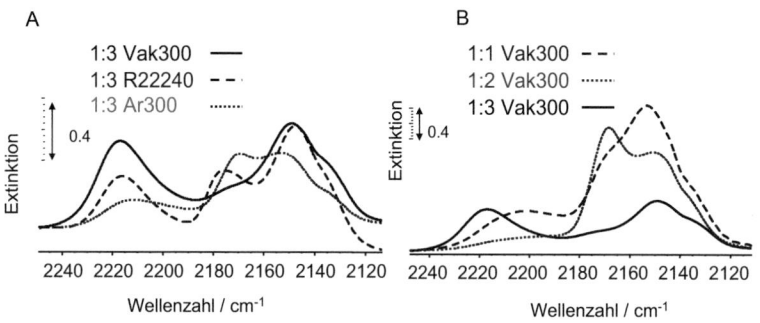

Abbildung 5.5 Absorptions-FT-IR Spektren nach Adsorption von CO auf A: den Proben 1:3 Met.300 (Met.=Vak (schwarz), R22 (blau), Ar (rot)) und B: den Proben Al:F Vak300 (Al:F = 1:3 (schwarz), 1:2 (rot) und 1:1 (blau)) im Bereich der ν_{CO} Streckschwingung nach Sättigung mit CO (1t) (Masse normiert).

Tabelle 5.3.2 Wellenzahlen der ν_{CO} Streckschwingung verschiedener adsorbierter CO-Spezies nach [29]

Spezies	Wellenzahl / cm^{-1}
gasförmiges CO	2143
physisorbiertes CO	2140-2150
chemisorbiertes CO an	
Brønsted-sauren Zentren	2150-2180
Lewis-sauren Zentren	
schwach	2160-2180
mittelstark	2180-2200
stark	2200-2220
sehr stark	>2220

Obwohl die sehr starken Lewis-sauren Zentren für alle Proben nachgewiesen werden können, sind nur die im R22-Strom aktivierten Proben, bezüglich der

Dismutierung von $CHClF_2$ (bei Raumtemperatur) bzw. der Isomerisierung von $CBrF_2$-$CBrF$-CF_3, katalytisch aktiv.
Für die im Vakuum getemperten Proben, ausgehend von unterschiedlichen Al:F Stoffmengenverhältnissen (Abbildung 5.4, B), sind für Proben mit geringerem Fluor-Gehalt deutlich die Anteile im Bereich von 2160 bis 2180 Wellenzahlen größer (Überlagerung Brønsted-/schwach Lewis-sauer). (Brønsted-saure) OH-Gruppen sollten in diesen Proben auf Grund der Syntheseführung vorhanden sein. Erstaunlich ist insbesondere für die Probe 1:1Vak300 die relativ große Anzahl unterschiedlich starker Lewis-saurer Zentren (2180 – 2220 cm^{-1}).

Mit Lutidin (2,6-Dimethylpyridin) als Sonden-Molekül können Brønsted- und Lewis-saure Zentren eindeutiger unterschieden werden. Im Vergleich zu Pyridin ist auf Grund des Platzbedarfs der Methylgruppen die Wechselwirkung mit Brønsted-sauren Zentren gegenüber der mit Lewis-sauren Zentren bevorzugt. Abbildung 5.6 zeigt das nach Evakuierung bei 293 K erhaltene Absorptions-IR-Spektrum der Probe 1:3Vak300 im Bereich der CC-Gerüstschwingungen v_{8a}/v_{8b} (Nomenklatur nach Kline[175]).

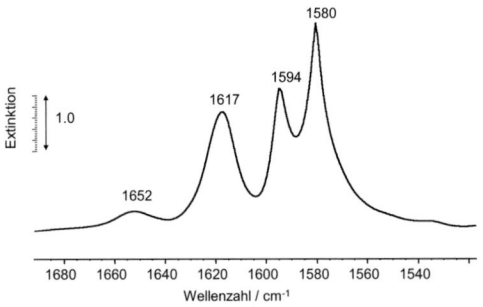

Abbildung 5.6   Absorptions-FT-IR Spektren nach Adsorption von Lutidin und anschließender Evakuierung bei 293 K auf der Probe: 1:3Vak300 im Bereich der $v_{8a/8b}$ $_{CC}$-Streckschwingung [176].

Die Banden bei 1580 (v_{8b}) und 1594 cm^{-1} (v_{8a}) sind den Gerüstschwingungen physisorbierter Lutidin-Moleküle zuzuordnen. Ein kleiner Anteil der Sonden-Moleküle ist auf Grund vorhandener Brønsted-acider Zentren protoniert (v_{8a}-Bande bei 1652 cm^{-1}), der überwiegende Anteil ist jedoch koordiniert an Lewis-sauren Zentren (v_{8a}-Bande bei 1617 cm^{-1}). Die Zuordnung der Banden erfolgte nach [176].

In Zusammenfassung können für die *high surface*-Aluminiumfluoride, die Absorptions-IR-Spektren nach CO- und Lutidin-Adsorption vergleichend, nur untergeordnet Brønsted-saure Zentren an der Oberfläche nachgewiesen werden. Der wesentliche Anteil der CO-Absorptionsbande im Bereich schwacher Lewis-

saurer Zentren bzw. Brønsted-saurer Zentren ist demnach auf Lewis-saure Zentren zurückzuführen.
Lässt sich dieser Befund mit den Mitteln der Festkörper NMR-Spektroskopie bestätigen? Spektrum 5.12 zeigt das ^{1}H MAS NMR Spektrum der Probe 1:2Vak300 nach Adsorption von Pyridin-d_5. In dem eben vorgestellten Kontext können auch diese Spektren der Probe 1:2Vak300, als Repräsentant einer Probe mit intensiven schmalen Signalen im Bereich um 1 ppm, interpretiert werden (siehe Spektrum 5.11).
Die Intensität des Signals bei $\delta_{iso} \approx 6$ ppm (μ_2-OH-Gruppen in Wasserstoffverbrückung) nimmt ab. Vormals vorhandene Signale bei $\delta_{iso} \approx 2$ ppm (μ_2-OH-Gruppen, die nicht weiter in H-Brücken eingebunden sind) sind nicht mehr detektierbar. Ein sehr breites, visuell fast nicht sichtbares Signal im Bereich $\delta_{iso} \approx 15$ ppm tritt neu auf. Diese Befunde sind rückführbar auf wenige Brønsted-saure Zentren und der Bildung von stark verbrückten PyH$^+$···$^-$O-Al – Spezies auf der Oberfläche. Da in diesem Bereich ($\delta_{iso} \approx 6$ ppm) weiterhin Anteile detektierbar sind, kann davon ausgegangen werden, dass restliche μ_2-OH-Spezies, die dieses Signal verursachen, nicht zugänglich, also wahrscheinlich strukturell in der Volumenphase involviert sind.
Die Protonenrestsignale von Py-d_5 treten bei $\delta_{iso} = 8.3$, 7.1 und 6.8 ppm auf, die gegenüber den Signalen von Pyridin in flüssiger Phase ($\delta_{iso} = 8.6$, 7.7 und 7.3 ppm) leicht zu hohem Feld verschoben sind.[177]
Die schmalen Signale, vormals bei $\delta_{iso} = 1.3$ und 0.9 ppm, sind in ihrer Intensität/Amplitude nicht verändert, aber nach Adsorption leicht verschoben. Für beide resultiert eine Verschiebung um 0.4 ppm zu hohem Feld. Diese Protonen-Spezies zeigen keine Wechselwirkung mit Pyridin unter Bildung H-verbrückter Spezies, es sind also keine sauren, terminalen OH-Gruppen. Die Veränderung der chemischen Verschiebung deutet aber auf die Beeinflussung der Umgebung dieser Protonen-Spezies durch Adsorption von Pyridin hin. Mögliche Ursachen könnten auch hier induktive Effekte, hervorgerufen durch adsorbierte Moleküle in Nachbarschaft der H-Spezies, sein. Ein zusätzlicher abschirmender Beitrag, hervorgerufen durch den Ringstrom-Effekt des aromatischen Systems, kann aber ebenfalls die Ursache für die Hochfeld-Verschiebung der Signale sein. Weiterhin ist es möglich, dass diese Protonen-Spezies eher in der Volumenphase, anstatt an der Oberfläche involviert sind.
Ein paralleler Adsorptionsversuch mit CO_2 als saures Sonden-Molekül erbrachte keine beobachtbare Veränderung im resultierendem ^{1}H MAS NMR Spektrum, so dass auch basische (terminale) OH-Gruppen, die unter Bildung von HCO_3^--Spezies mit CO_2 reagieren würden, als Spezies mit Signalen im Bereich $\delta_{iso} \approx 1$ ppm, ausgeschlossen werden können.

Kapitel 5

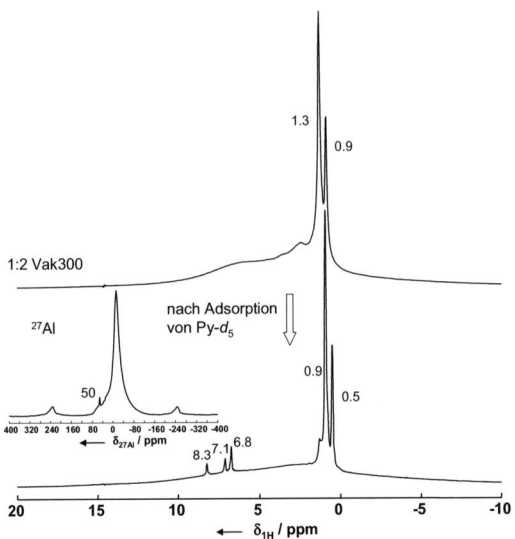

Spektrum 5.12 ^{1}H MAS NMR-Spektren der Probe 1:2Vak300 vor und nach Adsorption von Pyridin-d_5. Die Probe wurde vor dem Messen kurz bei 293 k evakuiert. Das Inset zeigt das korrespondierende ^{27}Al MAS NMR Spektrum der beladenen Probe im Bereich der zentralen Übergänge und der ersten Seitenbanden.

Letztlich besteht noch die Möglichkeit, dass diese Protonen-Spezies Reste organischer Verunreinigungen sind. Die Zuordnung dieser Signale kann abschließend noch nicht eindeutig getroffen werden (und so die Zuordnung der ^{1}H-Signale katalytisch aktiver Proben).

Das Inset (Spektrum 5.12) zeigt das korrespondierende ^{27}Al MAS NMR Spektrum der Pyridin beladenen Probe. Überraschenderweise kann hier die Bildung von vierfach koordinierten Al-Einheiten mit einer Verschiebung von $\delta_{27Al} \approx 50$ ppm beobachtet werden. Die chemische Verschiebung von isolierten AlF$_4^-$ - Anionen in flüssiger oder fester Phase beträgt $\delta_{iso} = 49$ ppm.[60, 147]

Abschließend soll kurz auf das Verhalten dieser Phasen an Luft eingegangen werden. Wie in diesem Abschnitt angeführt, können die Phasen als stark Lewissaure Festkörper aufgefasst werden. Eine sofortige Adsorption von Wasser der Proben an Luft ist aus diesem Grund nachvollziehbar. Für Proben, die kurzzeitig an Luft gehandhabt wurden, konnten in Folge (über einen größeren Zeitraum) in den entsprechenden Diffraktogrammen Reflexe von neu gebildeten kristallinen Aluminiumhydroxidfluoriden und/oder Aluminiumfluorid-Hydrat-Phasen beobachtet werden.[31]

In eigenen Versuchen ließ sich dieses Verhalten reproduzieren. Der Zeitpunkt und die Voraussetzung der Bildung der kristallinen Phasen aus *high surface*-Aluminiumfluoriden ist, ähnlich wie zuvor bei den Aluminiumalkoxidfluoriden, jedoch nur schwer vorhersagbar. Scheinbar sind Randbedingungen wie Fluor-Gehalt und/oder Grad der Luftfeuchtigkeit der Umgebung entscheidend.
Gravimetrisch kann die Adsorption von Wasser allerdings relativ einfach verfolgt werden: Nach einer Minute nahm die Masse um 5 %, nach circa einer Stunde um 10 %, bezogen jeweils auf die Ausgangsmasse, zu.
Bei Lagerung der Proben in gesättigter Wasser-Atmosphäre kann die Bildung von kristallinen $AlF_3 \cdot 3H_2O$ Phasen im Diffraktogramm nachgewiesen werden. Ein vergleichbares Verhalten wird von „Plasma"-AlF_3 Partikeln berichtet – nanoskopische Aluminiumfluorid-Partikel, hervorgegangen aus der Plasma-Behandlung von Zeolithen.[20]
Diese Hydrat-Phasen sind die einzig nachweisbaren Phasen nach direkter Überführung der *high surface*-AlF_3 Proben in eine gesättigte Wasser-Atmosphäre, treten jedoch auch zusätzlich zu kristallinen $Al(F/OH)_3$-Phasen auf, lag die Probe zuvor an Luft. Diese Beobachtungen ermutigten die Untersuchung des Adsorptionsverhaltens von *HS*-AlF_3 mit der Methode der PulseTA-TG. Das Adsorptionsverhalten wurde dabei im Vergleich zu dem von kristallinen Referenz-Aluminiumfluorid-Modifikationen untersucht.
PulseTA-TG Experimente stellen eine zusätzliche, geeignete Methode zur Charakterisierung des Adsorptions-/Desorptionsverhaltens dieser Verbindungen dar, gleichzeitig können gravimetrisch die Massenzunahme verfolgt und massenspektroskopisch desorbierte Moleküle nachgewiesen werden. Für Zeolith-Systeme wurden die Prozesse Chemisorption und Physisorption voneinander unterschieden. Abbildung 5.7, A zeigt eine beispielhafte PTA/TG-Kurve der Untersuchung an *HS*-AlF_3. Deutlich sind die Chemisorptions-Stufen am Anfang der Wasserzugabe, die vermutlich auf die Adsorption von H_2O an den starken Lewis-sauren Zentren zurückzuführen sind.
Abbildung 5.6, B zeigt die Entwicklung der ^{19}F MAS NMR Spektren von *high surface*-Aluminiumfluoriden nach Lagerung in verschiedenen Atmosphären. Die angesprochenen strukturellen Veränderungen sind auch in den ^{19}F MAS NMR Spektren deutlich sichtbar.

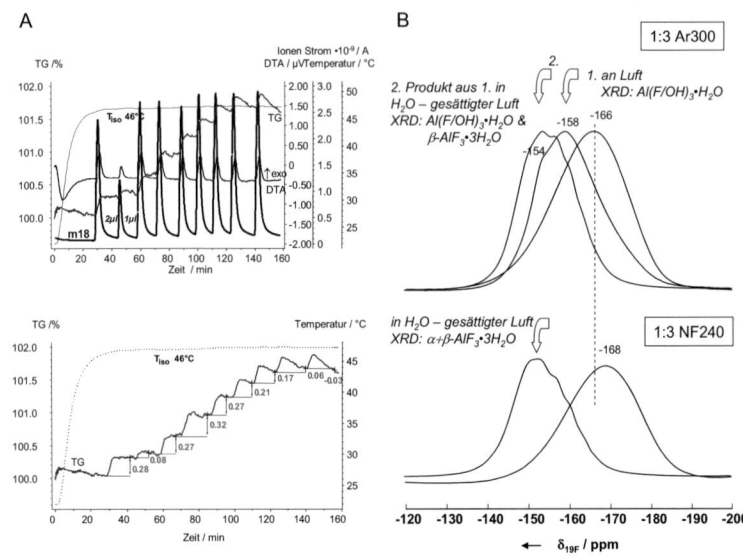

Abbildung 5.7 A: PTA-TG an *HS*-AlF₃ und B: Entwicklung der ¹⁹F MAS NMR-Spektren von *high surface*-Aluminiumfluoriden nach Lagerung unter verschiedenen Bedingungen. Die Bildung der entsprechenden kristallinen Phasen ist im Bild mit angegeben.

Im Resultat der PTA-Untersuchungen können in Übereinstimmung die Ergebnisse anderer Methoden (beispielsweise der Temperatur programmierten Desorption von NH_3) reproduziert werden. Ein signifikantes Adsorptionsverhalten wird nur für HS-AlF_3 und für β-AlF_3 beobachtet, alle weiteren kristallinen Phasen zeigen hingegen nahezu kein Adsorptionsverhalten. Entscheidend sind in diesem Fall die für die Adsorption zugänglichen Zentren auf der Festkörper-Oberfläche.[178] Für HS-AlF_3 sind diese nicht nur durch die sehr hohe Lewis-Säure Stärke gekennzeichnet, sondern die absolute Anzahl dieser Zentren ist zusätzlich durch die hohe Oberfläche erhöht. Für β-AlF_3 kann aus kristallografischen Aspekten eine hohe Zentrenzahl bezogen auf die Oberfläche abgeleitet und experimentell gefunden werden.[178]

Dieses Phänomen kann auch beim sonst katalytisch inaktivem α-AlF_3[179] beobachtet werden. Die Vergrößerung der Oberfläche und die lokale Störung durch mechanischen Energieeintrag (Vermahlung in einer Planetenmühle) führt zur Erzeugung starker Lewis-saurer Zentren, die beispielsweise die Dismutierung von $CHClF_2$ katalysieren.[34]

5.4. Zusammenfassung

In diesem Kapitel wurden Ergebnisse ergänzender Experimente vorgestellt, die letztendlich zum Gesamtverständnis der strukturellen und chemischen Eigenschaften des Xerogels $AlF_{2.3}(O^iPr)_{0.7} \cdot z\ ^iPrOH$ beitragen. Durch einfache Variationen jeweils eines Syntheseparameters, wie Gel-Alterungszeit, eingesetztes Alkoxid oder eingesetztes Lösungsmittel, und Beobachtung der entsprechenden MAS NMR Spektren, konnten berichtete Phänomene, wie Änderungen der verknüpften Eigenschaften katalytische Aktivität und Oberfläche [8, 158] resultierender *high surface*-Aluminiumfluoride, nachvollzogen werden.
Es konnte gezeigt werden, dass, unabhängig vom eingesetzten Aluminiumalkoxid und Lösungsmittel, das nach Trocknung im Vakuum als Zwischenstufe isolierbare Produkt als Aluminiumalkoxidfluorid charakterisierbar ist. Im Falle alkoholischer Lösungsmittel folgt der Einbau der Organik der generellen Reaktivität der genutzten Lösungsmittel: Alkoholyse findet statt, wenn die Acidität des eingesetzten Alkohols größer ist als die des Alkoxids. Nur mit Alkoholen als Lösungsmittel wurde auch eine Gel-Bildung beobachtet, während in Et_2O, C_6F_{14} und Toluol die Bildung eines Präzipitats beobachtet werden konnte.
Folgt man der Analyse der ^{19}F und ^{27}Al MAS NMR-Spektren unter Anwendung der in Kapitel 3 vorgestellten Trendanalysen für ^{19}F und ^{27}Al chemische Verschiebungen in Abhängigkeit vom Fluorierungsgrad x, so ergeben sich für alle vorgestellten Proben mittlere Koordinationen $AlF_x(OR)_{6-x}$ mit x zwischen 4 und 6 mit $AlF_4(OR)_2$- und $AlF_5(OR)$-Struktureinheiten.
Diese liegen zum Teil, analog zu den vorgestellten Ergebnissen des „Standard"-Xerogels $AlF_{2.3}(O^iPr)_{0.7} \cdot z\ ^iPrOH$, in strukturell gestörter Umgebung vor. Das zentrale ^{27}Al-Signal ist gekennzeichnet von einem steilen Anstieg mit asymmetrischem Hochfeldabfall (Czjzek-Form). Die Ausdehnung der Einhüllenden aller Rotationsseitenbanden deutet auf große Quadrupolkonstanten hin, die Form der Einhüllenden und das Amplitudenverhältnis Zentral–übergang/erstes Seitenband auf eine Überlagerung mehrerer Spezies mit Verteilungen der Quadrupolparameter (v_Q und η_Q) resultierend aus Verteilungen der strukturellen Parameter.
Für einige der untersuchten Xerogele konnte weiterhin, im Vergleich zum „Standard"-Xerogel, ein größerer Anteil der zweiten $AlF_x(OR)_{6-x}$-Einheit festgestellt werden, der, auf Grund der charakteristischen Signalform des zentralen Übergangs (verbreitert durch Quadrupolwechselwirkung 2. Ordnung), Al-Baueinheiten zuzuordnen ist, die in einer regelmäßigen, geordneteren Umgebung vorliegen (mit regelmäßiger Verteilung der elektrischen Feldgradienten). Die indirekte Korrelation mit den ^{19}F-MAS NMR Spektren

ergibt einen direkten Zusammenhang des Auftretens dieser Al-Spezies und den Signalen bei δ_{iso} = -154 und -172 bis -175 ppm in den ^{19}F MAS NMR Spektren. Auch gealterte Gele zeigen Anzeichen einer höheren Ordnung im Festkörper. Die entsprechenden Diffraktogramme dieser Xerogele zeigen Reflexe, ein Hinweis auf regelmäßige, geordnete Strukturen. Im korrespondierenden ^{19}F MAS NMR Spektrum eines Xerogels, das als Gel 3 Jahre alterte, sind die Anteile bei δ_{iso} = -154 und -172 bis -175 ppm deutlich aufgelöst. Das Signal bei δ_{iso} = -175 ppm zeigt, im Unterschied zu dem bei -154 ppm, jedoch ein deutlich langsameres Dephasierungsverhalten. Dies kann als Hinweis auf Fluorid in terminalen Al-F-Bindungen interpretiert werden.

Der Gesamtanteil an AlF$_6$-Einheiten (μ_2-F in $\{AlF_{6/2}^{e}\}$) an diesem Signal spielt demnach für das „Standard"-Xerogel AlF$_{2.3}$(O^{i}Pr)$_{0.7}$•z ^{i}PrOH eher eine untergeordnete Rolle.

Die bewusste Einführung von OH-Gruppen während der Synthese führt zu einer deutlichen Veränderung der MAS NMR Spektren der Xerogele. Die Aluminium- und Fluor-Spektren sind von einer Einhüllenden gekennzeichnet. Wichtiger ist jedoch die direkt beobachtbare Veränderung in den ^{1}H MAS NMR-Spektren. Der Anteil am Gesamtsignal der in H-Brücken involvierten, verbrückten OH-Gruppen ist deutlich größer. Für das eigentliche Xerogel bestätigt dieser Befund, dass nahezu alle organischen O^{i}Pr-Reste in Wasserstoffbrücken eingebunden sind oder als koordinierende Lösungsmittel vorliegen.

Die Re-Adsorption von ^{i}PrOH führt zu einer Bestätigung der getroffenen Zuordnung der für das Standard-Xerogel in den ^{1}H→^{13}C CP NMR Spektren auftretenden Signale. Auch dieser Befund untermauert die Vermutung, dass die eingebunden alkoxidischen Moleküle in starker Verbrückung vorliegen.

Der Einfluss auf lokale Strukturen in Aluminiumisopropoxidfluoriden durch mechanisch eingetragene Energie in einer Planetenmühle ist eher gering. Im Gegensatz zu Al(O^{i}Pr)$_3$ wird keine Zersetzung beobachtet, die Feststoffe sind auch nach den Mahl-Experimenten als Alkoxidfluoride charakterisierbar. Somit dienen sie auf diesem Weg (ähnlich wie die kristallinen Aluminiumfluorid-Hydrate) nicht als synthetische Vorstufe für Aluminiumfluorid-Verbindungen, sind aber analog zu den AlF$_3$•3H$_2$O Phasen wahrscheinlich als Reaktionspartner für mechanisch induzierte Reaktionen interessant.

Das thermische Verhalten verschiedener Aluminiumisopropoxidfluoride und die Verfolgung der Veränderungen lokaler Strukturen auf dem Weg zu *high surface*-Aluminiumfluoriden sollte letztendlich ein vertieftes Verständnis der involvierten Strukturen ermöglichen.

Auch hier ist die indirekte Korrelation der „regelmäßig koordinierten Al-Einheit" und der Fluor-Signale bei -154 und -172 bis -175 ppm zu beobachten. Das Signal im ^{19}F MAS NMR Spektrum wird symmetrischer, das Maximum der Einhüllenden ist bei Temperaturen ab 200 °C für die Proben ausgehend von

einem Al:F = 1:3 Stoffmengenverhältnis zwischen -166 (Ar- und Vak-Temperung) und -168 ppm (R22-Temperung).
Als Modell-System können kristalline wasserfreie Aluminiumhydroxidfluoride aufgefasst werden, für die (und für die hydratisierten Vorläufer) ein erheblicher Einfluss von Wasserstoffbrücken-Wechselwirkungen auf die isotrope ^{19}F chemische Verschiebung gefunden und detektiert wurde. Dieser Korrelation folgend, lässt sich für die *high surface*-Aluminiumfluoride eine mittlere Koordination von ungefähr $AlF_{2.8}(O/OH)_{0.2}$ ableiten. Ein ähnliches Stoff–mengenverhältnis ist für ACF, ein strukturell hoch gestörtes Aluminium–chloridfluorid, nachweisbar[5, 18, 146] und steht in Übereinstimmung mit Befunden der IR-[29] und XPS-Spektroskopie.[31]
Wahrscheinlich sind also Spuren von O/OH-Gruppen für die strukturelle Störung in *high surface*-AlF$_3$ verantwortlich. Nur auf Grund der Oberflächeneigenschaften lässt sich eine ähnliche Vermutung ableiten: Für das im Vakuum getemperte $AlF_x(OR)_{3-x}$ (ursprüngliches Verhältnis Al:F=1:1) wird eine spezifische Oberfläche von S_{BET} = 475 m^{2}g^{-1} gefunden, im Vergleich zur Oberfläche von klassischen *HS*-AlF$_3$ entspricht das einer Verdopplung.
In Analogie zu den experimentellen Befunden für eine der stärksten bekannten festen Lewis-Säuren ACF [146], und der aktivierten (partiell fluorierten) Oberfläche von Al$_2$O$_3$ [169, 170] sowie theoretischer Berechnungen [31, 37, 39] kann auch für katalytisch aktive *high surface*-Aluminiumfluoride das Vorhandensein von Fluorid in terminalen Al-F-Bindungen demonstriert werden. Auf Grund des deutlich anderen Dephasierungsverhaltens sind Rotor-synchrone ^{19}F *spin echo* MAS NMR Experimente eine geeignete Nachweismethode. Für die katalytisch aktiven, im R22-Strom aktivierten Proben sind dabei, im Vergleich zu im Vakuum getemperten Proben, stark zu hohem Feld verschobene Signale bei $\delta_{iso} \approx$ -211 ppm beobachtbar.
Sind die Proben Spuren von Wasser ausgesetzt, können diese terminalen Al-F-Bindungen nicht mehr beobachtet werden (siehe auch [31]).
Die genaue Analyse der ^{1}H MAS NMR-Spektren der getemperten Proben ist schwierig. Es können OH-Spezies in μ_2-verbrückender Position nachgewiesen werden ($\delta_{iso} \approx$ 6-7 ppm), die teilweise in Wasserstoffbrücken (Korrelation im IR mit Banden bei etwa 3300 cm^{-1}), zu einem geringen Anteil allerdings auch nicht H-verbrückt vorliegen ($\delta_{iso} \approx$ 2 ppm). Beide Spezies treten in Wechselwirkung mit Pyridin-d_5. Der Anteil stärker verbrückter Spezies (6 ppm) wird jedoch nicht auf Null reduziert. Es kann davon ausgegangen werden, dass ein kleiner Anteil dieser verbrückten und alle unverbrückten μ_2-OH-Spezies an der Oberfläche zugänglich sind und Brønsted-Acidität aufweisen, der restliche Anteil muss in der Volumenphase involviert sein. Diese Brønsted-sauren Zentren spielen allerdings eine untergeordnete Rolle für die Charakterisierung der Gesamt-Acidität. Der Vergleich von Absorptions-IR-Spektren adsorbierter Sonden-

Moleküle (Lutidin, CO) zeigt deutlich die hohe Anzahl Lewis-acider Zentren auf der Oberfläche.
Der Anteil hydroxylierter Spezies auf der Oberfläche wird bei der *in situ*-Nachfluorierung zu Gunsten stark Lewis-saurer Zentren deutlich verringert, was zu einem Teil zur beobachteten Hochfeldverschiebung des Maximums des Signals in den ^{19}F-Spektren unter fluorierenden Bedingungen, -168 ppm gegenüber -166 ppm der Vakuum- und Ar-Temperung beitragen kann.
Zusätzlich können eine Reihe schmaler Signale beobachtet werden, deren genaue Identifizierung schwierig bleibt. Möglichkeiten sind organische Reste oder nicht zugängliche, terminale Hydroxid-Gruppen innerhalb des Festkörpers. Mit CO_2 als saurem Sonden-Molekül konnten diese schmalen Signale nicht als basische OH-Gruppen identifiziert werden. Die Adsorption von Pyridin-d_5 als basisches Sonden-Molekül auf der anderen Seite führte letztlich nicht zur generellen Veränderung der Signale (Form, Intensität, Amplitude), aber zu einer Veränderung der Lage der Signale (Hochfeld-Verschiebung um 0.4 ppm).
Zu diesem Resultat können Ringstrom-Effekte (Adsorption in Nachbarschaft der Gruppe oder „*side on*") oder induktive Effekte, übertragen über die Festkörper-Matrix, beitragen. Letzte Effekte könnten auch zu den ungewöhnlichen ^{1}H Verschiebungen katalytisch aktiver Proben im negativen Bereich führen.
Schließlich wurden an Hand kurzer und aus der Literatur bekannter Reaktionsgleichungen (siehe Gleichung/Schema 5.1 bis 5.4) mehrere Möglichkeiten aufgeführt, die zur Generierung von H_2O-Spezies führen. Da diese teilweise schon bei der thermischen Zersetzung des Isopropoxidfluorids auftreten, ist ein Einbau von Spuren dieser Spezies unvermeidlich. Nichtsdestotrotz sind nur die im R22-Strom aktivierten Proben bezüglich der Dismutierung von $CHClF_2$ bei Raumtemperatur oder bezüglich der Isomerisierung von 1,2-Dibromhexafluorpropan katalytisch aktiv. Eine Reaktion, die nur von den stärksten bekannten Lewis-Säuren katalysiert wird. Die Einführung weiterer OH-Funktionen ist aber auf der anderen Seite nicht uninteressant und eröffnet neue Anwendungsfelder, wie beispielsweise den Einsatz in der Synthese von α-Tocopherol.[27]
Die extrem hohe Lewis-Acidität begründet auch die hohe Reaktivität von *high surface*-Aluminiumfluoriden gegenüber Spuren von Wasser. Die Adsorption führt über einen gewissen Zeitraum zur Kristallisation von Aluminiumfluorid-Hydrat- und Aluminiumfluoridhydroxid-Hydrat Phasen. Diese Veränderungen können leicht, wie in diesem Kapitel dargestellt, gravimetrisch, röntgenografisch, NMR-spektroskopisch oder mit anderen Methoden verfolgt werden.
Die genaue Charakterisierung sowohl der Aluminiumisopropoxidfluoride als auch der daraus hergestellten *high surface*-Aluminiumfluoride erfordert eine strikte Handhabung der Substanzen unter Schutzgasatmosphäre. Phänomene wie beispielsweise terminale Al-F-Bindungen oder strukturierte Einheiten in

Aluminiumisopropoxidfluoriden sind andernfalls nicht oder nur erschwert nachweisbar.

Gleichzeitig wird mit diesem Kapitel ein neues Feld eröffnet: Viele Fragen bezüglich der genauen Charakterisierung und Identifizierung der vorhandenen Spezies bleiben (noch) offen: Kann mit der Einführung ^{17}O markierter Sonden in *high surface*-Aluminiumfluoride der NMR spektroskopische Beweis erbracht werden, dass O-Spezies eine Ursache der strukturellen Störung in *HS*-AlF$_3$ darstellen? Wenn ja, sind diese als O^{2-} - oder als OH-Spezies charakterisierbar? Können die verschiedenen Protonen-Signale der aktiven im R22-Strom getemperten Proben unter Einsatz anderer Sonden-Moleküle genauer identifiziert werden? Sind aktive Zentren an der Oberfläche nachweisbar, wie ist das Auftreten der Spezies in den Aluminium-Spektren nach Adsorption von Pyridin-d_5 zu werten? Kann das Signal AlF$_4^-$-Einheiten zugeordnet werden? Aus welcher Einheit ging diese hervor? Sind auch nach der Adsorption von Sonden-Molekülen terminale Al-F-Bindungen nachweisbar? Lassen sich die Sonden-Moleküle reversibel desorbieren (und damit die verursachten strukturellen Veränderungen)?

6. ZUSAMMENFASSUNG UND AUSBLICK

Die vorliegende Arbeit beschäftigt sich mit Untersuchungen, die zur Klärung lokaler Strukturen in nanoskopischen Aluminiumalkoxidfluoriden beitragen. Aluminiumalkoxidfluorid-Xerogele sind isolierbare feste Zwischenstufen der zweistufigen Synthese von *high surface* Aluminiumfluorid (siehe Abbildung 1.1).

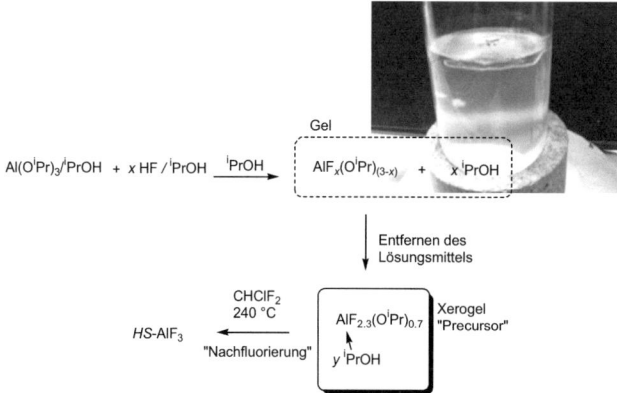

Abbildung 1.1 Allgemeines Reaktionsschema der Synthese von *HS*-AlF$_3$. Das Inset zeigt den Gelzustand.

Die außergewöhnlichen Eigenschaften dieser *high surface*-Aluminiumfluoride begründen sich mit der ungewöhnlichen hohen Lewis-Acidität und der vergleichsweise hohen Oberfläche. Die strukturellen Ursachen dieser ungewöhnlichen Eigenschaften sind bisher nicht im Detail geklärt und Gegenstand aktueller Arbeiten. Sowohl die intermediären Aluminiumalkoxid–fluoride als auch die *high surface*-Aluminiumfluoride sind röntgenamorph.

Kapitel 6

Das genaue Verständnis lokaler Strukturen auf molekularer Ebene in den Aluminiumalkoxidfluoriden bildet jedoch die Grundlage, die fluorolytische Sol-Gel Chemie einerseits, und Ursachen der Ausbildung lokaler Strukturen im HS-AlF_3 andererseits, besser zu verstehen.

Dem Standard-Reaktionsweg folgend, steht in dieser Arbeit die Charakterisierung von Xero-gelen $AlF_x(O^iPr)_{3-x} \cdot z\,^iPrOH$, ausgehend von der Sol-Gel Reaktion von $Al(O^iPr)_3$ und wasserfreier HF gelöst in ^iPrOH, im Vordergrund. Mit den Methoden der Kernmagnetresonanz unter Nutzung der vorhandenen NMR-aktiven Sonden (^1H, ^{13}C, ^{19}F und ^{27}Al) umfasst dies sowohl Untersuchungen an feuchten Alkogelen, an getrockneten Xerogelen und resultierenden oder verwandten Verbindungen.

Folgende Zielstellungen wurden für die vorliegende Arbeit formuliert:

(i) Die Aufklärung lokaler Strukturen verschiedener Zwischenstufen auf dem Weg vom $Al(O^iPr)_3$ über das Xerogel $(AlF_x(OR)_{3-x} \cdot ROH)$ zum HS-AlF_3;

(ii) Die Charakterisierung der fluorolytischen Sol-Gel Reaktion;

(iii) Die Ableitung von Strukturmodellen und möglichen Reaktions–mechanismen;

(iv) Die Synthese und Untersuchung geeigneter kristalliner Referenz–substanzen.

In den vorliegenden Kapiteln werden drei Lösungsansätze präsentiert, die gemeinsam die genaue Ableitung involvierter lokaler Strukturen im Xerogel $AlF_{2.3}(O^iPr)_{0.7} \cdot z\,^iPrOH$ ermöglichen:

1. Die Untersuchung und Ableitung von Struktur-Eigenschafts–beziehungen am Beispiel kristalliner und damit strukturell definierter Referenzverbindungen ist die Basis einer genauen Interpretation der für Aluminiumalkoxidfluoride erhaltenen Festkörper NMR-Spektren und der daraus extrahierten Parameter.

2. Die Anwendung verschiedener NMR-Techniken und –Experimente an ausgewählten Aluminiumisopropoxidfluoriden unter Nutzung ein- und zweidimensionaler Techniken, wie CP MAS NMR-, 3QMAS-, *spin exchange* MAS NMR-, Rotor synchronisierte *spin echo* MAS NMR, Entkopplungs NMR-, feldabhängige MAS NMR oder HETCOR-Experimenten, gekoppelt mit den Ergebnissen von Flüssig- und MAS NMR Untersuchungen an korrespondierenden Alkogelen, sowie die genaue, zusammenhängende Interpretation dieser, zeigen Veränderungen lokaler Strukturen in den untersuchten Gelen und eröffnen die Möglichkeit, Reaktionsmechanismen abzuleiten.

3. Die Variation von Syntheseparametern, sowie einfache Experimente, die das chemische Verhalten der Aluminiumisopropoxidfluoride erfassen und

der Vergleich, der durch diese Einflüsse hervorgerufenen spektralen Veränderungen, festigt das strukturelle und chemische Verständnis der Aluminiumisopropoxidfluoride.

Kristalline Aluminiumhydroxidfluorid-Hydrate $AlF_x(OH)_{3-x} \cdot H_2O$ in Pyrochlor-Struktur (Raumgruppe $Fd\overline{3}m$, kristallografisch eine Al- und eine F/OH-Position) und Aluminiumalkoxidfluoride $AlF_x(OR)_{3-x} \cdot z\,R'OH$ sind strukturell eng verwandte Verbindungen:

    (i)   Aluminium ist ausschließlich sechsfach in einer gemischten O/F-Umgebung koordiniert;

    (ii) Die AlF_xO_{6-x}-Einheiten sind in den Hydroxidfluoriden über ihre Ecken verknüpft, für F-Positionen der Alkoxidfluoride ist dies ebenso wahrscheinlich;

    (iii) O und F sind statistisch verteilt, es resultiert eine Verteilung von verschiedenen Einheiten AlF_xO_{6-x}, die sich auch in den Stoff–mengenverhältnissen der Verbindungen (Summenformel) aus–drückt;

    (iv) Weiterhin resultieren aus dieser F/O-Verteilung Verteilungen der NMR-Parameter (δ_{iso}, ν_Q, η_Q);

    (v) In Kanälen, in Poren oder an Aluminium koordinierte Moleküle sind in ein starkes Wasserstoffbrücken-Netzwerk eingebunden.

(Hydroxidfluoride: H_2O, Alkoxidfluoride: ROH, Al: H_2O/RO(H))

Die Synthese einer Reihe kristalliner Aluminiumhydroxidfluoride mit unterschiedlichem Fluor-Gehalt, unter Nutzung neuer Syntheseansätze auf der einen Seite, und die NMR-spektroskopische Charakterisierung dieser auf der anderen Seite, ermöglichen die Ableitung von Korrelationen der chemischen Verschiebung in Abhängigkeit des Fluorierungsgrades bzw. der mittleren Koordination $AlF_x(OH)_{6-x}$. Dies gilt sowohl für ^{19}F chemische als auch für ^{27}Al chemische Verschiebungen dieser Verbindungen. Ein umfassender Vergleich mit in der Literatur bekannten NMR-Daten verschiedenster kristalliner Aluminium- und Fluor-haltiger Verbindungen, sowie die eigene Vermessung einiger natürlich vorkommender Mineralien mit $Al(F/O)_6$-Struktureinheiten untermauern die Signifikanz der gefundenen Korrelationen (siehe Abbildung 3.5 und 3.10).

Kapitel 6

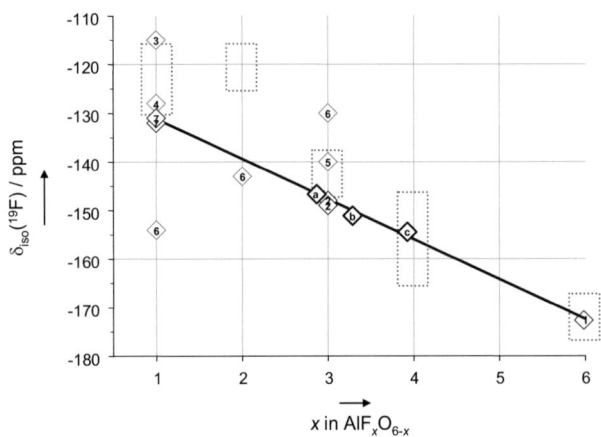

Abbildung 3.5 Trendanalyse der ^{19}F chemischen kristalliner Verbindungen mit AlF$_x$O$_{6-x}$–Strukturen. Regression mit den Punkten a, b, c, und 1. Kristalline AlF$_x$(OH)$_{3-x}$ • H$_2$O (a: x = 1.4, b: x = 1.7, c: x = 1.9).

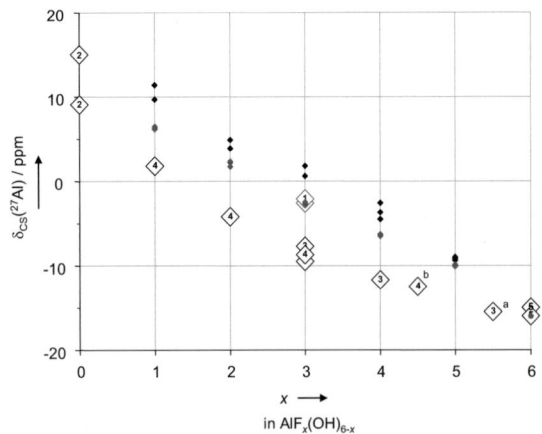

Abbildung 3.10 Trendanalyse der ^{27}Al-chemischen Verschiebungen von Verbindungen mit AlF$_x$(OH)$_{6-x}$-Strukturen. Grau: auf Simulation basierende δ_{27Al} der einzelnen Spezies AlF$_x$(OH)$_{6-x}$ der Hydroxidfluoride, schwarz korrespondierende isotrope chemische Verschiebungen δ_{iso} (siehe auch Tabellen 3.3.5 und 3.3.6).

Kapitel 6

I. Diesen Korrelationen folgend, ergibt sich für das Xerogel $AlF_{2.3}(O^iPr)_{0.7} \cdot z\ ^iPrOH$ als mittlere Zusammensetzung, überwiegend bestehend aus $AlF_4((H)O^iPr)_2$ und $AlF_5((H)O^iPr)$-Struktureinheiten.

Zusätzlich erlauben diese Korrelationen die Vorhersage chemischer Verschiebungen bestimmter AlF_xO_{6-x} –Einheiten oder die Abschätzung der mittleren Koordination in chemisch verwandten Phasen.
Weitere strukturelle Einflüsse auf NMR-Parameter wurden am Beispiel kristalliner Referenzphasen diskutiert. Die Verringerung von Spezies, die in Wasserstoffbrücken eingebunden sind, führt zu einer deutlichen Hochfeld-Verschiebung des Maximums des beobachtbaren Fluor-Signals. Diese Erkenntnis ist letztlich relevant für den Vergleich experimenteller Daten Protonen-armer *high surface* Aluminiumfluoride.
Für die verschiedenen $AlF_x(OH)_{6-x}$-Struktureinheiten in Aluminium–hydroxidfluorid-Hydraten in Pyrochlor-Struktur wurde weiterhin eine Ab–hängigkeit der Quadrupolkonstanten von der Anzahl x koordinierender F-Ionen $(AlF_x(OH)_{6-x})$ beobachtet. Diese ist am größten für $AlF_4(OH)_2$ und $AlF_3(OH)_3$-Einheiten. Zusätzlich können sich aber auch der Verknüpfungstyp der Struktureinheiten (Referenzsystem: $AlF_3 \cdot 3H_2O$), die definierte strukturelle Umgebung im Kristall (gezeigt am Beispiel der kristallinen AlF_3-Modifikationen) und der Eintrag der strukturellen Störung von „außen" (z.B. durch Mahlung in der Planetenmühle am Beispiel von α-AlF_3) in Veränderungen der Quadrupolkonstanten auswirken.

II. Für das Xerogel $AlF_{2.3}(O^iPr)_{0.7} \cdot z\ ^iPrOH$ kann mindestens eine Struktureinheit aufgezeigt werden, deren Zentralsignal durch Quadrupolwechselwirkung zweiter Ordnung verbreitert ist. Dieses ist beispielsweise typisch für kristalline Substanzen mit Struktureinheiten in definierter lokaler Umgebung, also mit definierten elektronischen Feldgradienten um die Einheiten. Wenn der Betrag der Quadrupolkonstanten mit typischen Werten verknüpfter AlF_6-Einheiten komplexer Aluminiumfluoride verglichen wird, kann man für diese Einheiten im Xerogel eine Schichten- oder Kettenstruktur folgern. Der letztere Verknüpfungstyp ist bekannt für β-$AlF_3 \cdot 3\ H_2O$ mit $\{AlF_{2/2}^eF_{2/1}^t(H_2O)_{2/1}^t\}$-Einheiten.

III. Neben dieser Einheit findet man für das Xerogel (mindestens) eine weitere, deren zentrales Signal auf Aluminium in lokal gestörter Umgebung hindeutet (Czjzek-Typ). Diese wird hervorgerufen durch eine Verteilung von $F/(H)O^iPr$ und eine Verteilung von $AlF_x((H)O^iPr)_{6-x}$-Einheiten, unterschiedlich in x. Es resultieren Verteilungen der Bindungswinkel und –längen und somit der NMR-Parameter (δ_{iso}, ν_Q, η_Q). Diese sechsfach koordinierten $AlF_x((H)O^iPr)_{6-x}$-Einheiten sind im Wesentlichen über ihre Ecken verknüpft. Der Betrag der

Quadrupolkonstanten steht nicht im Widerspruch zur gefundenen Abhängigkeit dieser von x in $AlF_x(OH)_{6-x}$ der kristallinen Aluminiumhydroxidfluoride.

Durch Anwendung verschiedener MAS NMR-Techniken und –Experimente konnten lokale Strukturen in röntgenamorphen Aluminiumisopropoxidfluoriden mit unterschiedlichem Fluor-Gehalt identifiziert und die Veränderungen dieser verfolgt werden.

So konnten in $AlF_x((H)O^iPr)_{3-x}$ – Phasen ausgehend von $HF/Al(O^iPr)_3$ Stoffmengen-verhältnissen < 3 neben AlF_4 verschiedene $AlF_x((H)O^iPr)_{5-x}$ und $AlF_x((H)O^iPr)_{6-x}$-Struktureinheiten identifiziert werden. Zusätzlich kann nicht umgesetztes $Al(O^iPr)_3$ (Struktureinheiten: $Al(O^iPr)_4$ und $Al(O^iPr)_6$) nachgewiesen werden. Die Basis der sicheren Identifikation sechsfach koordinierter Einheiten bilden die in dieser Arbeit vorgestellten Trendanalysen der chemischen Verschiebungen.

Durch Berechnung der stark überlagerten Aluminium-Spektren und Verfolgen der Entwicklung der Intensitäten einzelner Fluor- bzw. Aluminium-Spezies mit dem Fluorierungsgrad gelang es, zusammen mit direkten ^{19}F-^{27}Al HETCOR MAS NMR-Verfahren, den gefundenen Al-Einheiten entsprechende Fluor-Signale zuzuordnen.

Die Schaffung der instrumentellen Voraussetzungen, um MAS NMR-Experimente an Alkogelen durchzuführen (Tieftemperatur-Experimente auf der einen Seite und die Verwendung von Inserts auf der anderen Seite), die identifizierten lokalen Strukturen in diesen Alkogelen sowie nachgewiesene lokale Strukturen in kürzlich isolierten Pyridin-stabilisierten Aluminium–isopropoxidfluoriden gestatten ein komplettes Bild der fluorolytischen Sol-Gel Synthese zu formulieren.

Die wichtigsten Befunde im Überblick:

    a) Mit steigendem Fluorierungsgrad nimmt die Anzahl sechsfach koordinierter Einheiten zu, die der vier- und fünffach koordinierten Einheiten ab;

    b) Das Gel-Netzwerk wird anfangs aus $AlF_{3-4}((H)O^iPr)_{3-2}$-Einheiten gebildet; Mit zunehmendem Fluorierungsgrad wird eine Hochfeldverschiebung der Signale korrespondierender Einheiten beobachtet, entsprechend $AlF_{4-5}((H)O^iPr)_{2-1}$;

    c) Zwischen μ_2-verbrückenden O^iPr-Gruppen und ^iPrOH, das Al direkt koordiniert, kann nicht unterschieden werden. Es ist nachweisbar, dass die involvierten organischen Reste in einem starken H-Brücken–netzwerk einbezogen sind;

    d) In Isopropoxidfluoriden (F/Al < 3) können AlF_4- und zuvor nicht beschriebene fünffach koordinierte $AlF_x(O^iPr)_{5-x}$-Einheiten identifiziert und Signalen in Fluor- und Aluminiumspektren zugeordnet werden. Die AlF_4-Einheiten korrelieren mit einer ungewöhnlichen Fluor–

verschiebung bei δ_{iso} = -155 ppm, die auf Vernetzung dieser Einheiten hindeutet: Ein strukturelles Modell ist beispielsweise die $\{AlF_{2/2}^{e}F_{2/1}^{t}\}$-Einheit;
e) Es können verschiedene Signale terminaler Al-F-Einheiten nachgewiesen werden;
f) Es treten auch in Isopropoxidfluoriden ausgehend von F/Al-Verhältnissen kleiner als drei verschiedene sechsfach koordinierte Einheiten in geordneteren Domänen auf.

IV. Das gefundene integrale Verhältnis der Protonensignale im Xerogel $AlF_{2.3}(O^{i}Pr)_{0.7} \cdot z\ ^{i}PrOH$ beträgt 1:1:6 (OH:CH:CH$_3$).
V. Für das Xerogel $AlF_{2.3}(O^{i}Pr)_{0.7} \cdot z\ ^{i}PrOH$ kann die Existenz terminaler Al-F-Einheiten nicht ausgeschlossen werden.

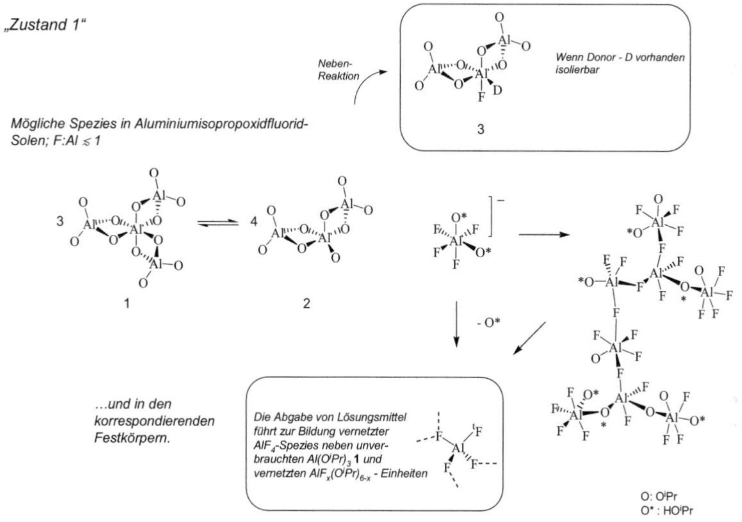

Abbildung 4.13 Teil 1: Erweiterung des vorgeschlagenen Reaktionspfads der Fluorolyse von $Al(O^{i}Pr)_3$ unter Einbeziehung lokaler Strukturen, die für kleine F-Gehalte in Solen und festen $AlF_x(O^{i}Pr)_{3-x}$ nachweisbar sind.

Kapitel 6

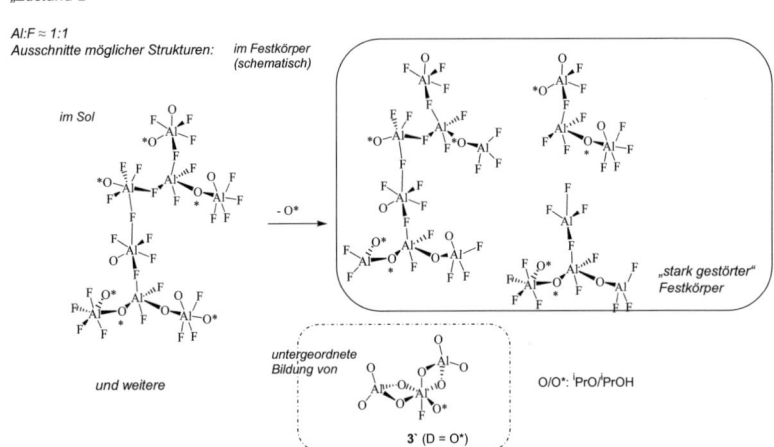

Abbildung 4.14 Teil 2: Erweiterung des vorgeschlagenen Reaktionspfads der Fluorolyse von Al(O^{i}Pr)$_3$ unter Einbeziehung lokaler Strukturen, die für kleine F-Gehalte in Solen und festen AlF$_x$(O^{i}Pr)$_{3-x}$ nachweisbar sind.

Durch vergleichende Studien an Xerogelen, die nach Variation eines Syntheseparameters unter Beibehaltung der restlichen Parameter dargestellt wurden, konnte letztlich das strukturelle Modell des eigentlichen Xerogels AlF$_{2.3}$(O^{i}Pr)$_{0.7}$• z ^{i}PrOH bestätigt und verfeinert werden.

   VI. Die AlF$_x$(O^{i}Pr)$_{6-x}$-Struktureinheiten in geordneterer Umgebung korrelieren scheinbar mit den Signalen im ^{19}F-Spektrum bei δ_{iso} = -154 ppm und -172 bis -175 ppm. Das letzte hat ein deutlich anderes Dephasierungsverhalten, ähnlich dem Verhalten, das für F in terminalen Al-F-Bindungen beobachtet wird. AlF$_6$-Einheiten (δ_{iso} ≈ -172 ppm) sind demnach im eigentlichen Xerogel nur untergeordnet involviert.

Die Veränderung lokaler Strukturen auf dem Weg vom Isopropoxidfluorid zum *high surface*-Aluminiumfluorid wurde abschließend beleuchtet. Retrospektiv wurde auf relevante Reaktionen eingegangen, die während des thermischen Abbaus der organischen Einheiten berücksichtigt werden müssen. Diese ergeben die Schlussfolgerung, dass Spuren von O/OH in der Struktur von *high surface*-Aluminiumfluoriden nicht ausgeschlossen werden können. Dies steht in Übereinstimmung mit der, über die Korrelation der F-Verschiebung Protonen-armer Substanzen abgeschätzten, mittleren Koordination AlF$_{5.6}$(O/OH)$_{0.4}$.

Katalytisch aktive Phasen zeigen Unterschiede in den korrespondierenden Spektren: Neben einem im Vergleich zu höherem Feld verschobenem Maximum (^{19}F: δ_{iso} = -168 ppm gegenüber -166 ppm), zeigen die Spektren dieser Phasen ^{19}F-Signale, die terminal gebundenem Fluorid in Al-F-Bindungen zuzuordnen sind. Diese sind ungewöhnlich Hochfeld-verschoben bei δ_{iso} = -210 ppm. Theoretische und experimentelle Befunde bestätigen die Existenz dieser im Zusammenhang mit auftretenden katalytisch aktiven Zentren an der Oberfläche. Der NMR-spektroskopische Nachweis dieser Spezies für *HS*-AlF$_3$ wurde so erstmalig geführt. Möglich sind demzufolge ähnliche konstitutionierende Struktureinheiten wie im ABF (Aluminiumbromidfluorid) oder ACF.[146, 168]

Vergleichende FT-IR- Experimente und Festkörper-MAS NMR-Experimente an *high surface*-Aluminiumfluoriden, jeweils nach Adsorption von Probenmolekülen, bestätigen das Vorhandensein einer überwiegenden Anzahl starker Lewis-saurer Zentren an der Oberfläche. Nur in Spuren können Brønsted-saure Zentren (OH-Gruppen) nachgewiesen werden, wenngleich diese als μ_2-OH-Gruppen in der Volumenphase und Oberfläche vorliegen.

Letztere Oberflächen-Spezies entstehen jedoch auch bei der sehr raschen Adsorption von Wasser aus der Umgebungsluft an HS-AlF$_3$, die zusätzlich, auf Grund von Umordnungsprozessen, dazu führt, dass Signale terminaler Al-F Bindungen nicht mehr nachweisbar sind und Kristallisationsprozesse (Al(F/OH)$_3$•H$_2$O oder AlF$_3$•3H$_2$O) einsetzen.

Zusammengefasst lässt sich folgendes Strukturmodell für das Xerogel AlF$_{2.3}$(O^{i}Pr)$_{0.7}$• z ^{i}PrOH aufstellen, das im übertragenem Sinn auch für das korrespondierende Alkogel gilt:

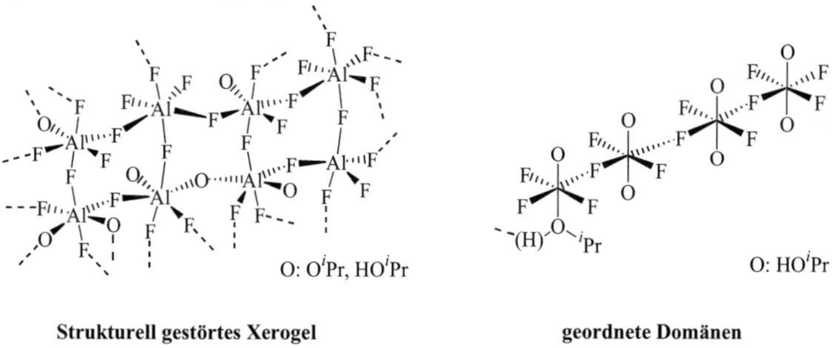

Strukturell gestörtes Xerogel   **geordnete Domänen**

Abbildung 4.15 Mögliche lokale Strukturen des Xerogels AlF$_{2.3}$(O^{i}Pr)$_{0.7}$•z ^{i}PrOH.

Kapitel 6

Fazit und Ausblick

Auftretende lokale Strukturen in Aluminiumisopropoxidfluoriden wurden geklärt und beobachtbare Veränderungen dieser aufgeführt. Diese führen zur Ableitung möglicher Reaktionsmechanismen, die im Einklang mit nachgewiesenen lokalen Strukturen verschiedener kristalliner, Pyridin-stabilisierter und röntgenamorpher Aluminiumisopropoxidfluoride stehen. DFT-Rechnungen untermauern insbesondere die ersten Schritte der Fluorolyse von $Al(O^iPr)_3$. Neue Aspekte werden mit dieser Arbeit aufgezeigt, die für zukünftige Arbeiten von Relevanz sein können:

a) Lässt sich die im Kapitel 3.4 diskutierte, empirisch gefundene, strukturelle Korrelation der Abhängigkeit der beobachtbaren chemischen Verschiebung vom mittleren Abstand d(F-F/O) der Struktureinheiten $Al(F/O)_6$ experimentell bestätigen?

Insbesondere MAS NMR basierte Abstandsmessungen (TRAPDOR oder REDOR-Verfahren) könnten zur experimentellen Aufklärung beitragen. Die Ergebnisse führen letztlich zur Entwicklung des beschriebenen rein empirischen Modells Trendanalyse ^{19}F hin zu einer strukturellen (allgemein gültigeren) Interpretation der ^{19}F chemischen Verschiebung relevanter Phasen.

b) Ist eine ähnliche Trendanalyse für Sauerstoff-Verschiebungen in Abhängigkeit der mittleren Koordination $AlF_x(OH)_{6-x}$ ableitbar?

Weiterführende MAS NMR Messungen an ^{17}O-markierten kristallinen Referenzphasen $Al(F/OH)_3 \cdot H_2O$ und $AlF_3 \cdot 3\,H_2O$ müssen sich dafür anschließen.

c) Lassen sich Korrelationen für andere Systeme beispielsweise in Abhängigkeit vom Kation ($MgF_x(OH)_{6-x}$-, $MF_x(OH)_{6-x}$-Struktureinheiten (M=Zn, Ga, …) oder für AlF_xHal_{6-x}-Struktureinheiten (Hal = Cl, Br) ableiten?

$MgF_x(OH)_{6-x}$-Struktureinheiten sind relevante Einheiten in HS-MgF_2 und partiell hydroxyliertem HS-MgF_2; erste Ergebnisse (^{19}F: δ_{iso} von MgF_2 (-198 ppm) und von Ralstonit ($NaAlMg(OH/F)_3$, Strukturelement $MgF_3(OH)_3$, δ_{iso} = -175 ppm) deuten auf diesen Zusammenhang. In Summe sind dann auf empirischer Basis Einflüsse des involvierten Kations und weiterer struktureller Merkmale ableitbar, die im Zusammenhang mit der kurz vorgestellten strukturellen Korrelation die Ableitung eines generalisierten, umfassenden Modells gestatten.

d) Das erworbene Wissen aus b) kann auf ^{17}O-Isotopen markierte, röntgenamorphe Phasen $AlF_x(O^iPr)_{3-x} \cdot z \,^iPrOH$ und HS-AlF_3 übertragen werden.

Kapitel 6

Um die Vermutung von Spuren von O/OH-Spezies in *HS*-AlF$_3$ zu bestätigen ist dies essentiell. Es kann die Frage geklärt werden, welcher Natur diese Spezies sind. Eine Unterscheidung zwischen Oxy- und Hydroxy-Einheiten scheint möglich.

e) Erste Untersuchungen zeigen, dass zunächst MAS NMR-Experimente unter Nutzung von verschiedenen Sonden-Molekülen zur Charakterisierung und Unterscheidung von Oberflächen- und Volumenspezies im Vordergrund stehen sollten. Im zweiten Schritt kann im Vergleich schon die Interpretation eindimensionaler Spektren zur Charakterisierung der Oberfläche beitragen.

Sind terminal gebundene Al-F-Einheiten auch nach der Adsorption nachweisbar? Welche Al-Spezies sind in der Oberfläche involviert? Wie verändern sich lokale Strukturen nach der Adsorption? Welche Protonenspezies können in katalytisch aktiven Phasen nachgewiesen werden?

Ein Augenmerk sollte in diesem Zusammenhang auf die Quantifizierung der entsprechenden Spezies (gegen sekundäre oder primäre Standards) gelegt werden. Dies ermöglicht insbesondere für Protonen-Spezies eine Abschätzung der absoluten Menge dieser Spezies in den interessierenden Proben.

Neue Wissenschaftliche Beiträge der vorliegenden Arbeit im Kurzüberblick

Als Kurzzusammenfassung werden die wissenschaftlichen Ergebnisse dieser Arbeit mit Hinweis auf die entsprechenden Publikationen (siehe Kapitel 7) noch einmal aufgezählt:

1. Es wurden neue Syntheseansätze für die Synthese kristalliner Aluminiumhydroxidfluoride AlF$_x$(OH)$_{3-x}$•H$_2$O in Pyrochlor-Struktur mit variablen Fluor-Gehalt entwickelt basierend auf a) einer Sol-Gel-Reaktion (Ref. RK3) und b) einer mechanisch induzierten Reaktion in einer Planetenmühle;

2. Es wurde in Erweiterung der Literatur bekannten Daten eine Korrelation der ^{19}F-chemischen Verschiebung mit dem (mittleren) Fluorierungs–grad x sechsfach koordinierter AlF$_x$(OR)$_{6-x}$-Einheiten (R = H, Alkyl, …) oxyfluoridischer Verbindungen präsentiert (Ref. RK3);

3. Erstmalig wurde über eine Korrelation der ^{27}Al-chemischen Verschiebung mit dem Fluorierungsgrad x sechsfach koordinierter AlF$_x$(OR)$_{6-x}$-Einheiten (R = H, Alkyl, …) oxyfluoridischer Verbindungen berichtet (Ref. RK5);

4. In Erweiterung wurden der Nachweis des Einflusses von Wasserstoffbrücken als zusätzlicher entschirmender Beitrag auf die beobachtbare Fluor-Verschiebung erbracht und eine weiterführende Korrelation zur Interpretation der ^{19}F Verschiebung Protonen-armer Substanzen erarbeitet (Ref. RK5);

5. Erstmalig konnten alle bekannten kristallinen Aluminiumfluorid-Modifikationen IR- und NMR-spektroskopisch charakterisiert werden (Ref. RK10);

6. Es gelang die Synthese und Charakterisierung einer bislang unbekannten dem η-AlF$_3$-verwandten AlF$_3$-Phase (vorläufig bezeichnet als η2-AlF$_3$) (Ref. RK10);

7. Die instrumentelle Applikation einer N$_2$-Generator betriebenen Pneumatik-Einheit eines Festkörper-MAS NMR Spektrometers ermöglicht gefahrlose cryo-MAS NMR Messungen (Ref. RK2);

8. Die Entwicklung und die Anwendung eigener Inserts für gefahrlose Experimente an Alkogelen mit MAS-Rotationsfrequenzen bis zu 12 kHz und die erstmalige MAS NMR spektroskopische Charakterisierung fluoridischer Alkogele wurde präsentiert (Ref. RK2);

9. Die Ableitung eines erweiterten Strukturmodells des Xerogels AlF$_{2.3}$(O^{i}Pr)$_{0.7}$•z ^{i}PrOH, sowie eines Reaktionspfades der Fluorolyse ausgehend vom Al(O^{i}Pr)$_3$ unter Berücksichtigung aller nachgewiesenen lokalen Strukturen röntgenamorpher und kristalliner Alkoxidfluoride wurde präsentiert (Ref. RK1, RK6, RK7 und RK8);

10. Es konnten mögliche Korrelationen der ^{27}Al chemischen Verschiebung vier- und fünffach koordinierter AlF$_x$(O^{i}Pr)$_{4-x}$/AlF$_x$(O^{i}Pr)$_{5-x}$, sowie die erstmalige Beschreibung verschiedener fünffach koordinierter Einheiten AlF$_x$(O^{i}Pr)$_{5-x}$ verschieden im Fluorierungsgrad x abgeleitet und aufgezeigt werden (Ref. RK8);

11. In diesem Zusammenhang wurden die direkte und indirekte Korrelation von Fluor-Signalen, die mit den vorgenannten Einheiten korrespondieren, sowie die Beschreibung verschiedener, terminaler Al-F-Einheiten in strukturell gestörten Isopropoxidfluoriden aufgeführt (Ref. RK6 und RK8);

12. Der MAS NMR spektroskopische Nachweis terminaler F-sites in katalytisch aktiven *high surface*-Aluminiumfluoriden, sowie die Ausarbeitung erster Hinweise der Ursache der strukturellen Störung in diesen Verbindungen wurde erstmalig geführt.

7. VERÖFFENTLICHUNGEN UND BEITRÄGE

Bestandteile dieser Arbeit wurden veröffentlicht in:

a) Eigenen Publikationen:

(RK1) R. König, G. Scholz, N. H. Thong, E. Kemnitz, *Chem. Mater.* **2007**, *19*, 2229-2237.

(RK2) R. König, G. Scholz, E. Kemnitz, *Solid State Nucl. Mag. Reson.* **2007**, *32*, 78-88.

(RK3) R. König, G. Scholz, R. Bertram, E. Kemnitz, *J. Fluorine Chem.* **2008**, *129*, 598-606.

(RK4) G. Scholz, R. König, J. Petersen, B. Angelow, I. Dörfel, E. Kemnitz, *Chem. Mater.* **2008**, *20*, 5406-5413.

(RK5) R. König, G. Scholz, A. Pawlik, C. Jäger, B. van Rossum, H. Oschkinat, E. Kemnitz, *J. Phys. Chem. C* **2008**, *112*, 15708-15720.

(RK6) R. König, G. Scholz, E. Kemnitz, *J. Phys. Chem. C* **2009**, *113*, 6426-6438.

(RK7) A. Pawlik, R. König, G. Scholz, E. Kemnitz, G. Brunklaus, M. Bertmer, C. Jäger, *J. Phys. Chem. C* **2009**, *113*, 16674–16680.

(RK8) R. König, G. Scholz, A. Pawlik, C. Jäger, B. van Rossum, E. Kemnitz, *J. Phys. Chem. C* **2009**, *113*, 15576–15585.

(RK9) M. Feist, R. König, S. Bäßler, E. Kemnitz, *Thermochimica Acta* **2009**, *zur Publikation eingereicht.*

(RK10) R. König, G. Scholz, K. Scheurell, D. Heidemann, I. Buchem, W.E.S. Unger, E. Kemnitz, *J. Fluorine Chem.* **2009**, *zur Publikation eingereicht.*

Kapitel 7

b) Beiträgen auf Konferenzen und Postern:

Posterbeiträge:

(1) GdCH Magnetic Resonance Division, 28th Discussion Meeting, Tübingen 2006;
R. König, G. Scholz, E. Kemnitz, Local structural changes at the formation of fluoride sol and gels – a mechanistic investigation by NMR spectroscopy, SOL 2.

(2) Tag der Chemie, Berlin 2007; Thema wie vor.

(3) GdCH Magnetic Resonance Division, 29th Discussion Meeting, Göttingen 2007;
R. König, G. Scholz, E. Kemnitz, New inserts and low temperatures – two strategies to overcome the bottleneck in MAS NMR on wet gels.

(4) Tag der Chemie, Berlin 2008; Thema wie vor.

(5) GdCH Magnetic Resonance Division, 30th Discussion Meeting, Regensburg 2008;
R. König, G. Scholz, R. Bertram, E. Kemnitz, Crystalline aluminum hydroxyfluorides: suitable reference compounds for ^{19}F chemical shift trend analysis of related amorphous solids.

(6) GdCH Magnetic Resonance Division, 30th Discussion Meeting, Regensburg 2008
R. König, G. Scholz, A. Pawlik, C. Jäger, B. van Rossum, H. Oschkinat, E. Kemnitz, Crystalline aluminum hydroxy fluorides: Structural insights obtained by high field solid state NMR and ^{27}Al chemical shift trend analysis.

(7) Tag der Chemie, Berlin 2009; Thema wie (5).

Kapitel 7

Vorträge:

(1) 234th ACS National Meeting, Novel Bonding and Structural Modalities in Inorganic Fluorine Chemistry, Boston MA, USA 2007; E. Kemnitz, R. König, G. Scholz, Nano-Metal Fluorides: Properties and Prospectives.

(2) 30th Discussion Meeting, GdCH Magnetic Resonance Division, Regensburg 2008; R. König, G. Scholz, A. Pawlik, C. Jäger, B. van Rossum, H. Oschkinat, E. Kemnitz, Crystalline Aluminium Hydroxy Fluorides: Structural Insights Obtained by High-Field Solid State NMR and ^{27}Al Chemical Shift Trend Analysis.

Ein Jeder gibt sich selbst den Wert.

Friedrich von Schiller

8. EXPERIMENTELLER TEIL

8.1. ARBEITSTECHNIKEN

Festkörper-MAS NMR

Der überwiegende Teil, der in dieser Arbeit präsentierten Spektren, wurde mit einem Bruker Avance 400-Spektrometer unter Verwendung eines Bruker 4 mm – oder eines 2.5 mm MAS Probenkopfes, gemessen. Die Messungen fanden, wenn nicht anders angegeben, bei Raumtemperatur mit Rotationsfrequenzen bis zu 15 kHz (4 mm Rotor) oder bis zu 32 kHz (2.5 mm Rotor) statt. Die Kalibrierung zur Justierung der chemischen Verschiebungen erfolgte gegen Referenzsubstanzen (siehe auch nachfolgende Tabelle 8.1.1). Alle Messparameter wurden Matrix-abhängig vor dem Experiment für das jeweilige Experiment optimiert - die verwendeten Messprogramme und typische Kenngrößen der optimierten Parameter (Leistungen, Pulslängen, Pulswiederholzeiten,...) sind im Kapitel 10.1 zu finden.
Weiterhin wurden Experimente mit ausgewählten Proben mit einem Bruker Avance 600- (Bundesanstalt für Materialprüfung und –forschung, Berlin, Prof. C. Jäger), einem Bruker Avance 750- (Universität Leipzig, Leipzig, Prof. J. Haase), einem Bruker Avance 900- (Leibniz-Institut für molekulare Pharmakologie, Berlin, Prof. H. Oschkinat) und einem Bruker Avance III 500 WB-Spektrometer mit 1.3 mm MAS Probenkopf (Rotationsfrequenzen bis 60 kHz, Bruker Biospin GmbH, Rheinstetten) durchgeführt. Tabelle 8.1.1 gibt einen zusammenfassenden Überblick über einige generelle NMR-Parameter der aufgeführten Experimente. ^{1}H- und ^{19}F Untergrundsignale konnten entweder durch Anwendung von *depth* –Pulsfolgen ^{180}, oder durch Anwendung von Rotor-synchronisierten *spin echo*-Experimenten unterdrückt werden.

Experimenteller Teil

Tabelle 8.1.1 Allgemeine NMR-Parameter

I		v_0 / MHz gegen B_0				Referenz (0 ppm)	sekundärer Standard
		9.4 T	11.7 T	14.1 T	17.6 T	21.1 T		
^{1}H	1/2	400,1	500,1	600,1	750,1	900,1	TMS	Adamantan δ_{iso} = 1.8 ppm
^{13}C	1/2	100,6	125,8	150,9	188,6	226,3	TMS	Adamantan $\delta_{iso}(CH_2)$ = 29.5 ppm
^{19}F	1/2	376,4	470,6	564,7	705,8	847,0	CFCl$_3$	C$_6$F$_6$ δ_{iso} = -166.6 ppm / α-AlF$_3$ δ_{iso} = -172.6 ppm
^{27}Al	5/2	104,3	130,3	156,4	195,5	234,5	Al(H$_2$O)$_6^{3+}$	α-AlF$_3$ δ_{27Al} = -16.1 ppm

Um eine möglichst quantitative Anregung aller vorhandenen Aluminium-Kerne zu gewährleisten, wurden für *single pulse*-Experimente stets Pulslängen kleiner gleich π/6 benutzt.

Experimente mit Transfer der Magnetisierung (CP MAS NMR, HETCOR („*wise*"-basierend, *wi*de line-*se*paration)) erforderten zusätzlich die Optimierung der Hartmann-Hahn-Bedingungen bei verschiedenen Rotationsfrequenzen (Kontaktzeiten und Stärke der applizierten Felder).

^{27}Al 3Q MAS NMR Spektren (*triple quantum*) wurden unter Anwendung einer 3-Puls Sequenz (mit *z*-Filter) erhalten. Nach zweidimensionaler Fourier-Transformation wurden die Spektren geschert.

^{1}H-^{1}H- und ^{19}F-^{19}F –*spin exchange* MAS NMR (EXSY)-Experimente wurden an ausgewählten Proben mit unterschiedlich Austauschzeiten (1 µs bis 10 ms) durchgeführt. Einen Überblick über die benutzten Pulsprogramme, sowie typische Werte für die relevanten Messparameter, gibt Kapitel 10.1.

Alle erhaltenen Spektren wurden mit XWinNMR oder Topspin (beide Bruker) Fourier-transformiert und nachbearbeitet. Ein Teil der Spektren wurde mit der Software dmfit (Versionen 2005 bis 2009) unter Anwendung von verschiedenen Modellen simuliert.[150, 181]

Die Präparation luftempfindlicher Proben erfolgte in verschiedenen selbst entwickelten Inserts unter Schutzgasbedingungen (feuchte Gele) oder direkt in der Glovebox.

Wenn nötig, sind weitere Messbedingungen (Rotationsfrequenzen, Anzahl von „scans", B_0) im Text als Bildunterschrift oder im Bild angegeben.

Weitere Methoden

Flüssigkeits NMR

^{1}H, ^{13}C, ^{19}F und ^{27}Al NMR Spektren wurden mit einem Bruker DPX 300 – Spektrometer ($v_0(^1H)$ = 300.1 MHz, $v_0(^{13}C)$ = 75.5 MHz und $v_0(^{19}F)$ = 282.4 MHz) und/oder einem Bruker AV 400 – Spektrometer ($v_0(^1H)$ = 400.1 MHz, $v_0(^{13}C)$ = 100.6 MHz und $v_0(^{27}Al)$ = 104.3 MHz) unter Nutzung von Standard-Routine-Messbedingungen (Pulsprogramme, Pulslängen, Relaxationszeiten) von der NMR-spektroskopischen Abteilung des Instituts für

Chemie gemessen. Im Text sind chemische Verschiebungen von ^{1}H- und ^{13}C-Signalen immer relativ zu den Signalen von Tetramethylsilan (0 ppm), von ^{19}F-Signalen relativ zu dem Signal von CFCl$_3$ (0 ppm) und von ^{27}Al-Signalen relativ zum Signal des Al(H$_2$O)$_6^{3+}$-Ions einer 1 M wässrigen AlCl$_3$-Lösung (0 ppm) angegeben. Die Kalibration der Spektren erfolgte, wenn nicht anders angegeben, mittels Zuordnung der Protonenrestsignale bzw. der spezifischen ^{13}C-Signale deuterierter Lösungsmittel, die meist als sekundärer Standard in abgeschmolzenen „lock in" -Röhrchen der Probe hinzugefügt wurden. Durch diese Verfahrensweise wird ein Einfluss des deuterierten Lösungsmittels auf die chemischen Verschiebungen vermieden und eine Vergleichbarkeit der erhaltenen Daten mit den Daten aus Festkörper-MAS NMR-Experimenten garantiert.

^{27}Al NMR Experimente mit dem Bruker AV 400-Flüssigkeitsspektrometer können aufgrund eines sehr großen Untergrundsignals im Bereich von 100 ppm bis 0 ppm nur begrenzt ausgewertet werden, wenn erforderlich wurden relevante Messungen mit dem Festkörper-NMR-Spektrometer unter statischen Bedingungen durchgeführt.

Zur Auswertung der gewonnenen Spektren wurde die Software Topspin von Bruker benutzt, die Darstellung erfolgte mit der jeweils aktuellsten Version von dmfit[150].

Röntgenpulverdiffraktometrie

Röntgenpulverdiffraktogramme wurden mit einem Seifert XRD 3003 TT Diffraktometer (Bragg-Brentano-Geometrie, CuK$_{\alpha 1,2}$-Strahlung λ = 1.5418 Å) gemessen. Luftempfindliche Proben wurden in der Glovebox vorbereitet, mit einer Reflex-freien Polystyrol-Folie abgedeckt und mit Kel-F Fett abgedichtet. Die Verbindungen wurden an Hand ihrer Diffraktogramme durch Vergleich mit Diffraktogrammen bekannter kristalliner Verbindungen (siehe Tabelle 8.3.1 oder JCPDS-PDF-Datenbank [182]) identifiziert. Die Anpassung einiger ausgewählter Diffraktogramme (Anpassung des Profils, „LeBail"-Fitting) erfolgte nach entsprechender Aufbereitung der Daten mit der Fullprof-Software-Suite.[183]

Zur Abschätzung der Kristallitgrößen CS wurde die vereinfachte Scherrer – Gleichung für sphärische Kristalle mit kubischer Symmetrie für einen bestimmten Reflex $\{h\ k\ l\}$ bei 2θ genutzt:

$$CS = \frac{0.94 \cdot \lambda}{HWB \cdot \cos(\theta)}$$

mit HWB = HWB$_{Probe}$-HWB$_{Referenz}$ (Ausmittelung der instrumentellen Verbreiterung, Angabe im Bogenmaß) und λ / nm (Wellenlänge der Röntgenstrahlung).

Experimenteller Teil

Thermoanalyse

Eine Auswahl geeigneter Proben wurde mit einem Netzsch STA 409 C/CD ausgerüstet mit einem Quadrupol-Massenspektrometer (Balzers QMG 422) hinsichtlich ihres thermischen Verhaltens untersucht. Die Messungen erfolgten in Platin-Tiegeln in N_2-Atmosphäre unter Verwendung eines DTA TG Probenträgersystems (Pt/PtRh10-Thermoelement).
Das Sorptionsverhalten (Testsubstanzen: H_2O oder MeOH) eines Teils der Proben wurde mittels PulseTA®-Technik verfolgt. Nach Vorbehandlung der Proben *in situ* in der Messapparatur (Ausheizen bei 240 °C-250 °C) werden unter isothermen Bedingungen ($T_{iso} = 46$ °C) definierte Volumina (im µL-Bereich) der Testsubstanz in die Apparatur „gepulst". Durch Verfolgen der entsprechenden Ionenströme und TG-Kurven können Rückschlüsse auf das Sorptionsverhalten gewonnen werden.

Elementaranalyse

C, H, N-Gehalte von relevanten Proben wurden mit einem Leco CHNS-932 Analyzer mit Erweiterung VTF-900 oder mit einem Euro EA Elemental Analyzer bestimmt. Die Bestimmung der Fluorid-Gehalte erfolgte nach Soda-Pottasche-Aufschluss der Proben mit einer fluoridsensitiven Elektrode. Aluminium-Gehalte wurden nach saurem Aufschluss der Proben (H_3PO_4-H_2SO_4-Gemisch, 220 °C, 20 min, Magnetrührung) in einer Labormikrowelle (ETHOS plus) mit einem ICP OES –Spektrometer bestimmt (Induktiv gekoppeltes Plasma, Optische Emissionsspektroskopie, IRIS Intrepid HR DUO; Messung auf sechs Wellenlängen, dreifach Bestimmung, alle Werte haben eine relative Standardabweichung von 0.9 %; Ausnahme der Al-Wert von η-AlF_3, da beträgt die relative Standardabweichung 6.4 %). Angaben zu Cl-Gehalten beziehen sich auf durch Fällungstitration mit Quecksilberperchlorat bestimmte Werte (Aufschluss mit O_2).

FT-Infrarotspektroskopie

Transmissions-IR-Spektren von Proben wurden als KBr- (im Bereich 4000-400 cm^{-1}) und CsI-Presslinge (im Bereich 700-200 cm^{-1}) mit einem FT-PE Spektrum System 2000 (Perkin Elmer) aufgenommen. Als Untergrundspektrum wurde jeweils das Spektrum von reinem KBr bzw. CsI bestimmt. Pro Spektrum wurden mindestens 64 Messungen mit einer Auflösung von 4 cm^{-1} durchgeführt. Das Material der Presslinge wurde in einer Trockenbox gelagert. Presslinge luftempfindlicher Proben wurden in der Glovebox präpariert und gepresst.
IR-Spektren von Proben unter Benutzung von Sondenmolekülen (CO, Lutidin) wurden mit einem Nicolet Nexus FT-IR- Spektrometer (128 Messungen pro Spektrum, Auflösung 4 cm^{-1}) als selbsttragende Tablette aufgenommen. Die

Experimenteller Teil

Proben wurden in der Glovebox präpariert, haben jedoch während des Überführens in die Messapparatur kurzen Luftkontakt. Anschließend wurden die Presslinge *in situ* in der Messapparatur im Hochvakuum bei der entsprechenden Vorbehandlungstemperatur für mehrere Stunden ausgeheizt. Die Sondenmoleküle wurden mit bekanntem Volumen (V = 2.15 cm^3) und Druck in die Messkammer dosiert.

Messungen zur Bestimmung der Oberflächeneigenschaften

Zur Bestimmung der charakteristischen Oberflächeneigenschaften wurden Adsorptions- und Desorptionsisothermen von Stickstoff bei 77 K (Wirkungsquerschnitt $\sigma_{N2,\,77\,K}$ = 16.2 Å^2) mit einem Micromeritics ASAP 2020 aufgenommen. Die spezifischen Oberflächen S_{BET}, die mittleren Porenvolumina V_p und –durchmesser d_p der Proben wurden auf Grundlagen der BET-Methode (Oberfläche) beziehungsweise der BJH-Methode (Poreneigenschaften) berechnet.

Katalysetests

$$5\ CHClF_2\ (R22) \rightarrow CHCl_2F + 3\ CHF_3 + CHCl_3$$

Zur Charakterisierung der Aktivität eines im R22/N$_2$-Strom aktivierten *HS*-Aluminiumfluorids kann zum einen der Umsatz der Dismutierungsreaktion von R22 gaschromatografisch (Shimadzu GC-17A, Säule: PONA) verfolgt werden.

$$CBrF_2\text{-}CBrF\text{-}CF_3 \rightarrow CF_3\text{-}CBr_2\text{-}CF_3$$

Zum anderen dient die Isomerisierung von 1,2-Dibromhexafluorpropan zu 2,2-Dibromhexafluorpropan als zweite Testreaktion als guter qualitativer Marker, da diese nur von sehr starken Lewis-Säuren katalysiert wird. Dazu wird auf 10-30 mg in einem Schlenk- oder Spitzkolben eingewogene Katalysatorsubstanz 0.1-0.3 mL 1,2-Dibromhexafluorpropan (100 µL/10 mg Katalysator) hinzu gegeben. Nach zwei Stunden wird die Reaktion durch Zugabe von CDCl$_3$ abgebrochen und die überstehende Lösung NMR-spektroskopisch charakterisiert. Der Umsatz lässt sich dabei qualitativ aus dem Intensitätsverhältnis des Produkt-Signals und der Eduktsignale abschätzen. Bei einem Umsatz von 100% wird das Reaktionsgemisch fest.

^{19}F NMR (282 MHz, CDCl$_3$):
CF$_3$-CBr$_2$-CF$_3$: δ_{iso} / ppm = -72.1 (s, 6F, CF$_3$)
CBrF$_2$-CBrF-CF$_3$: δ_{iso} / ppm = -57.2 (m, 1F, CFFBr), -59.2 (m, 1F, CFFBr), -74.3 (m, 3F, CF$_3$), -133.3 (m, 1F, CFBr)

Experimenteller Teil

Temperungen

Proben wurden entweder im dynamischen Vakuum im Schlenkrohr (Sandbad), im Strömungsrohr im Ar-Strom (Ar-Gasstrom 20 mL/min, Röhrenofen) oder in der Nachfluorierungsapparatur (Nickel-Rohr, Festbettreaktor, Heizquelle Röhrenofen [158]) im R22/N_2-Gasstrom (Verhältnis R22/N_2 = 5/20 (mL/min)) getempert. Als Aufheizrate wurde bei allen Methoden etwa 10 K/min gewählt – die Proben wurden für zwei Stunden bei der jeweiligen Temperatur gehalten und anschließend in die Glovebox überführt und gelagert. Im Text der vorliegenden Arbeit sind die jeweilige Temperatur (in °C) und die Temperungsmethode (Vak, Ar, R22) relevanter Proben als Index der Probenbezeichnung angegeben: z.B. Vak100. Proben mit dem Index NF (Nachfluorierung) entsprechen nach Standardbedingungen [158] im R22/N_2-Strom hergestellten, aktivierten Proben (Gasstromverhältnis R22/N_2 5/20 (mL/min)). Die Probe (etwa 1 g) wird zentral im Reaktor (Ni-Rohr) auf einem Festbett (Silberwolle) platziert. Als Endpunkt der Nachfluorierung dient das Erreichen eines nahezu vollständigen Umsatzes der Dismutierungsreaktion von R22 (GC-Eduktpeak < 5%). Die Temperatur wird zunächst für zwei Stunden bei 150 °C gehalten und ab einer Temperatur von etwa 220 °C schrittweise und langsam (5 °C-10 °C) alle 30 bis 60 Minuten erhöht. Nach Abkühlen des Produktes wird die Aktivität bezüglich der Dismutierung von R22 erneut überprüft und der erhaltene Feststoff in die Glovebox überführt.

Mechanochemische Synthesen und Versuche

Pro Mahlbecher werden 1 g Substanz bzw. Reaktionsgemisch insgesamt vier Stunden (vier 60-minütige Durchgänge) in einer Planetenmühle bei 600 Umdrehungen/min (Fritsch Pulverisette 7) vermahlen (je Becher fünf Kugeln (m = 14.8 g), Material des Bechers und der Kugeln: Sialon). Hydrolyseempfindliche Proben wurden in der Glovebox gehandhabt.

8.2. VERWENDETE CHEMIKALIEN UND REINHEITSGRAD

Feste Stoffe

Aluminiumisopropoxid, Al(O^{i}Pr)$_3$ — Aldrich, 98+%
Aluminiumethoxid, Al(OEt)$_3$ — Fluka, purum >97%
Aluminium-n-Butoxid Al(O^{n}Bu)$_3$ — Aldrich, 95%
Aluminium-t-Butoxid Al(O^{t}Bu)$_3$ — Aldrich, techn.
Aluminiumacetat, basisch Al(CH$_3$COO)$_2$(OH) — Fluka, pur p.a.
Aluminiumfluorid, α-AlF$_3$ — Aldrich, 99%
Aluminiumfluorid, β-AlF$_3$: verschiedene Proben, hergestellt aus α-AlF$_3$ · 3 H$_2$O

Experimenteller Teil

Mineralien

Ralstonit, Ivigtut, Grönland
$Na_x(Al/Mg_x)(F/OH)_3$ -einkristallin auf Thomsenolith
Topas, Boa Vista, Brasilien und Buryatia, Russland
$Al_2(F/OH)_2SiO_4$ -einkristallin
Zunyit, Zuny Mine, Colorado USA
$Si_5Al_{13}O_{20}(F/OH)_{18}Cl$ -einkristallin

Flüssigkeiten

Aluminium-s-Butoxid, $Al(O^sBu)_3$	Aldrich, 97%
1,2 Dibromhexafluorpropan, $CBrF_2CBrFCF_3$	Fluorochem, 99%
Chloroform-d, $CDCl_3$	euriso-top, 99.98%
Dimethylsulfoxid-d_6, DMSO	euriso-top, 99.98%
Pyridin-d_5	Aldrich, 99.9%
HF aq.	Fluka, 40%
HF • Pyridin	Aldrich, 70% HF
Trimethylaluminium, $Al(CH_3)_3$	Aldrich, 2M in Toluol
Perfluorhexan, C_6F_{14}	ABCR, 99%

Gase

Chlordifluormethan, R22, $CHClF_2$	Solvay
Fluorwasserstoff, HF	Solvay
Argon, Ar	4.8; 5.0, Air Liquide
Stickstoff, N_2	5.0, Air Liquide

8.3. SYNTHESEVORSCHRIFTEN

8.3.1. Allgemeine Arbeitsweise

Wenn nicht anders beschrieben, wurde unter Ausschluss von Feuchtigkeit unter Nutzung von Standard – Schlenk - Techniken gearbeitet. Isopropanol wurde nach Vortrocknung über $MgSO_4$ unter Kühlung bei -78 °C zur Reaktion mit Natrium gebracht. Von der in Siedehitze gebildeten Natriumisopropoxid-Lösung wurde anschließend Isopropanol abdestilliert und über Molsieb (3 Ångström) gelagert. Nicht explizit aufgeführte Lösungsmittel (^tBuOH, Et_2O, MeOH, Toluol, Pyridin) wurden unter Anwendung der üblichen Trocknungsvorschriften getrocknet und über Molsieb gelagert.
Alle weiteren angeführten Chemikalien wurden für Synthesen ohne weitere Reinigung eingesetzt. Nicht explizit aufgeführte Chemikalien wurden aus den Beständen der Chemikalien-Lager der Humboldt-Universität entnommen.

Experimenteller Teil

8.3.2. Präparation einer alkoholischen oder etherischen HF-Lösung

In ein in einer PP-Flasche vorgelegtes Lösungsmittel wird unter Kühlung im Eisbad über mehrere Stunden ein kontinuierlicher HF/Ar-Gasstrom eingeleitet. Die Konzentration der HF-Lösung lässt sich qualitativ über die Massezunahme abschätzen. Die PP-Flasche kann anschließend mit einem Aufsatz so verschlossen werden, so dass die HF-Lösung unter Schutzgasatmosphäre gelagert und gehandhabt werden kann.
Zur genauen Bestimmung der Konzentration einer HF-Lösung wird eine wässrige Lösung eines Teils der HF-Lösung gegen wässrige NaOH-Lösung titriert (Indikator Phenolphthalein). Typische Werte für Konzentrationen an HF in den Lösungen bewegen sich im Bereich zwischen c_{HF} 5 bis 15 mol/L.
Typische Werte für chemische Verschiebungen (δ_{iso} (^{19}F)) der eingesetzten HF-Lösungen sind im Anhang zu finden (Tabelle 10.2.2).

8.3.3. Allgemeine Vorschrift zur Synthese von Aluminium–alkoxidfluoriden

$$Al(OR)_3 \{LM\} + x\, HF \{LM\} \rightarrow AlF_x(OR)_{3-x} \cdot z\, ROH$$

In einem ausgeheizten Schlenkkolben wird das Aluminiumalkoxid in einer entsprechenden Menge Lösungsmittel (LM), wenn nötig unter leichtem Erwärmen, gelöst. In dieser Arbeit wurde mit einer Konzentration bezogen auf $Al(OR)_3$ von etwa 0.3 mol/L gearbeitet. Zu der entstehenden Lösung/Suspension wird unter Kühlung HF im entsprechenden Lösungsmittel mittels Pipette *„in einem Schuss"* oder langsam zugegeben. Je nach Verhältnis der Ausgangsstoffe und der Lösungsmittelmenge bilden sich klare bis opake Aluminiumalkoxidfluorid-Sole oder –Gele. Diese können für NMR – Untersuchungen direkt in Inserts oder Rotoren oder NMR-Röhrchen überführt werden.
Nach Alterung des Sols/Gels über Nacht wird das Lösungsmittel im Vakuum entfernt und der erhaltene Feststoff wird für weitere zwei Stunden im Hochvakuum (p < 1 • 10^{-2} mbar, Badtemperatur: 70 – 85 °C) getrocknet. Es entsteht im Fall eines Al : F Verhältnisses von kleiner 1 : 2 ein feines weißes Pulver (Xerogel). Bei Al : F Verhältnissen von etwa 1 : 1 (LM: ^{i}PrOH) entsteht im Vakuum eine klare ölige Flüssigkeit, die unter Normalbedingungen erstarrt. Da die festen Aluminiumalkoxidfluoride Hydrolyse-empfindlich sind, wurden alle Proben in der Glovebox gelagert. Tabelle 8.3.1 am Ende dieses Kapitels gibt einen Überblick über die wichtigsten in dieser Arbeit präparierten Alkoxidfluoride und einige ihrer Eigenschaften.

Experimenteller Teil

8.3.4. Synthese von Aluminiumhydroxidfluoriden, $AlF_x(OH)_{3-x} \cdot z\ H_2O$

Variante 1:[47]

$$Al(OOCCH_3)_2(OH) + 2\ HF\ (aq.) \rightarrow AlF_2(OH) \cdot H_2O + 2\ CH_3COOH$$

13.6 g basisches Aluminiumacetat ($Al(OH)ac_2$) werden in 120 mL destilliertem Wasser suspendiert. Nach Zugabe der entsprechenden Menge HF (wässrig; w = 40 %, ρ = 1.13 g/mL) (Stoffmengenverhältnis Al : F = 1 : 2) wird unter Rühren die Reaktionslösung bis zum Sieden erhitzt und einige Minuten am Sieden gehalten. Dabei wird der pH-Wert der Reaktionslösung überprüft, wobei sich ein pH-Wert von 5 einstellen soll. Das Reaktionsprodukt wird heiß filtriert und mindestens fünfmal mit heißem H_2O gewaschen; anschließend wird das Produkt auf einer Tonkachel an Luft getrocknet.
Das erhaltene weiße Pulver zeigt im Röntgenpulverdiffraktogramm die Reflexe $AlF_x(OH)_{3-x} \cdot H_2O$ in Pyrochlor-Struktur (PDF-Nr.[182] 41-0381, siehe auch Tabelle 10.2.3 im Anhang). Das tatsächliche Al : F Stoffmengenverhältnis im Reaktionsprodukt schwankt (je nach Trocknungsbedingungen) und sollte mittels Elementaranalyse (Al, F) oder weiterer Methoden überprüft werden.

Variante 2:

$$AlF_x(O^iPr)_{3-x} \cdot y\ ^iPrOH \overset{Luft}{\Rightarrow} AlF_x(OH)_{3-x} \cdot z\ H_2O + \ ^iPrOH$$

Eine langsame Abgabe des Lösungsmittels und Hydrolyse eines Aluminiumalkoxidfluorid-Sols oder –Gels (LM: ^iPrOH, siehe auch 8.3.3.) an Luft führt nach einigen Tagen zur Bildung eines weißen Pulvers. Bei einem Al : F Stoffmengenverhältnis von 1 : 1 entsteht ein Röntgen-amorphes Pulver, bei Stoffmengenverhältnissen von 1 : 2 bzw. 1 : 3 kristalline weiße Pulver. Diese lassen sich mittels Röntgendiffraktometrie (PDF-Nr. 41-0381) als kristalline $AlF_x(OH)_{3-x} \cdot H_2O$ in Pyrochlor-Struktur identifizieren. Verschiedene Al : F Verhältnisse der Sole/Gele führen dabei auch zu verschiedenen Al : F Verhältnissen in den Produkten.

Variante 3:

$$\alpha\ AlF_3 \cdot 3\ H_2O + \gamma\ Al(OH)_3 \overset{mech.\ Impakt}{\Rightarrow} AlF_x(OH)_{3-x} \cdot z\ H_2O$$

Durch Vermahlen von α-Aluminiumfluorid Trihydrat mit Aluminiumhydroxid (γ-$Al(OH)_3$) in der Planetenmühle nach dem unter 8.1. beschriebenem Verfahren entsteht in bestimmten Al : F Verhältnissen (Al : F = 1 : 1.5, 1 : 2), welches

Experimenteller Teil

durch die eingewogenen Mengen der Ausgangsstoffe bestimmt wird, $AlF_x(OH)_{3-x} \cdot z\ H_2O$ in Pyrochlor-Struktur. Al : F Stoffmengenverhältnisse von 1 : 1 bzw. 1 : 0.5 führen zu Röntgen-amorphen Produkten. Die Kristallitgröße der so gewonnenen Hydroxidfluoride ist deutlich kleiner (im Bereich von 10 – 30 nm, abgeschätzt mit der *Scherrer*-Formel als die der nach Variante 1 oder 2 gewonnenen Hydroxidfluoride. Tabelle 8.3.1 am Ende dieses Kapitels gibt einen Überblick über die in dieser Arbeit synthetisierten Verbindungen.

8.3.5. Präparation von α- und β-AlF$_3 \cdot$ 3 H$_2$O

$$Al(OOCCH_3)_2(OH) + 3\ HF\ (aq.) \rightarrow AlF_3 \cdot 3\ H_2O + 2\ CH_3COOH$$

Zu einer gekühlten Suspension von basischem Aluminiumacetat in Wasser wird ein deutlicher Überschuss (HF : Al > 5) von 40%iger Flusssäure hinzu gegeben. Nach Zugabe von Ethanol und Kühlung im Kühlschrank fällt weißes metastabiles α-AlF$_3 \cdot$ 3 H$_2$O aus (PDF-Nr. 43-0436). Steigt die Temperatur des Reaktionsgemisches über 25 °C lässt sich die thermodynamisch stabile Modifikation β-AlF$_3 \cdot$ 3 H$_2$O, Rosenbergit, (PDF-Nr. 35-0827) isolieren.

8.3.6. Präparation von η-, κ- und ϑ-AlF$_3$

η-AlF$_3$:[18]

$$ACF \xrightarrow{\Delta} \eta\text{-AlF}_3 + AlCl_3$$

ACF wird im Schlenk-Kolben im Röhrenofen im dynamischen Vakuum einer Ölpumpe (p < 1 · 10^{-1} mbar) bei 455 °C (Solltemperatur) für 30 min getempert (Aufheizrate 10 K/min). Es entsteht ein graues Pulver, welches die Reflexe von $AlF_x(OH)_{3-x}$ in Pyrochlor-Struktur zeigt (η-AlF$_3$ ist isotyp zu Al(F/OH)$_3$, PDF-Nr. 41-0380). Neben der Bildung der η-Phase kommt es oft auch zur parallelen Bildung von Spuren von β-AlF$_3$ (PDF-Nr. 43-0435). Unter statischen Bedingungen (p ≈10-500 mbar) bildet sich bevorzugt neben β-AlF$_3$ ϑ-AlF$_3$.

Experimenteller Teil

η2-AlF₃:

$$3 \, Py_4AlF_2Cl \xrightarrow{\Delta} 2 \, \eta2\text{-}AlF_3 + AlCl_3 + 12 \, Py$$

Py₄AlF₂Cl wird im Schlenk-Kolben im Röhrenofen im dynamischen Vakuum einer Ölpumpe (p < 1 • 10⁻¹ mbar) bei 455 °C (Solltemperatur) für 30 min getempert (Aufheizrate 10 K/min). Es entsteht ein graues Pulver, welches neben den Reflexen von $AlF_x(OH)_{3-x}$ in Pyrochlor-Struktur (PDF-Nr. 41-0380, Lage wie η-AlF₃) weitere Reflexe zeigt (u.a. bei 2Θ /° = 18.37, 20.26, 39.15 und 40.98). Die Phase ist strukturell noch nicht vollständig charakterisiert, zeigt aber Verwandtschaft zu η-AlF₃.

κ-AlF₃:[14]

Stufe 1: $\quad Al(CH_3)_3 + 4 \, HF \cdot Py \rightarrow PyHAlF_4 + 3 \, CH_4$

8 mL (16 mmol) einer 2 M Al(Me)₃ –Lösung werden mit 80 mL/20 mL Toluol/Pyridin im Schlenk-Kolben versetzt und auf -78 °C im Kältebad (Trockeneis/ⁱPrOH) abgekühlt. Anschließend werden langsam 1.6 mL einer HF • Pyridin-Lösung (70 % HF; 30 % Pyridin, 1.82 g, 64 mmol bez. auf HF) im Stoffmengenverhältnis Al:F = 1 : 4 zugegeben. Die Reaktion ist stark exotherm. Es bildet sich ein weißer Niederschlag, der nach einiger Zeit intensiver/dichter wird. Nach Trennen vom Lösungsmittel und Trocknung im Vakuum bei 70 °C wurden 3.24 g (entspricht etwa quantitativem Umsatz) eines weißen, mikrokristallinen, Hydrolyse-empfindlichen Produktes isoliert.

Stufe 2: $\quad PyHAlF_4 \Rightarrow \beta\text{-}NH_4AlF_4$

1 g PyHAlF₄ wird im Schlenk-Kolben in 2 mL trockenem Formamid gelöst. Nach leichtem Erwärmen auf 70 °C bis 80 °C bildet sich eine klare Lösung. Anschließend wird schnell erhitzt bis zur Zersetzungstemperatur des Formamids (≈ 180 °C). Nach einer Minute bei 180 °C wird die Heizquelle entfernt, es bildet sich schnell ein weißes „opaleszierendes" Präzipitat, das in Folge beim Abkühlen „dichter" wird. Längeres Erhitzen bei 180 °C (≈10 min) begünstigt laut die Bildung des thermodynamisch stabileren α-NH₄AlF₄. Das Produkt ist an Luft stabil und kann über eine Nutsche/Fritte vom Lösungsmittel getrennt und zwischen Tonkacheln getrocknet werden. Das Pulver lässt sich als β-NH₄AlF₄ (PDF-Nr. 83-0718) identifizieren.

Experimenteller Teil

Stufe 3: $\beta\text{-NH}_4\text{AlF}_4 \xrightarrow{\Delta} \underline{\kappa\text{-AlF}_3} + \text{NH}_4\text{F}$

0.2 g β-NH$_4$AlF$_4$ werden im Schlenk-Kolben im dynamischen Vakuum (p < 10^{-2} mbar) im Röhrenofen 30 min bei 455 °C (Einstellung Solltemperatur) getempert (Heizrate 10 K/min). Das erhaltene Produkt (m = 0.1 g, PDF-Nr. 83-719) ist weiß mit wenigen kleinen schwarzen Verunreinigungen (Verkokung). Die Temperung im Strömungsrohr (Ar-Gasstrom 20 mL/min, Heizrate 10 K/min, 4h bei 450°C) ergab ein graues κ-AlF$_3$ in „schlechterer" Qualität (breitere Reflexe mit anderen Intensitätsverhältnissen).

ϑ-AlF$_3$:

$\text{NR}_4\text{AlF}_4 \,(\bullet \text{H}_2\text{O}) \xrightarrow{\Delta} \vartheta\text{-AlF}_3 + \text{NR}_4\text{F}$ (R = Me, Et)

Vorhandene Chargen von NMe$_4$AlF$_4$ oder NEt$_4$AlF$_4$ (welche teilweise auch die hydratisierte Form enthielten) wurden im Schlenk-Kolben im dynamischen Vakuum bei 455 °C (Sollwert) im Röhrenofen getempert (30 min bei 455°C, 10 K/min Heizrate). ϑ-AlF$_3$ (PDF-Nr. 83-0717) entstand als graues phasenreines Pulver bei Verwendung von NEt$_4$AlF$_4$, mit Spuren von β-AlF$_3$ verunreinigt bei Verwendung von NMe$_4$AlF$_4$ ($\bullet$ H$_2$O).
Eine Übersicht über die hergestellten Proben, sowie elementaranalytische Daten finden sich in Tabelle 8.3.1.

Experimenteller Teil

Tabelle 8.3.1 Übersicht über synthetisierte Proben und einige Eigenschaften

#	Al(OR)$_3$	HF {LM}	LM	n_{Al}:n_F	Beschreibung	EA: Angaben in Masseprozent			
						C	H	F	Al
1	Al(O^{i}Pr)$_3$	^{i}PrOH	^{i}PrOH	1:3	weißes Xerogel	28	6	35	22
2	Al(O^{i}Pr)$_3$	^{i}PrOH	^{i}PrOH	1:3	weißes Xerogel	25	6	34	-
3	Al(O^{i}Pr)$_3$	^{i}PrOH	^{i}PrOH	4:1	weißes Pulver	49	9	3	-
4	Al(O^{i}Pr)$_3$	^{i}PrOH	^{i}PrOH	2:1	weißes Pulver	46	8	7	-
5	Al(O^{i}Pr)$_3$	^{i}PrOH	^{i}PrOH	1:1	"glasartig" klar	41	8	13	-
6	Al(O^{i}Pr)$_3$	^{i}PrOH	^{i}PrOH	1:1	"glasartig" klar	42	8	12	-
7	Al(O^{i}Pr)$_3$	^{i}PrOH	^{i}PrOH	2:3	"glasartig" klar	38	7	18	-
8	Al(O^{i}Pr)$_3$	^{i}PrOH	^{i}PrOH	3:2	hochviskose zähe Masse				
9	Al(O^{i}Pr)$_3$	^{i}PrOH	^{i}PrOH	1:2	weißes Xerogel	33	7	23	-
10	Al(O^{i}Pr)$_3$	^{i}PrOH	^{i}PrOH	1:2	weißes Xerogel	32	6	22	-
11	Al(O^{i}Pr)$_3$	^{i}PrOH	^{i}PrOH	1:3	100 d gealtert	22	5	37	-
12	Al(O^{i}Pr)$_3$	^{i}PrOH	^{i}PrOH	1:3	3 a gealtert	23	6	-	-
13	Al(OEt)$_3$	^{i}PrOH	^{i}PrOH	1:3	Xerogel	22	5	38	-
14	Al(O^{n}Bu)$_3$	^{i}PrOH	^{i}PrOH	1:3	Xerogel	22	5	36	-
15	Al(O^{s}Bu)$_3$	^{i}PrOH	^{i}PrOH	1:3	Xerogel	27	6	32	-
16	Al(O^{t}Bu)$_3$	^{i}PrOH	^{i}PrOH	1:3	Xerogel	23/22	5/5	41	-
17	Al(O^{i}Pr)$_3$	Et$_2$O	Et$_2$O	1:3	Xerogel[b]	19	5	44	-
18	Al(O^{i}Pr)$_3$	Et$_2$O	Toluol	1:3	Xerogel[b]	15	4	42	-
19	Al(O^{i}Pr)$_3$	Et$_2$O	MeOEtOH	1:3	Xerogel	17	4	37	-
20	Al(O^{i}Pr)$_3$	Et$_2$O	^{t}BuOH	1:3	Xerogel	7	3	46	-
21	Al(O^{i}Pr)$_3$	^{i}PrOH	C$_6$F$_{14}$	1:3	Xerogel[b]	28/29	7/7	27	-
22	Al(O^{i}Pr)$_3$	^{i}PrOH	^{i}PrOH[a]	1:3	Xerogel	10	4	39	-
23	Al(O^{i}Pr)$_3$	^{i}PrOH	^{i}PrOH/ H$_2$O	1:3	Xerogel	10/10	4/4	46	-
24	Al(O^{i}Pr)$_3$	aq.	^{i}PrOH	1:3	Xerogel	2/2	3/3	45	-

Referenzsubstanzen								
Al(F/OH)$_3$ · H$_2$O	Variante 1			0	3	35	26	weitere
Al(F/OH)$_3$ · H$_2$O	Variante 2	1:3		1	3	32	27	
Al(F/OH)$_3$ · H$_2$O	Variante 2	1:2		0	3	28	28	
Al(F/OH)$_3$ · H$_2$O	Variante 3	1:1.5		0/0	3/4	28	28	
Al(F/OH)$_3$ · H$_2$O	Variante 3	1:2		0/0	4/4	33	25	
PyHAlF$_4$		1:4		38/39 (33)	4/4 (3)	-	-	N: 7/7 (8)
β-NH$_4$AlF$_4$				2/2 (0)	4/4 (3) 55 (63)		-	N: 11/10 (12)
η-AlF$_3$				0/0	0/0 59 (68)	21 (32)		Cl: 0.5
κ-AlF$_3$				0.5/0.5	0.2/0.2 62 (68)		-	N: 0.2/0.2
θ-AlF$_3$				0.3/0.3	0/0 66 (68)		-	kein N

Werte in Klammern entsprechen theoretischen Werten; [a]LM nicht trocken;
[b]Es war keine Bildung eines Sols/Gels beobachtbar, das LM bildete eine zweite Phase, das Produkt (hier bezeichnet als Xerogel) fiel als Präzipitat aus.
C/H: 0 bedeutet Wert kleiner als Nachweisgrenze.

9. LITERATURVERZEICHNIS

(1) Müller, U. *Presse Information, P 424*; BASF SE: Mannheim, 2004.
(2) Kemnitz, E.; Menz, D. H., *Prog. Solid State Chem.* **1998**, *26*, 97-153.
(3) Kemnitz, E.; Groß, U.; Rüdiger, S.; Shekar, C. S., *Angew. Chem. Int. Edit.* **2003**, *42*, 4251-4254.
(4) Rüdiger, S.; Kemnitz, E., *Dalton T.* **2008**, *9*, 1117-1127.
(5) Krahl, T.; Kemnitz, E., *J. Fluorine Chem.* **2006**, *127*, 663-678.
(6) Krespan, C. G.; Petrov, V. A., *Chem. Rev.* **1996**, *96*, 3269-3301.
(7) Rüdiger, S.; Groß, U.; Feist, M.; Prescott, H. A.; Shekar, C. S.; Troyanov, S. I.; Kemnitz, E., *J. Mater. Chem.* **2005**, *15*, 588-597.
(8) Rüdiger, S.; Eltanany, G.; Groß, U.; Kemnitz, E., *J. Sol-Gel Sci. Technol.* **2007**, *41*, 299-311.
(9) Eckert, H., *Bunsenmagazin* **2008**, *5*, 159-179.
(10) Hoppe, R.; Kissel, D., *J. Fluorine Chem.* **1984**, *24*, 327-340.
(11) Fourquet, J. L.; Riviere, M.; Le Bail, A., *Eur. J. Solid State Inorg. Chem.* **1988**, 535-540.
(12) Le Bail, A.; Jacoboni, C.; Leblanc, M.; Depape, R.; Duroy, H.; Fourquet, J. L., *J. Solid State Chem.* **1988**, *77*, 96-101.
(13) Le Bail, A.; Fourquet, J. L.; Bentrup, U., *J. Solid State Chem.* **1992**, *100*, 151-159.
(14) Herron, N.; Thorn, D. L.; Harlow, R. L.; Jones, G. A.; Parise, J. B.; Fernandezbaca, J. A.; Vogt, T., *Chem. Mater.* **1995**, *7*, 75-83.
(15) Alonso, C.; Morato, A.; Medina, F.; Guirado, F.; Cesteros, Y.; Salagre, P.; Sueiras, J. E.; Terrado, R.; Giralt, A., *Chem. Mater.* **2000**, *12*, 1148-1155.
(16) Le Bail, A.; Calvayrac, F., *J. Solid State Chem.* **2006**, *179*, 3159-3166.
(17) Dambournet, D.; Demourgues, A.; Martineau, C.; Pechev, S.; Lhoste, J.; Majimel, J.; Vimont, A.; Lavalley, J.-C.; Legein, C.; Buzare, J. Y.; Fayon, F.; Tressaud, A., *Chem. Mater.* **2008**, *20*, 1459-1469.
(18) Krahl, T., Amorphes Aluminiumchlorofluorid und -bromofluorid— die stärksten bekannten festen Lewis-Säuren. Dissertation, Humboldt-Universität zu Berlin, Berlin, 2005.
(19) Stosiek, C.; Scholz, G.; Eltanany, G.; Bertram, R.; Kemnitz, E., *Chem. Mater.* **2008**, *20*, 5687-5697.
(20) Delattre, J. L.; Chupas, P. J.; Grey, C. P.; Stacy, A. M., *J. Am. Chem. Soc.* **2001**, *123*, 5364-5365.
(21) Kleist, W.; Haener, C.; Storcheva, O.; Kohler, K., *Inorg. Chim. Acta* **2006**, *359*, 4851-4854.
(22) Kemnitz, E.; Hansen, G.; Hess, A.; Kohne, A., *J. Mol. Catal.* **1992**, *77*, 193-200.
(23) Kemnitz, E.; Hess, A., *J. Prak. Chem.-Chem. Ztg.* **1992**, *334*, 591-595.
(24) Hess, A.; Kemnitz, E.; Lippitz, A.; Unger, W. E. S.; Menz, D. H., *J. Catal.* **1994**, *148*, 270-280.
(25) Scheurell, K.; Kemnitz, E., *J. Mater. Chem.* **2005**, *15*, 4845-4853.
(26) Scheurell, K.; Scholz, G.; Kemnitz, E., *J. Solid State Chem.* **2007**, *180*, 749-758.
(27) Coman, S. M.; Wuttke, S.; Vimont, A.; Daturi, M.; Kemnitz, E., *Adv. Synth. Catal.* **2008**, *350*, 2517-2524.
(28) Patil, P. T.; Dimitrov, A.; Kirmse, H.; Neumann, W.; Kemnitz, E., *Appl. Catal. B-Environ.* **2008**, *78*, 80-91.

(29) Krahl, T.; Vimont, A.; Eltanany, G.; Daturi, M.; Kemnitz, E., *J. Phys. Chem. C* **2007**, *111*, 18317-18325.
(30) Groß, U.; Rüdiger, S.; Kemnitz, E.; Brzezinka, K. W.; Mukhopadhyay, S.; Bailey, C.; Wander, A.; Harrison, N., *J. Phys. Chem. A* **2007**, *111*, 5813-5819.
(31) Makarowicz, A.; Bailey, C. L.; Weiher, N.; Kemnitz, E.; Schroeder, S. L. M.; Mukhopadhyay, S.; Wander, A.; Searle, B. G.; Harrison, N. M., *Phys. Chem. Chem. Phys.* **2009**, DOI: 10.1039/b821484k.
(32) Pawlik, A.; König, R.; Scholz, G.; Kemnitz, E.; Jäger, C., *J. Phys. Chem. C* **2009**, submitted.
(33) Chaudhuri, S.; Chupas, P.; Morgan, B. J.; Madden, P. A.; Grey, C. P., *Phys. Chem. Chem. Phys.* **2006**, *8*, 5045-5055.
(34) Scholz, G.; König, R.; Petersen, J.; Angelow, B.; Dörfel, I.; Kemnitz, E., *Chem. Mater.* **2008**, *20*, 5406-5413.
(35) Wander, A.; Bailey, C. L.; Searle, B. G.; Mukhopadhyay, S.; Harrison, N. M., *Phys. Chem. Chem. Phys.* **2005**, *7*, 3989-3993.
(36) Wander, A.; Searle, B. G.; Bailey, C. L.; Harrison, N. M., *J. Phys. Chem. B* **2005**, *109*, 22935-22938.
(37) Wander, A.; Bailey, C. L.; Mukhopadhyay, S.; Searle, B. G.; Harrison, N. M., *J. Mater. Chem.* **2006**, *16*, 1906-1910.
(38) Mukhopadhyay, S.; Bailey, C. L.; Wander, A.; Searle, B. G.; Muryn, C. A.; Schroeder, S. L. M.; Lindsay, R.; Weiher, N.; Harrison, N. M., *Surf. Sci.* **2007**, *601*, 4433-4437.
(39) Bailey, C. L.; Wander, A.; Mukhopadhyay, S.; Searle, B. G.; Harrison, N. M., *J. Chem. Phys.* **2008**, *128*, 224703.
(40) Bailey, C. L.; Wander, A.; Mukhopadhyay, S.; Searle, B. G.; Harrison, N. M., *Phys. Chem. Chem. Phys.* **2008**, *10*, 2918-2924.
(41) Wander, A.; Bailey, C. L.; Mukhopadhyay, S.; Searle, B. G.; Harrison, N. M., *J. Phys. Chem. C* **2008**, *112*, 6515-6519.
(42) Jansen, M.; Schön, J. C.; van Wüllen, L., *Angew. Chem. Int. Edit.* **2006**, *45*, 4244-4263.
(43) Harlow, R. L.; Herron, N.; Li, Z. G.; Vogt, T.; Solovyov, L.; Kirik, S., *Chem. Mater.* **1999**, *11*, 2562-2567.
(44) Massiot, D.; Müller, D.; Hübert, T.; Schneider, M.; Kentgens, A. P. M.; Coté, B.; Coutures, J. P.; Gessner, W., *Solid State Nucl. Magn. Reson.* **1995**, *5*, 175-180.
(45) Kemnitz, E.; Groß, U.; Rüdiger, S.; Scholz, G.; Heidemann, D.; Troyanov, S. I.; Morosov, I. V.; Lemee-Cailleau, M. H., *Solid State Sci.* **2006**, *8*, 1443-1452.
(46) Cowley, J. M.; Scott, T. R., *J. Am. Chem. Soc.* **1948**, *70*, 105-109.
(47) Menz, D. H.; Mensing, C.; Hönle, W.; von Schnering, H. G., *Z. Anorg. Allg. Chem.* **1992**, *611*, 107-113.
(48) König, R.; Scholz, G.; Bertram, R.; Kemnitz, E., *J. Fluorine Chem.*. **2008**, *129*, 598-606.
(49) Kutoglu, A., *Z. Kristallogr.* **1992**, *199*, 197-201.
(50) Chandross, R., *Acta Crystallogr.* **1964**, *17*, 1477-1478.
(51) *Am. Mineral.* **1989**, *74*, 504.
(52) Dambournet, D.; Demourgues, A.; Martineau, C.; Durand, E.; Majimel, J.; Legein, C.; Buzaré, J.-Y.; Fayon, F.; Vimont, A.; Leclerc, H.; Tressaud, A., *Chem. Mater.* **2008**, *20*, 7095-7106.
(53) Harvey, H. G.; Attfield, M. P., *Solid State Sci.* **2006**, *8*, 404-412.
(54) Loiseau, T.; Ferey, G., *J. Fluorine Chem.* **2007**, *128*, 413-422.

(55) Chakraborty, D.; Horchler, S.; Roesky, H. W.; Noltemeyer, M.; Schmidt, H. G., *Inorg. Chem.* **2000**, *39*, 3995-3998.
(56) Flagg, E. E.; Schmidt, D. L., *J. Polym. Sci. Pol. Chem.* **1984**, *22*, 2329-2343.
(57) Singh, S.; Roesky, H. W., *J. Fluorine Chem.* **2007**, *128*, 369-377.
(58) Dimitrov, A.; Heidemann, D.; Kemnitz, E., *Inorg. Chem.* **2006**, *45*, 10807-10814.
(59) Gonsior, M.; Krossing, I., *Dalton T.* **2005**, 1203-1213.
(60) Groß, U.; Müller, D.; Kemnitz, E., *Angew. Chem. Int. Edit.* **2003**, *42*, 2626-2629.
(61) Ahrens, M.; Scholz, G.; Kemnitz, E., *J. Fluorine Chem.* **2009**, *130*, 383-388.
(62) Müller, D.; Bentrup, U., *Z. Anorg. Allg. Chem.* **1989**, *575*, 17-25.
(63) Daniel, P.; Bulou, A.; Rousseau, M.; Nouet, J.; Fourquet, J. L.; Leblanc, M.; Burriel, R., *J. Phys-Condens Mat.* **1990**, *2*, 5663-5677.
(64) Chupas, P. J.; Ciraolo, M. F.; Hanson, J. C.; Grey, C. P., *J. Am. Chem. Soc.* **2001**, *123*, 1694-1702.
(65) Herron, N.; Farneth, W. E., *Adv. Mater.* **1996**, *8*, 959-968.
(66) Kimura, K.; Satoh, N., *Chem. Lett.* **1989**, 271-274.
(67) Satoh, N.; Kimura, K., *J. Am. Chem. Soc.* **1990**, *112*, 4688-4692.
(68) Dirken, P. J.; Jansen, J. B. H.; Schuiling, R. D., *Am. Mineral.* **1992**, *77*, 718-724.
(69) Chupas, P. J.; Corbin, D. R.; Rao, V. N. M.; Hanson, J. C.; Grey, C. P., *J. Phys. Chem. B* **2003**, *107*, 8327-8336.
(70) Taulelle, F.; Pruski, M.; Amoureux, J. P.; Lang, D.; Bailly, A.; Huguenard, C.; Haouas, M.; Gerardin, C.; Loiseau, T.; Ferey, G., *J. Am. Chem. Soc.* **1999**, *121*, 12148-12153.
(71) Dumas, E.; Taulelle, F.; Ferey, G., *Solid State Sci.* **2001**, *3*, 613-621.
(72) Simon, N.; Guillou, N.; Loiseau, T.; Taulelle, F.; Ferey, G., *J. Solid State Chem.* **1999**, *147*, 92-98.
(73) Harvey, H. G.; Teat, S. J.; Attfield, M. P., *J. Mater. Chem.* **2000**, *10*, 2632-2633.
(74) Harvey, H. G.; Teat, S. J.; Tang, C. C.; Cranswick, L. M.; Attfield, M. P., *Inorg. Chem.* **2003**, *42*, 2428-2439.
(75) Attfield, M. P.; Harvey, H. G.; Teat, S. J., *J. Solid State Chem.* **2004**, *177*, 2951-2960.
(76) Harvey, H. G.; Slater, B.; Attfield, M. P., *Chem-Eur. J.* **2004**, *10*, 3270-3278.
(77) Attfield, M. P.; Mendieta-Tan, C.; Yuan, Z. H.; Clegg, W., *Solid State Sci.* **2008**, *10*, 1124-1131.
(78) Allouche, L.; Taulelle, F., *Chem. Commun.* **2003**, 2084-2085.
(79) Fischer, L.; Harle, V.; Kasztelan, S.; de la Caillerie, J. B. D., *Solid State Nucl. Magn. Reson.* **2000**, *16*, 85-91.
(80) Decanio, E.; Bruno, J. W.; Nero, V. P.; Edwards, J. C., *J. Catal.* **1993**, *140*, 84-102.
(81) Xu, M. C.; Wang, W.; Seiler, M.; Buchholz, A.; Hunger, M., *J. Phys. Chem. B* **2002**, *106*, 3202-3208.
(82) Nordin, J. P.; Sullivan, D. J.; Phillips, B. L.; Casey, W. H., *Geochim. Cosmochim. Ac.* **1999**, *63*, 3513-3524.
(83) Borade, R. B.; Clearfield, A., *J. Chem. Soc. Faraday T* **1995**, *91*, 539-547.
(84) Kao, H. M.; Liao, Y. C., *J. Phys. Chem. C* **2007**, *111*, 4495-4498.
(85) Lacassagne, V.; Bessada, C.; Florian, P.; Bouvet, S.; Ollivier, B.; Coutures, J. P.; Massiot, D., *J. Phys. Chem. B* **2002**, *106*, 1862-1868.
(86) Robert, E.; Lacassagne, V.; Bessada, C.; Massiot, D.; Gilbert, B.; Coutures, J. P., *Inorg. Chem.* **1999**, *38*, 214-217.
(87) Bureau, B.; Silly, G.; Buzaré, J. Y.; Emery, J., *Chem. Phys.* **1999**, *249*, 89-104.
(88) Body, M.; Silly, G.; Legein, C.; Buzaré, J. Y., *Inorg. Chem.* **2004**, *43*, 2474-2485.
(89) Martineau, C.; Body, M.; Legein, C.; Silly, G.; Buzare, J. Y.; Fayon, F., *Inorg. Chem.* **2006**, *45*, 10215-10223.

Literaturverzeichnis

(90) Body, M.; Silly, G.; Legein, C.; Buzaré, J. Y., *J. Phys. Chem. B* **2005**, *109*, 10270-10278.
(91) Body, M.; Legein, C.; Buzaré, J.-Y.; Silly, G., *Eur. J. Inorg. Chem.* **2007**, *14*, 1980-1988.
(92) Body, M.; Silly, G.; Legein, C.; Buzaré, J. Y.; Calvayrac, F.; Blaha, P., *Chem. Phys. Lett.* **2006**, *424*, 321-326.
(93) Liu, Y.; Tossell, J., *J. Phys. Chem. B* **2003**, *107*, 11280-11289.
(94) König, R., Magnetresonanzuntersuchungen zur Ausbildung lokaler Strukturen bei der Sol - Gel- Synthese von Aluminiumalkoxidfluorid. Diplomarbeit, Humboldt-Universität zu Berlin, Berlin, 2006.
(95) de Lacaillerie, J. B. D.; Fretigny, C.; Massiot, D., *J. Magn. Reson.* **2008**, *192*, 244-251.
(96) Neuville, D. R.; Cormier, L.; Massiot, D., *Geochim. et Cosmochim. Acta* **2004**, *68*, 5071-5079.
(97) Johnson, R. L.; Siegel, B., *Nature* **1966**, *210*, 1256-1257.
(98) Yesinowski, J. P.; Eckert, H.; Rossman, G. R., *J. Am. Chem. Soc.* **1988**, *110*, 1367-1375.
(99) König, R.; Scholz, G.; Pawlik, A.; Jäger, C.; van Rossum, B.; Oschkinat, H.; Kemnitz, E., *J. Phys. Chem. C* **2008**, *112*, 15708-15720.
(100) Brunner, E.; Karge, H. G.; Pfeifer, H., *Z. Phys. Chem.* **1992**, *176*, 173-183.
(101) Dambournet, D.; Demourgues, A.; Martineau, C.; Durand, E.; Majimel, J.; Vimont, A.; Leclerc, H.; Lavalley, J.-C.; Daturi, M.; Legein, C.; Buzare, J. Y.; Fayon, F.; Tressaud, A., *J. Mater. Chem.* **2008**, 2483-2492.
(102) Xue, X.; Kanzaki, M., *J. Phys. Chem. B* **2007**, *111*, 13156-13166.
(103) Dambournet, D.; Demourgues, A.; Martineau, C.; Majimel, J.; Feist, M.; Legein, C.; Buzare, J.-Y.; Fayon, F.; Tressaud, A., *J. Phys. Chem. C* **2008**, *112*, 12374-12380.
(104) Weller, M. T.; Brenchley, M. E.; Apperley, D. C.; Davies, N. A., *Solid State Nucl. Magn. Reson.* **1994**, *3*, 103-106.
(105) Kao, H. M.; Chang, P. C., *J. Phys. Chem. B* **2006**, *110*, 19104-19107.
(106) Rosenberg, P. E., *Canad. Mineral.* **2006**, *44*, 125-134.
(107) Brinker, C. J.; Scherer, G. W., in *SOL-GEL SCIENCE. The Physics and Chemistry of Sol-Gel Processing.* Academic Press Inc: San Diego, 1990.
(108) Rüdiger, S.; Groß, U.; Kemnitz, E., *J. Fluorine Chem.* **2007**, *128*, 353-368.
(109) Wuttke, S.; Lehmann, A.; Scholz, G.; Feist, M.; Dimitrov, A.; Troyanov, S. I.; Kemnitz, E., *Daton T.* **2009**, zur Publikaton akzeptiert.
(110) Yoldas, B. E., *J. Mater. Sci.* **1977**, *12*, 1203-1208.
(111) Nazar, L. F.; Klein, L. C., *J. Am. Ceram. Soc.* **1988**, *71*, C85-C87.
(112) Amini, M. M.; Mehraban, Z. S.; Sabounchei, S. J. S., *Mater. Chem. Phys.* **2002**, *78*, 81-87.
(113) Kureti, S.; Weisweiler, W., *J. Non-Cryst. Solids* **2002**, *303*, 253-261.
(114) Zhang, L.; Eckert, H., *Solid State Nucl. Magn. Reson.* **2004**, *26*, 132-146.
(115) Devreux, F.; Boilot, J. P.; Chaput, F.; Lecomte, A., *Phys. Rev. A* **1990**, *41*, 6901-6909.
(116) Malier, L.; Boilot, J. P.; Chaput, F.; Devreux, F., *Phys. Rev. A* **1992**, *46*, 959-962.
(117) Pozarnsky, G. A.; McCormick, A. V., *J. Mater. Chem.* **1994**, *4*, 1749-1753.
(118) Giammatteo, P. J.; Hellmuth, W. W.; Ticehurst, F. G.; Cope, P. W., *J. Magn. Reson.* **1987**, *71*, 147-150.
(119) Gay, I. D., *J. Magn. Reson.* **1984**, *58*, 413-420.
(120) Geschke, D.; Quillfeldt, E., *J. Magn. Reson.* **1985**, *65*, 326-331.
(121) Carpenter, T. A.; Klinowski, J.; Tennakoon, D. T. B.; Smith, C. J.; Edwards, D. C., *J. Magn. Reson.* **1986**, *68*, 561-563.

(122) Ford, W. T.; Mohanraj, S.; Hall, H.; Odonnell, D. J., *J. Magn. Reson.* **1985**, *65*, 156-158.
(123) König, R.; Scholz, G.; Kemnitz, E., *Solid State Nucl. Magn. Reson.* **2007**, *32*, 78-88.
(124) Grimmer, A. R.; Kretschmer, A.; Cajipe, V. B., *Magn. Reson. Chem.* **1997**, *35*, 86-90.
(125) Langer, B.; Schnell, L.; Spiess, H. W.; Grimmer, A. R., *J. Magn. Reson.* **1999**, *138*, 182-186.
(126) Goepper, M.; Guth, J. L., *Zeolites* **1991**, *11*, 477-482.
(127) Quarterman, L.; Katz, J. J.; Hyman, H. H., *J. Phys. Chem.* **1961**, *65*, 90-93.
(128) Bucsi, I.; Torok, B.; Marco, A. I.; Rasul, G.; Prakash, G. K. S.; Olah, G. A., *J. Am. Chem. Soc.* **2002**, *124*, 7728-7736.
(129) Sukhoverkhov, V. F.; Buslov, D. K.; Sushko, N. I.; Tarakanova, E. G.; Yukhnevich, G. V., *Russ. Chem. B.* **2002**, *51*, 90-95.
(130) Abraham, A.; Prins, R.; van Bokhoven, J. A.; van Eck, E. R. H.; Kentgens, A. P. M., *J. Phys. Chem. B* **2006**, *110*, 6553-6560.
(131) König, R.; Scholz, G.; Thong, N. H.; Kemnitz, E., *Chem. Mater.* **2007**, *19*, 2229-2237.
(132) Kriz, O.; Casensky, B.; Lycka, A.; Fusek, J.; Hermanek, S., *J. Magn. Reson.* **1984**, *60*, 375-381.
(133) Parente, V.; Bredas, J. L.; Dubois, P.; Ropson, N.; Jerome, R., *Macromol. Theor. Simul.* **1996**, *5*, 525-546.
(134) Ropson, N.; Dubois, P.; Jerome, R.; Teyssie, P., *Macromolecules* **1993**, *26*, 6378-6385.
(135) Dubois, P.; Ropson, N.; Jerome, R.; Teyssie, P., *Macromolecules* **1996**, *29*, 1965-1975.
(136) Shiner, V. J. J.; Whittaker, D.; Fernande, V. P., *J. Am. Chem. Soc.* **1963**, *85*, 2318-2322.
(137) Turova, N. Y.; Kozunov, V. A.; Yanovskii, A. I.; Bokii, N. G.; Struchkov, Y. T.; Tarnopolskii, B. L., *J. Inorg. Nucl. Chem.* **1979**, *41*, 5-11.
(138) Folting, K.; Streib, W. E.; Caulton, K. G.; Poncelet, O.; Hubertpfalzgraf, L. G., *Polyhedron* **1991**, *10*, 1639-1646.
(139) Massiot, D.; Bessada, C.; Coutures, J. P.; Taulelle, F., *J. Magn. Reson.* **1990**, *90*, 231-242.
(140) Turova, N. Y.; Turevskaya, E. P.; Kessler, V. G.; Yanovskaya, M. I., in *The chemistry of Metal Alkoxides* Kluwer Academic Publishers: Boston, 2002.
(141) Matwiyoff, N. A.; Wageman, W. E., *Inorg. Chem.* **1970**, *9*, 1031-1036.
(142) Petrosyants, S. P.; Buslaeva, E. R., *Zh. Neorg. Khim.* **1988**, *33*, 328-333.
(143) Bodor, A.; Toth, I.; Banyai, I.; Szabo, Z.; Hefter, G. T., *Inorg. Chem.* **2000**, *39*, 2530-2537.
(144) Martinez, E. J.; Girardet, J. L.; Morat, C., *Inorg. Chem.* **1996**, *35*, 706-710.
(145) siehe auch IR-Datenbank unter: www.aist.go.jp.
(146) Krahl, T.; Stößer, R.; Kemnitz, E.; Scholz, G.; Feist, M.; Silly, G.; Buzaré, J. Y., *Inorg. Chem.* **2003**, *42*, 6474-6483.
(147) Herron, N.; Thorn, D. L.; Harlow, R. L.; Davidson, F., *J. Am. Chem. Soc.* **1993**, *115*, 3028-3029.
(148) Delmotte, L.; Soulard, M.; Guth, F.; Seive, A.; Lopez, A.; Guth, J. L., *Zeolites* **1990**, *10*, 778-783.
(149) Guth, J. L.; Delmotte, L.; Soulard, M.; Brunard, N.; Joly, J. F.; Espinat, D., *Zeolites* **1992**, *12*, 929-935.
(150) Massiot, D.; Fayon, F.; Capron, M.; King, I.; Le Calve, S.; Alonso, B.; Durand, J. O.; Bujoli, B.; Gan, Z. H.; Hoatson, G., *Magn. Reson. Chem.* **2002**, *40*, 70-76.

(151) König, R.; Scholz, G.; Kemnitz, E., *J. Phys. Chem. C* **2009**, *113*, 6426-6438.
(152) Stößer, R.; Scholz, G.; Buzaré, J. Y.; Silly, G.; Nofz, M.; Schultze, D., *J. Am. Ceram. Soc.* **2005**, *88*, 2913-2922.
(153) Kohn, S. C.; Dupree, R.; Mortuza, M. G.; Henderson, C. M. B., *Am. Mineral.* **1991**, *76*, 309-312.
(154) Pawlik, A.; König, R.; Scholz, G.; Kemnitz, E.; Jäger, C., **2009**, in Vorbereitung.
(155) Koch, J., Untersuchungen zum Einfluß von Pyridin bei der Sol-Gel-Synthese von HS-AlF3 und phosphonsäure-modifiziertem Aluminiumfluorid. Diplomarbeit, Humboldt-Universität zu Berlin, Berlin, 2008.
(156) Dimitrov, A.; Koch, J.; Troyanov, S.; Kemnitz, E., **2009**, *Publikation in Vorbereitung*.
(157) Loiseau, T.; Muguerra, H.; Marrot, J.; Ferey, G.; Haouas, M.; Taulelle, F., *Inorg. Chem.* **2005**, *44*, 2920-2925.
(158) Eltanany, G., Sol-Gel Synthesis and Properties of Nanoscopic Aluminum Fluoride. Dissertation, Humboldt-Universität zu Berlin, Berlin, 2007.
(159) Eltanany, G.; Rüdiger, S.; Kemnitz, E., *J. Mater. Chem.* **2008**, *18*, 2268-2275.
(160) Nickkho-Amiry, M.; Eltanany, G.; Wuttke, S.; Rüdiger, S.; Kemnitz, E.; Winfield, J. M., *J. Fluorine Chem.* **2008**, *129*, 366-375.
(161) Wuttke, S.; Emmerling, F.; Kemnitz, E., unveröffentlichte Ergebnisse.
(162) Eckert, H.; Yesinowski, J. P.; Silver, L. A.; Stolper, E. M., *J. Phys. Chem.* **1988**, *92*, 2055-2064.
(163) Leofanti, G.; Padovan, M.; Tozzola, G.; Venturelli, B., *Catal. Today* **1998**, *41*, 207-219.
(164) Kiczenski, T. J.; Stebbins, J. F., *J. Non-Cryst. Solids* **2002**, *306*, 160-168.
(165) Scholz, G.; Kemnitz, E., *Solid State Sci.* **2009**, *11*, 676-682.
(166) Scholz, G.; Dörfel, I.; Heidemann, D.; Feist, M.; Stößer, R., *J. Solid State Chem.* **2006**, *179*, 1119-1128.
(167) Scheurell, K.; Scholz, G.; Pawlik, A.; Kemnitz, E., *Solid State Sci.* **2008**, *10*, 873-883.
(168) Krahl, T.; Kemnitz, E., *Angew. Chem. Int. Edit.* **2004**, *43*, 6653-6656.
(169) Chupas, P. J.; Grey, C. P., *J. Catal.* **2004**, *224*, 69-79.
(170) Böse, O.; Unger, W. E. S.; Kemnitz, E.; Schroeder, S. L. M., *Phys. Chem. Chem. Phys.* **2002**, *4*, 2824-2832.
(171) Lehmbacher, K. R., Metallalkoxide als Precursoren für Metalloxide. Dissertation, Technische-Universität München, München, 2004.
(172) Turek, W.; Haber, J.; Krowiak, A., *Appl. Surf. Sci.* **2005**, *252*, 823-827.
(173) Hasan, M. A.; Zaki, M. I.; Pasupulety, L., *J. Mol. Catal. a-Chem.* **2002**, *178*, 125-137.
(174) Wuttke, S.; Coman, S. M.; Scholz, G.; Kirmse, H.; Vimont, A.; Daturi, M.; Schroeder, S. L. M.; Kemnitz, E., *Chem.- Eur. J.* **2008**, *14*, 11488-11499.
(175) Kline, C. H.; Turkevich, J., *J. Chem. Phys.* **1944**, *12*, 300-309.
(176) Oliviero, L.; Vimont, A.; Lavalley, J. C.; Sarria, F. R.; Gaillard, M.; Mauge, F., *Phys. Chem. Chem. Phys.* **2005**, *7*, 1861-1869.
(177) Gowland, J. A.; Mcclelland, R. A., *Can. J. Chem.* **1979**, *57*, 2140-2144.
(178) Kemnitz, E.; Hess, A.; Rother, G.; Troyanov, S., *J. Catal.* **1996**, *159*, 332-339.
(179) Hess, A.; Kemnitz, E., *J. Catal.* **1994**, *149*, 449-457.
(180) Cory, D. G.; Ritchey, W. M., *J. Magn. Reson.* **1988**, *80*, 128-132.
(181) Amoureux, J.-P., *UCCS, CNRS-8181, Lille, France*.
(182) JCPDS-ICDD, *International Centre for Diffraction Data: PDF-2 Database (Sets 1–51 plus 70–89). PA 19073-3273 U.S.A., Release 2001. – PCPDFWIN Version 2.2.*
(183) Rodriguez-Carvajal, J., *FULLPROF version January 2006, ILL (unpublished).*

Anhang

10. ANHANG

10.1. VERWENDETE PULSPROGRAMME UND PARAMETER

**Alle angegebenen Werte beziehen sich auf Pulsprogramme, genutzt am 9.4 T-Gerät.
Für einige Werte ist eine Umrechnung mit Angabe der Frequenzen der lokal applizierten Felder gegeben in Ref. [151].**

Single pulse, zg
```
# 1 "C:/Bruker/XWIN-NMR/exp/stan/nmr/lists/pp/zg"
# 1 "C:/Bruker/XWIN-NMR/exp/stan/nmr/lists/pp/zg"
;zg
;avance-version (00/02/07)
;1D sequence
# 1 "C:/Bruker/XWIN-NMR/exp/stan/nmr/lists/pp/Avance.incl" 1
;Avance2.incl
;   for 1
;
;version 00/07/27
;use 2H channel for lock or pulse (lockswitch)
;allow for 2H decoupling (lockswitch)
;turn lock-hold on/off (BSMS)
;switch between 1H or 19F output (H amplifier)
;select output for 19F (amplifier)
;homospoil on/off (BSMS)
;for Q-switch probes
;for mixing probe
;gating pulse for RX22, ADC and HPPR
;generate dwell clock
;blank/unblank receiver path
;turn dwell clock on/off
;$Id: Avance2.incl,v 1.5 2000/08/16 13:26:55 ber Exp $
# 6 "C:/Bruker/XWIN-NMR/exp/stan/nmr/lists/pp/zg" 2

1 ze
2 d1
  p1 ph1
  go=2 ph31
  wr #0
exit

ph1=0 2 2 0 1 3 3 1
ph31=0 2 2 0 1 3 3 1

;pl1 : f1 channel - power level for pulse (default)
;p1  : f1 channel -  high power pulse
;d1  : relaxation delay; 1-5 * T1

;$Id: zg,v 1.6 2000/05/08 11:41:13 eng Exp $
```

typische Parameter (2.5 mm):
^{27}Al: d1 = 0.5 – 2 s; p1 = 1 µs, pl1 = 6 dB

depth
```
# 1 "C:/Bruker/XWIN-NMR/exp/stan/nmr/lists/pp/depth"
# 1 "C:/Bruker/XWIN-NMR/exp/stan/nmr/lists/pp/depth"
;depth
;avance-version (00/02/07)
;1D sequence

"p2=p1*2"

1 ze
2 d1
  p1 ph1
  p2 ph2
  p2 ph3
  go=2 ph31
  wr #0
exit

ph1= 0 3 2 1 0 3 2 1 2 1 0 3 2 1 0 3
ph2= 0 3 3 2 2 1 1 0 2 1 1 0 0 3 3 2
```

213

Anhang

```
ph3= 0 1 3 0 0 1 3 0 3 0 0 1 3 0 0 1
ph31=0 3 2 1


;pl1 : f1 channel - power level for pulse (default)
;p1  : f1 channel -  high power pulse
;d1  : relaxation delay; 1-5 * T1
;NS: 1 * n, total number of scans: NS * TD0
```

typische Parameter (2.5 mm):
^{19}F: d1 = 3 – 30 s; p1 = 2.0 µs, pl1 = 1.4 dB
^{1}H: d1 = 3 – 20 s; p1 = 2.2 µs, pl1 = 2 dB

spin echo (decay)
```
# 1 "C:/Bruker/XWIN-NMR/exp/stan/nmr/lists/pp/CJrsecho-nodec"
# 1 "C:/Bruker/XWIN-NMR/exp/stan/nmr/lists/pp/CJrsecho-nodec"
;CJrsecho-nodec
;rs echo detection on X without decoupling
;always a single loop l8 there

;p1: 90 degree pulse F1
;pl1: F1 pulse power
;p2: 180 degree pulse F1
;p8: saturation pulses at pl1
;d8: saturation delay
;l8: number of saturation loops
;l31: MAS frequency
;d31: rotor cycle, for prrot-test and additional echo delays
;l0: number of add. rotor periods for echo
;d1: recycle delay
;d5: set to 2s if d1<s, else 10m
;$OWNER=pawlik
"d31=1s/l31"
"d6=1s/l31-p1/2-p2/2-1u"
"d7=1s/l31-p2/2-de+11u"
1       ze
        10m pl1:f1
2       d5
;#include <aq_prot.incl>
;#include <l31_prot.incl>
;#include <echod7_prot.incl>
;#include <echod6_prot.incl>
3       d8
        (p8 ph0):f1
        lo to 3 times l8
        d1
        (p1 ph1):f1
        1u
        d6
4       d31
        lo to 4 times l0
    (p2 ph2):f1
5       d31
        lo to 5 times l0
        d7
        go=2 ph31
        1m
        10m wr #0
        10m ze
HaltAcqu, 1m
exit

ph0=0
ph1= 0 0 1 1 2 2 3 3 1 1 2 2 3 3 0 0
ph2= 1 3 2 0 3 1 0 2
ph31= 0 0 1 1 2 2 3 3 3 3 0 0 1 1 2 2
```

typische Parameter (2.5 mm):
^{19}F: d1 = 3 – 30 s; p1 = 3.7 µs, pl1 = 6 dB, p2 = 7.4 µs, L31:1 - 100
^{1}H: d1 = 3 – 20 s; p1 = 2.5 µs, pl1 = 2 dB, p2 = 5.0 µs

CP MAS
```
# 1 "C:/Bruker/XWIN-NMR/exp/stan/nmr/lists/pp/cp.ulan"
# 1 "C:/Bruker/XWIN-NMR/exp/stan/nmr/lists/pp/cp.ulan"
;cp.av basic cp experiment
;written by HF 1.3.2001
;set: p3 proton 90 at power level pl12
```

Anhang

```
;cpdprg2 cw, tppm (at pl12), or lgs, cwlg. cwlgs (LG-decoupling
;here pl13 is used instead of pl12)
;d1 :recycle delay
;p3 :f2 90 deg pulse at pl12
;p15 :contact time at pl1 (f1) and pl2 (f2)
;p31 :pulse interval for CPD
;pl1 :f1 power level for CP
;pl2 :f2 power level for CP
;pl12 :f2 power level for 90 deg + decoupling
;pl13 :f2 power level in case of LG decoupling
;cnst20 :decoupling RF field in Hz
;cnst24 :additional LG-offset

# 1 "C:/Bruker/XWIN-NMR/exp/stan/nmr/lists/pp/lgcalc.incl" 1
"cnst21=0"                      ;make sure cp ist done with proton freq.
                                ;set by O2
"cnst22=cnst20/sqrt(2)+cnst24"                  ;cnst20=desired RF field in Hz
"cnst23=-cnst20/sqrt(2)+cnst24"         ;negative offset is cnst23

"p5=((294/360)/(cnst20))*1e6"   ;calculate 294 degree pulse from cnst20
"p6=p5-.4u"                     ;calculate correction for cpd=cwlgs
# 18 "C:/Bruker/XWIN-NMR/exp/stan/nmr/lists/pp/cp.ulan" 2

"p30=p31-0.4u"
# 1 "C:/Bruker/XWIN-NMR/exp/stan/nmr/lists/pp/trigg.incl" 1
# 20 "C:/Bruker/XWIN-NMR/exp/stan/nmr/lists/pp/cp.ulan" 2
                                ;10 usec trigger pulse at TCU connector I cable 6
# 1 "C:/Bruker/XWIN-NMR/exp/stan/nmr/lists/pp/Avancesolids.incl" 1
;Avancesolids.incl
;   for 1
;
;version 1 28.2.2001, written by HF
;switch between 1H or 19F output (H amplifier)
;gating pulse for RX22, ADC and HPPR
;generate dwell clock
;blank/unblank receiver path
;turn dwell clock on/off
;define data sampling for WAHUHA type experiments
;explicit transmitter blanking
;$Id: Avancesolids.incl,v 1.1.2.1 2001/10/22 15:46:58 eng Exp $
# 23 "C:/Bruker/XWIN-NMR/exp/stan/nmr/lists/pp/cp.ulan" 2
1 ze                            ;accumulate into an empty memory
2 d1 do:f2                      ;recycle delay, decoupler off in go-loop
# 1 "C:/Bruker/XWIN-NMR/exp/stan/nmr/lists/pp/prp15.prot" 1
;prp15.prot
; Test the rf on-time and duty cycle
;protect against too long contact time
1m
if "p15<10.1m" goto Passp15
print "contact time exceeds 10msec limit!"
goto HaltAcqu
Passp15, 1m
# 30 "C:/Bruker/XWIN-NMR/exp/stan/nmr/lists/pp/cp.ulan" 2
                    ;make sure p15 does not exceed 10 msec
                    ;let supervisor change this pulseprogram if
                    ;more is needed
;#include <praq.prot>
                    ;allows max. 50 msec acquisition time, supervisor
                    ;may change  to max. 1s at less than 5 % duty cycle
                    ;and reduced decoupling field
  1u fq=cnst21:f2
  10u pl12:f2 pl1:f1  ;preselect pl12 drive power for F2, pl1 for F1
  6u setnmr4|31 \n 4u setnmr4^31            ;trigger for scope, 10 usec
  3u setfrtp2|1 setfrtp1|1
  p3:f2 ph1          ;proton 90 pulse
  0.3u
  (p15 ph2):f1 (p15:spf0 pl2 ph10):f2       ;contact pulse with square or ramp
                     ;shape on F2, at pl2 proton power level

  1u cpds2:f2        ;pl12 is used here with tppm, pl13 with cwlg, cwlgs
  3u setfrtp1^1
  go=2 ph31          ;select appropriate decoupling sequence, cw or
                     ;tppm, both executed at power level 12, or lgs
                     ;executed at power level pl13
  1m do:f2           ;decoupler off
  wr #0              ;save data to disk
HaltAcqu, 1m         ;jump address for protection files
exit                 ;quit

ph0= 0
ph1= 1 3
ph2= 0 0 2 2 1 1 3 3
ph10= 0
ph31= 0 2 2 0 1 3 3 1
```

215

Anhang

typische Parameter (4 mm):
$^1H \rightarrow {}^{13}C$: d1 = 3 – 10 s; p1 = 5.0 µs, pl1 = 11 dB, pl2 = 10 dB, p15:1 - 5 ms; p3 = 2.7 µs; pl12 = 5.8 dB
$^{19}F \rightarrow {}^{13}C$: d1 = 3 – 10 s; p1 = 3.2 µs, pl1 = 6 dB, pl2 = 7.5 dB, p15:6 ms, p3 = 2.2 µs; pl12 = 6 dB
(2.5 mm):
$^{19}F \rightarrow {}^{27}Al$: d1 = 3 – 10 s; p1 = 1.0 µs, pl1 = 1.5 dB, pl2 = 2 dB, p15:300 µs, p3 = 2 µs; pl12 = 1.4 dB

Entkopplung
```
# 1 "C:/Bruker/XWIN-NMR/exp/stan/nmr/lists/pp/hpdec.av"
# 1 "C:/Bruker/XWIN-NMR/exp/stan/nmr/lists/pp/hpdec.av"
;hpdec.av
;acquisition on X with hp proton decoupling


"p30=p31-0.4u"
1 ze                  ;set RCU to replace mode
2 d1 do:f2               ;recycle delay
  (p1 ph1):f1         ;transmitter pulse on F1 with power level pl1
  1u cpds2:f2         ;use cpdprg2 cw or tppm at power pl12
  go=2 ph31    ;make sure the adc is finished, turn decoupling off
  1m do:f2
  wr #0               ;save data in current data set
exit
ph0= 0                ;constant phase for acquisition
ph1= 0 1 2 3          ;simple pulse phase list
ph31=0 1 2 3          ;signal routing corresponds to pulse phase list
```

typische Parameter (2.5 mm):
$^{27}Al\{^{19}F\}$: d1 = 3 – 10 s; p1 = 1.0 µs, pl1 = 6 dB, pl12 = 2 dB

Spinaustausch NMR
```
# 1 "C:/Bruker/XWIN-NMR/exp/stan/nmr/lists/pp/CJ2Dexsy"
# 1 "C:/Bruker/XWIN-NMR/exp/stan/nmr/lists/pp/CJ2Dexsy"
;CJ2Dexsy TPPI
;transfer BAM Alf Pawlik HU (abgetippt Rene Koenig) Nov 2007

;p1 : pi/2 at pl1
;d5 : mixing time
;d8 : Vorsaettigung
;d0 : Inkrement

# 1 "mc_line 9 file C:/Bruker/XWIN-NMR/exp/stan/nmr/lists/pp/CJ2Dexsy expanding definition
part of mc command before ze"
; dimension 2 aq-mode (F2) undefined (F1) States
define delay MCWRK
define delay MCREST
define loopcounter ST1CNT
"ST1CNT = td1 / ( 2 ) "
"MCWRK  = 0.500000 *   10m"
"MCREST =  10m -    10m"
# 9 "C:/Bruker/XWIN-NMR/exp/stan/nmr/lists/pp/CJ2Dexsy"
1 10m ze
# 1 "mc_line 10 file C:/Bruker/XWIN-NMR/exp/stan/nmr/lists/pp/CJ2Dexsy expanding start label
for mc command"
2       MCWRK   pl1:f1
LBLSTS1,        MCWRK
LBLF1,          MCREST
# 11 "C:/Bruker/XWIN-NMR/exp/stan/nmr/lists/pp/CJ2Dexsy"
3 d8
   (p8 ph0):f1
   lo to 3 times 18
         1m
4 d1
   (p1 ph1):f1
   d0
   (p1 ph2):f1
   d5
   (p1 ph3):f1
   go=2 ph31
# 1 "mc_line 22 file C:/Bruker/XWIN-NMR/exp/stan/nmr/lists/pp/CJ2Dexsy expanding mc command in
line "
   MCWRK  wr #0 if #0 zd    ip1
   lo to LBLSTS1 times 2
   MCWRK  rp1 id0
   lo to LBLF1 times ST1CNT
# 23 "C:/Bruker/XWIN-NMR/exp/stan/nmr/lists/pp/CJ2Dexsy"

exit
ph0=0
```

Anhang

```
ph1=0 2
ph2=0 0 2 2
ph3=0 0 0 0 1 1 1 1 2 2 2 2 3 3 3 3
ph31=0 2 2 0 1 3 3 1 2 0 0 2 3 1 1 3
```

typische Parameter (2.5 mm):
^{19}F: d1 = 3 – 10 s; p1 = 2.0 µs, pl1 = 1.4 dB, d5 = 10 µs – 10 ms

^{27}Al 3QMAS

```
# 1 "C:/Bruker/XWIN-NMR/exp/stan/nmr/lists/pp/CJmqmas3states"
# 1 "C:/Bruker/XWIN-NMR/exp/stan/nmr/lists/pp/CJmqmas3states"
;CJmqmas3states
;triple quantum mas of quadrupol nuclei using States method

;set FnMODE : States
;set MC2 : States


;p1  : 7us ... 14us
;p2  : about 2us optimize in 1D experiment
;p3  : selective long CT 90 degree pulse
;pl11 : hard pulse power fpr p1, p2
;pl21 : soft pulse power for p3
;d5  : z-filter delay (typ. 10 ... 50us)
;l10 : =TD1/2

1       30m ze

; - - - ACQUISITION OF COSINE COMPONENT

2       2u
        d1 pl11:f1
        (p1 ph1):f1
; - - - - - - - - - - - - - - - - - - - - - -
        d0                      ;t1-increment
; - - - - - - - - - - - - - - - - - - - - - -
        (p2 ph2):f1
        1u
        d5 pl21:f1              ;switch to low power for selective pulse
        (p3 ph3):f1             ;Auslesepuls
        go=2 ph31
        30m wr #0 if #0
        30m ze

; - - - ACQUISITION OF SINE COMPONENT
12      2u
        d1 pl11:f1              ;switch to high power
        (p1 ph10):f1
; - - - - - - - - - - - - - - - - - - - - - -
        d0                      ;t1-increment
; - - - - - - - - - - - - - - - - - - - - - -
        (p2 ph2):f1
        1u
        d5 pl21:f1              ;switch to low power
        (p3 ph3):f1
        go=12 ph31
        30m wr #0 if #0
        30m id0
        30m ze
        lo to 2 times l10
exit
; - - - - - - - - - - - - - - - - - - - - - -
        ph0 = 0
        ph1 = (12) 0 2 4 6 8 10   ;for generation of the cosine component in 60 degree steps
        ph2 = 0
        ph3 = 0 0 0 0 0 0 2 2 2 2 2 2 1 1 1 1 1 1 3 3 3 3 3 3
        ph10= (12) 1 3 5 7 9 11   ; for generation of the sine component
                                  ;30 degree shift to cosine because of triple quantum
        ph31 = 0 2 0 2 0 2  2 0 2 0 2 0  1 3 1 3 1 3  3 1 3 1 3 1
```

typische Parameter (2.5 mm):
^{27}Al: d1 = 1-3 s; p1 = 4.0 µs, p2 = 1.5 µs, pl1 = 0dB, p3 = 9.5 µs, pl21 = 20 dB

217

Anhang

^{19}F-^{27}Al HETCOR

```
# 1 "C:/Bruker/XWIN-NMR/exp/stan/nmr/lists/pp/cjwise"
# 1 "C:/Bruker/XWIN-NMR/exp/stan/nmr/lists/pp/cjwise"
;CJwise
;F2-F1 HETCOR mit CP


;set: p3 proton 90 at power level pl12
;p15 : contact time at pl1 (f1) and pl2 (f2)
;for cpdprg2 cw, tppm (at pl12),

;d1 : recycle delay
;pl1 : X power level
;pl2 : proton contact power level
;p3 : H 90 degree pulse
;p8 : X 90 for saturation at pl1
;d8 ; delay for saturation
;spnam0 : file name for variable amplitude CP
;pl12 : H 90 (and dec., if not pl13)
;cpdprg2 : sequence used for decoupling (tppm15, cw, etc.)
;p31 : pulse length in decoupling sequence
;pl13 : e.g. used in tppm13

;#include <tppm.incl>

# 1 "mc_line 23 file C:/Bruker/XWIN-NMR/exp/stan/nmr/lists/pp/cjwise expanding definition part
of mc command before ze"
; dimension 2 aq-mode (F2) undefined (F1) States
define delay MCWRK
define delay MCREST
define loopcounter ST1CNT
"ST1CNT = td1 / ( 2 ) "
"MCWRK  = 0.500000 *  10m"
"MCREST =  10m -  10m"
# 23 "C:/Bruker/XWIN-NMR/exp/stan/nmr/lists/pp/cjwise"
1 ze                     ;accumulate into an empty memory

# 1 "mc_line -2 file C:/Bruker/XWIN-NMR/exp/stan/nmr/lists/pp/cjwise expanding start label for
mc command"
2       MCWRK  do:f2
LBLSTS1,       MCWRK
LBLF1,         MCREST
# -1 "C:/Bruker/XWIN-NMR/exp/stan/nmr/lists/pp/cjwise"
  d1
# 1 "C:/Bruker/XWIN-NMR/exp/stan/nmr/lists/pp/prp15.prot" 1
;prp15.prot

; Test the rf on-time and duty cycle
;protect against too long contact time
1m
if "p15<10.1m" goto Passp15
print "contact time exceeds 10msec limit!"
goto HaltAcqu
Passp15, 1m

# 27 "C:/Bruker/XWIN-NMR/exp/stan/nmr/lists/pp/cjwise" 2

                         ;make sure p15 does not exceed 10 msec
                         ;let supervisor change this pulseprogram if
                         ;more is needed
# 1 "C:/Bruker/XWIN-NMR/exp/stan/nmr/lists/pp/praq.prot" 1
;praq.prot
; Test the rf on-time and duty cycle
;protect against too long acquisition time
1m
if "aq<50.1m" goto Passaq
print "acquisition time exceeds 50m limit!"
goto HaltAcqu
Passaq, 1m


# 31 "C:/Bruker/XWIN-NMR/exp/stan/nmr/lists/pp/cjwise" 2

                         ;allows max. 50 msec acquisition time, supervisor
                         ;may change  to max. 1s at less than 5 % duty cycle
                         ;and reduced decoupling field
   10u pl12:f2 pl1:f1    ;preselect pl12 drive power for F2, pl1 for F1

3 p8 ph0                 ;saturate f1
  d8
  lo to 3 times l8
  10u

  p3:f2 ph1              ;proton 90 pulse
  d0
```

Anhang

```
   (p15 ph2):f1  (p15:spf0 p12 ph10):f2         ;contact pulse with square or ramp
                              ;shape on F2, at pl2 proton power level

   1u cpds2:f2              ;pll2 is used here with tppm, pll3 with cwlg, cwlgs
   3u
   go=2 ph31                ;select appropriate decoupling sequence, cw or
                            ;tppm, both executed at power level 12, or lgs
                            ;executed at power level pll3
   1m do:f2
# 1 "mc_line 53 file C:/Bruker/XWIN-NMR/exp/stan/nmr/lists/pp/cjwise expanding mc command in
line "
   MCWRK   wr #0 if #0 zd     ip1
   lo to LBLSTS1 times 2
   MCWRK   rp1 id0
   lo to LBLF1 times ST1CNT
# 54 "C:/Bruker/XWIN-NMR/exp/stan/nmr/lists/pp/cjwise"

HaltAcqu, 1m            ;jump address for protection files
exit                    ;quit

ph0= 0
ph1= 1 3
ph2= 0 0 2 2 1 1 3 3
ph10= 0
ph31= 0 2 2 0 1 3 3 1
```

typische Parameter (2.5 mm):
$^{19}F^{27}Al$: d1 = 3s, p3 = 3.75 µs, pll2 = 6 dB, pl1 = 5-30 dB; pl2 = 6 dB, p15 = 300 µs

Anhang

10.2. DATEN UND TABELLEN

Tabelle 10.2.1 Kristallografische Parameter einiger Referenzsubstanzen

allgemeine Summenformel:			AlF_3			$Al(F/OH)_3 \cdot H_2O$
	α	β	η	ϑ	κ	
Kristallstruktur	rhomboedrisch; VF_3	orthorhombisch; HTB	kubisch; Pyrochlor	tetragonal	tetragonal; TTB	kubisch; Pyrochlor
Raumgruppe	R-3c (167)	Cmcm (63)	Fd-3m (227)	P4/nmm (129)	P4/mbm (127)	Fd-3m (227)
Strukturelement			AlF_6			Vert. von AlF_2O_4-AlF_6
Verknüpfungstyp	Ecken	Ecken	Ecken	Ecken	Ecken	Ecken
Bindungslängen						
Al-F /pm	179.7	179.6-180.2	180.5	175.1 - 186.8	177.3 - 182.7	gem. 185 ± 3
Al-O /pm						
Bindungswinkel						
Al-F-Al	157 °	148 ° - 166 °	141 °	140 °, 151 °, 160 °, 161 °, 174 °, 180 °, 180 °	146 °, 149 °, 175 °, 179 °, 180 °	141 °
F-Al-F (cis)	90 °	90 °	90 °	87 ° - 92 °	82 ° - 95 °	90 °
Referenz	Ref. 63	Ref. 12	eigene Anpassung	Ref. 13	Ref. 14	Ref. 46

allgemeine Summenformel:	$AlF_3 \cdot 3H_2O$		$AlF_3 \cdot 9H_2O$	$Si_2Al_{15}O_{20}(OH/F)_{14}Cl$	$Na\,Al/Mg(F/OH)_3$	$Al_2(F/OH)_2SiO_4$
	α	β (Rosenbergit)	Nonahydrat	Zunyit	Ralstonit	Topas
Kristallstruktur	trigonal	tetragonal	trigonal	kubisch	kubisch; Pyrochlor	orthorhombisch
Raumgruppe	R-3 (148)	P4/n (85)	R-3 (148)	F-43m (216)	Fd-3m (227)	Pbnm (62)
Strukturelement	AlF_3O_3	AlF_4O_2	AlF_3O_3	AlF_2O_4 AlO_4 Al/SiO_4	Al/MgF_2O_4- Al/MgF_6	AlF_2O_4
Verknüpfungstyp	isoliert	Kette, verknüpft über F-Ecken; 4F/H2O terminal	isoliert	Al13-Keggin über F/O eckenverknüpft	Ecken	F/OH-Ecken; O-Kanten
Bindungslängen						
Al-F /pm	gem. 182.9	182.4, 182.7 (Ecken) 182.8 ("terminale")	gem. 183.5	gem. 186.3;	gem. 186.3	180.2 und 180.8
Al-O /pm		182.8		179.8 - 193.0 AlO_4: 179.6; Si/AlO_4: 165.2		189.4 - 191.1
Bindungswinkel						
Al-F-Al	-	180 °	-	145 °	140 °	143 °
F-Al-F (cis)	90 °	90 °	90 °	89 ° - 90 °	89 ° - 91 °	87 ° - 93 °
Referenz		Ref. 45		eigene Messung	Pabst et al. Am. Min. **1939**, *24*, 566-576	eigene Messung

Anhang

Fortsetzung Tabelle 10.2.1

allgemeine Summenformel:	$Al_3(O^iPr)_8FPy$	$Al(O^iPr)_3$ Aluminium-isopropoxid	$Al(OH)_3$ γ - Gibbsit	Al_2O_3 α - Korund
Kristallstruktur	monoklin oder orthorhombisch	tetragonal	triklin	trigonal
Raumgruppe Strukturelement	AlO_4F^tN	P41212 (92) AlO_6 AlO_4	P-1 (2) AlO_6	R-3c (167) AlO_6
Verknüpfungstyp	terminales F	Tetramere; $3AlO_4$ über Kanten mit zentralem AlO_6	Kanten	Flächen, Kanten und Ecken
Bindungslängen				
Al-F /pm	172.2	-		
Al-O /pm	190.7 - 194.0	191.9 - 193.4	185.6 - 190.8	185.8 - 195.5
Bindungswinkel		AlO_4: 180 (μ); 170 (t)	AlO_4: 180 (μ); 170 (t)		
Al-F-Al	-	-	-	-
F-Al-F (cis)	-	-	-	-
Referenz	Ref. 152	Folting et al. Polyhedron **1991**, *10*, 1639-1646.	Saalfeld et al. Zeit. für Krist. **1974**, *139*, 129-135.	Sawada et al. Mat. Res. Bull. **1994**, *29*, 127-133.

Tabelle 10.2.2 ^{19}F Chemische Verschiebungen einiger Referenzsubstanzen

^{19}F		$δ_{iso}$ / ppm
HF•^{i}PrOH	c = 10.2 mol/L	-169
HF•^{i}PrOH	c = 11.2 mol/L	-171
HF aq. (40%)	w = 40%	-166
HF•Et_2O	c = 10.9 mol/L	-182
HF•Et_2O	c = 16.5 mol/L	-185
HF•THF	n. b.	-191
HF•MeOH	c = 16.1 mol/L	-185
HF•Py	w = 70%	-182

Anhang

Tabelle 10.2.3 Übersicht über Referenz-Phasen und ihre PDF-Nummern

Phase	PDF-Nr.[a]	Phase	PDF-Nr.[a]
α- AlF_3	44-0231	$Al(F/OH)_3 \cdot H_2O$	41-0381
β- AlF_3	43-0435	α- $AlF_3 \cdot 3H_2O$	43-0436
κ- AlF_3	83-0719[b]	β- $AlF_3 \cdot 3H_2O$	35-0827
ϑ- AlF_3	47-1659	β- NH_4AlF_4	83-0718[b]
η- AlF_3	-[c]	$Al(O^iPr)_3$	30-1508
		$Al(OH)ac_2$	13-0833

[a] nach [182], [b]-berechnetes Diffraktogramm, [c]-η-AlF_3 ist isotyp zu $Al(F/OH)_3$ (PDF 41-0380).

10.3. MECHANOCHEMISCHE SYNTHESE VON $SM_2SN_2O_7$, TEMPERATUR- KALIBRATIONSSUBSTANZ FÜR DIE FESTKÖRPER-NMR

$$Sm_2O_3 \ + \ 2\ SnO_2 \ \overset{\text{mech. Impakt}}{\Rightarrow} \ Sm_2Sn_2O_7$$

2 mmol handelsübliches Sm_2O_3 werden mit 4 mmol SnO_2, wie unter 8.1. beschrieben, in einer Planetenmühle vermahlen. Es entsteht „nano"-kristallines $Sm_2Sn_2O_7$ (PDF-Nr. 21-1427) Nach Temperung der Reaktionsmischung in einem Korund-Schiffchen (1 h, 5 K/min Aufheizrate) auf 1200 °C entsteht „gut" kristallines $Sm_2Sn_2O_7$.

Anhang

10.4. ZUSÄTZLICHE SPEKTREN

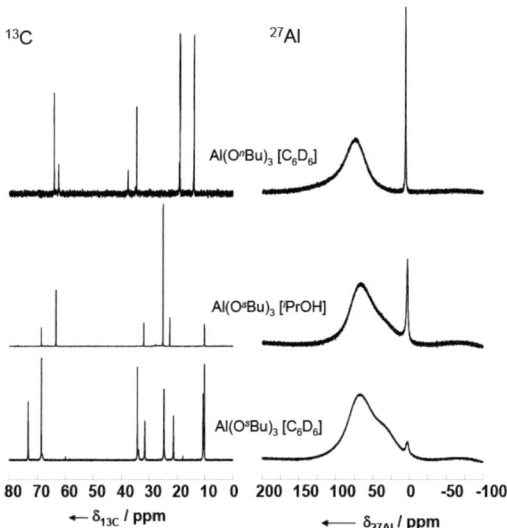

Spektrum 10.1 ^{13}C und ^{27}Al NMR Spektren einiger Al(OR)$_3$ in Lösung. Das breite Signal um 60 bis 70 ppm in den ^{27}Al Spektren resultiert aus dem Probenkopf.

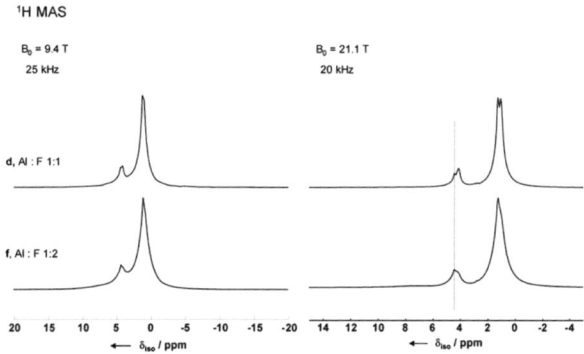

Spektrum 10.2 Feldabhängige ^{1}H MAS NMR Spektren der AlF$_x$(O^{i}Pr)$_{3-x}$-d und f (Al:F 1:1 und Al:F 1:2). (B$_0$ = 9.4 T: NS = 16, B$_0$ = 21.1 T: NS = 128).

223

Selbstständigkeitserklärung

Hiermit erkläre ich die vorliegende Dissertation am Institut für Chemie der Humboldt-Universität zu Berlin unter der Betreuung von PD Dr. Gudrun Scholz und Prof. Dr. Erhard Kemnitz selbständig und nur unter Verwendung zulässiger und angegebener Hilfsmittel angefertigt zu haben.

Berlin, den

DANKSAGUNG

Für die Überlassung des interessanten Themas sowie die überaus gute Betreuung danke ich Frau PD Dr. G. Scholz und Herrn Prof. Dr. E. Kemnitz.

Unterstützende fachliche Diskussionen sind eine Essenz des Verstehens komplexer Sachverhalte: Danke an Frau PD Dr. G. Scholz, Herrn Prof. Dr. E. Kemnitz, Herrn Dr. D. Heidemann, Frau Dr. K. Scheurell sowie C. Stosiek, I. Buchem, S. Wuttke und Dr. M. Ahrens und Dr. T.Krahl.

Für zahlreiche Gelegenheiten Experimente und Diskussionen in Resonanz zu bringen: Danke für viele NMR-bezogene Hilfestellungen an A. Pawlik und Prof. Dr. C. Jäger (Bundesanstalt für Materialforschung).

Nichtzuletzt für präparative Beiträge danke ich Herrn M. Balski und den von mir im AC-Fortgeschrittenen-Praktikum betreuten Studenten.

Weiterhin möchte ich der restlichen Arbeitsgruppe AK Prof. Kemnitz, sowie den ehemaligen Diplomanden, Doktoranden und wiss. Mitarbeiter für das angenehme Arbeitsklima und die „Entdeckung" vieler für diese Arbeit relevanten Fakten danken.

Nicht vergessen werden sollen:

S. Bäßler für die Anfertigung vieler F- und einiger DTA-Analysen;

I. Hartwich und I. Hinz, ohne die manche Sachen einfach länger dauern würden;

Dr. M. Feist für thermoanalytische Beiträge;

Dr. F. Emmerling (Bundesanstalt für Materialforschung) und Prof. Dr. S. Troyanov für konstruktive, kristallografische Diskussionen;

Dr. R. Bertram (Leibniz-Institut für Kristallforschung, Max-Born Str. 2, D- 12489Berlin) für die Bestimmung einiger Al-Gehalte;

Dr. B. van Rossum, Prof. Dr. H. Oschkinat (Leibniz-Institut für Molekulare Pharmakologie, Robert Roessle-Straße 10, D-13125 Berlin) und Dr. M. Bertmer und Prof. Dr. J. Haase (Universität Leipzig, Fakultät für Physik and Geowissenschaften, Postfach 100920, D-04009 Leipzig) für Bereitstellung von Messzeit;

U. Kätel, Dr. A. Zehl, Dr. U. Hartmann, A. Thiesis, W.-D. Bloedorn für die Durchführung einiger Analysen;

B. Lück, S. Zillmann und F. Leinung, S. Mätzschke für einige Anfertigungen.

Der disserta Verlag bietet die kostenlose Publikation
Ihrer Dissertation als hochwertige Hardcover-Ausgabe.

Fachautoren bietet der disserta Verlag
die kostenlose Veröffentlichung professioneller Fachbücher.

Der disserta Verlag ist Partner für die Veröffentlichung
von Schriftenreihen aus Hochschule und Wissenschaft.

Weitere Informationen auf www.disserta-verlag.de